计算机应用基础

（第三版）

主　编　何　丽　谭华山

重庆大学出版社

• 内容简介 •

本书根据国家计算机等级考试大纲编写。全书共9章,主要内容包括计算机基础知识、Windows XP操作系统、Office 2003应用软件(Word,Excel,PowerPoint,FrontPage等)的使用,以及数据库、计算机网络、信息安全的基本知识及使用。

本书内容丰富、由浅入深、概念清楚、图文并茂、重点突出、技术实用,全书各章连贯性强,且附有大量习题。本书配有电子教案,可在重庆大学出版社教学资源网上下载。本书不仅适合作为高校计算机基础课程的教材,也可作为培训教材或自学参考书。

图书在版编目(CIP)数据

计算机应用基础/何丽,谭华山主编.—3版.—重庆:重庆大学出版社,2013.3(2019.7重印)

ISBN 978-7-5624-4410-7

Ⅰ.①计… Ⅱ.①何…②谭… Ⅲ.①电子计算机—基本知识 Ⅳ.TP3

中国版本图书馆CIP数据核字(2013)第053931号

计算机应用基础

(第三版)

主 编 何 丽 谭华山

责任编辑:何 明 版式设计:何 明

责任校对:谢 芳 责任印制:赵 晟

*

重庆大学出版社出版发行

出版人:饶帮华

社址:重庆市沙坪坝区大学城西路21号

邮编:401331

电话:(023) 88617190 88617185(中小学)

传真:(023) 88617186 88617166

网址:http://www.cqup.com.cn

邮箱:fxk@cqup.com.cn(营销中心)

全国新华书店经销

POD:重庆新生代彩印技术有限公司

*

开本:787mm×1092mm 1/16 印张:18 字数:449千

2013年3月第3版 2019年7月第28次印刷

ISBN 978-7-5624-4410-7 定价:42.00元

前　言

21世纪是信息飞速发展的时代。在经济全球化、信息社会化、产业知识化趋势的推动下，计算机技术在我国正不断普及，计算机知识已成为当代人类文化中不可缺少的重要部分，计算机技术已成为信息社会不可缺少的工具，成为各行各业工作岗位的必备知识和技术。今天，熟练使用计算机已成为现代人必须掌握的基本技能。

培养和造就一批能熟练运用计算机的各行业的专门人才，是高等教育非常迫切的任务。计算机文化的普及、计算机应用技术的推广，对学生的知识结构、技能的提高和智力的开发变得越来越重要。计算机应用的教育已成为当代学生素质教育中的重要构成部分。高等教育必须适应现代社会发展的新趋势。为了保证高等教育教学质量，规范教学工作，特别是计算机教学，必须紧密结合计算机技术发展的最新动向。为此，我们结合国家计算机等级考试大纲、适应当前计算机应用基础统一考试要求编写了《计算机应用基础》一书，书中内容结合计算机技术发展的新动向，强调基础知识，讲求实际应用，注重实际操作。其目标是在学完这门课程后，具有能够运用计算机进行学习和工作以及继续学习计算机新知识的能力。

本书内容翔实、新颖，包括计算机基础知识及计算机系统的组成、中文Windows XP操作系统、Office 2003应用软件（字处理Word、表处理Excel、演示文稿处理PowerPoint、网页制作FrontPage），以及数据库基本知识、计算机网络应用基础、计算机信息系统安全等。注重培养学生利用计算机解决实际问题的能力，为适应信息产业数字化、网络化的高速发展奠定基础。本书精心设计了较多的实例，采用结合图例的方法进行详细讲述；在文字上力求通俗易懂；在每一章末均附有大量习题供巩固和复习使用。

本书2004年12月出版第一版，2008年2月修订出版第二版。本次修订在原教材的基础上删除过时的内容，补充了新的知识。

本书由重庆师范大学何丽、谭华山主编，第1章由潘林森编写，第3、5章由魏延编写，第2、4章由何丽编写，第6～9章由谭华山编写，全书的统稿工作由何丽、谭华山负责。

本书不仅适合作为高校计算机基础课程的教材，也可作为学习使用计算机的培训教材或自学参考书。在本书的编写过程中，得到了许多同行和重庆大学出版社的大力支持和帮助，同时也参考了同类计算机基础图书文献，在此深表谢意。

编　者

2013年1月

目录

第1章 计算机技术基础知识

从第一台计算机诞生至今,仅半个多世纪,已取得了令人瞩目的成就。而今,随着科学技术的迅速发展,计算机已用于科研、生产、管理、教育、日常生活及家庭的各个领域,特别是多媒体技术、网络技术及Internet的发展,大大地缩短了时间、缩小了空间,成为人们工作、学习和生活的得力助手。掌握计算机的使用,已成为有效学习和成功工作的基本技能。在学习计算机的具体操作之前,有必要了解计算机的基础知识。

1.1 计算机的发展及应用

计算机(又称为电脑)是20世纪最伟大的科学技术发明之一,它对人类社会的生产和生活都产生了极其深刻的影响。自从1946年世界上第一台电子计算机问世以来,计算机的生产、研究和应用都以非常迅猛的速度发展着。现在,计算机的应用已渗透到人类生产和生活的一切领域。可以说,没有计算机就没有今天的现代化,计算机已是完成国家信息化的重要技术基础,计算机基础知识已成为人类当代知识结构中不可缺少的重要组成部分。为了学好计算机基础知识,我们先从计算机的发展历史及性能特点谈起。

1.1.1 计算机的发展

计算机的发明与其他科学技术发明一样,凝聚了许多杰出人才的毕生心血,闪烁着无数科学精英的思想之花。如美国科学家艾肯(H. Aiken)、英国科学家图灵(A. M. Turing)和美籍匈牙利科学家冯·诺依曼(Von. Neumann)等杰出科学家,对计算机的设计和制造做了大量有意义的工作,为20世纪40年代世界上第一台具有真正意义的电子计算机的诞生打下了基础。

自从1946年在美国宾夕法尼亚大学问世第一台数字电子计算机ENIAC(读作:埃尼阿

克)以来,在短短的几十年里,计算机的发展经历了大型计算机、中小型计算机、微型计算机和计算机网络几个阶段。

1)传统计算机的发展历史

这一阶段的计算机,按照所采用的电子元器件又经历了电子管计算机时代、晶体管计算机时代、集成电路计算机时代,现在已进入大规模、超大规模集成电路计算机时代。这就是通常所说的计算机发展的几代经历。

第一代计算机(1946—1958 年):电子管计算机时代。这一代计算机,采用电子管作开关元件,体积大、耗电多、运算速度慢、存储容量小且可靠性低。其典型计算机就是人所共知的第一台大型计算机 ENIAC,它占地 170 m^2,耗电 140 kW,质量 30 t,运算速度 5 000 次/s。这一代计算机采用机器语言手编程序,几乎没有任何软件配置,主要用于科学和工程计算。

第二代计算机(1959—1964 年):晶体管计算机时代。这一代计算机用晶体管代替了电子管,体积小、质量轻、耗电省、寿命长,使得其性能得到了显著提高。这一代计算机用汇编语言取代了机器语言,而且开始出现了 FORTRAN,COBOL 等高级语言,软件配置已开始出现,同时有了外存等辅助设备,使得计算机的应用领域进一步扩大,计算机开始用于数据处理和过程控制。

第三代计算机(1965—1970 年):集成电路计算机时代。这一代计算机用集成电路代替了晶体管,它的体积更小、质量更轻、耗电更省、寿命更长、功能更强。这一代计算机已开始走向系列化、通用化、标准化。相应地,计算机软件也有了很大发展,操作系统在性能和规模上都取得了进展,使系统结构有了很大改进。这一代计算机的应用已进入了许多科学技术领域。

第四代计算机(1971 年以后):大规模集成电路计算机时代。这一代计算机用大规模、超大规模集成电路取代了中小规模的集成电路。大规模的集成电路是指将更多的电子元器件集成在一块很小很小的硅片上,使得计算机的体积更小、耗电更省,运算速度却更快、可靠性更高、功能更强了。第四代计算机的出现,使得计算机的应用进入了一个全新的领域,这一时代,也正是微型计算机诞生的年代。

从 20 世纪 80 年代开始,各先进国家都先后开始研究新一代计算机,这一代计算机采用一系列全新的高新技术,将计算机技术与生物工程学等边缘学科结合起来研究,是一种非冯·诺依曼体系结构的、人工神经网络的智能化计算机系统,这就是人们常说的第五代计算机。

2)微型计算机的发展历史

随着大规模、超大规模集成电路技术和微处理器的出现,使微型计算机异军突起,独树一帜。正是微型计算机的出现,才使得计算机的应用走出了神秘的军事、科研和政府部门,飞进了人类生产生活的各行各业,甚至改变了人们的生活方式。微型计算机自从 20 世纪 70 年代初问世以来,在短短的几十年时间里,也经历了 8 位、16 位和 32 位等几个阶段的发展。从 16 位机算起,微型计算机的发展也有五代的历史。

第一代微型计算机:PC 机时代。这一时代的微型计算机采用 Intel 8088 芯片为 CPU,内部总线 16 位,外部总线 8 位。主要的机型有 PC,PC/XT 及其兼容机。

第二代微型计算机:286 机时代。这一时代的微型计算机采用 Intel 80286 芯片为 CPU,时钟频率从 8 ~16 MHz,运算速度为 1 ~2 MI/s[每秒百万指令(Instruction)数]。

第三代微型计算机:386 机时代。这一时代的微型计算机采用 Intel 80386 芯片为 CPU,时钟频率从16~33 MHz,运算速度为6~12 MI/s。

第四代微型计算机:486 机时代。这一时代的微型计算机采用 Intel 80486 芯片为 CPU,时钟频率从25~50 MHz,运算速度为20~40 MI/s。

第五代微型计算机:Pentium 机时代。这一时代的微型计算机采用 Pentium 芯片为 CPU,时钟频率从60~133 MHz,运算速度为100~200 MI/s,这就是人们常说的“奔腾机”,也就是586机。自从1993年 Intel 公司推出 Pentium 芯片以来,在短短的几年里,Pentium 机又发展了 PentiumⅡ代、PentiumⅢ代、PentiumⅣ代。目前的微型计算机大部分都是 PentiumⅢ代、PentiumⅣ代以上,时钟频率已达到1~3 GHz,甚至更高。随着计算机制造技术的发展,Pentium 处理器还采用了双内核、多内核技术,让一个处理器可同时执行多个独立的代码流,使计算机性能已达到了一个新的水准。

随着微型计算机的发展,20世纪70年代就开始出现了把多台计算机连接在一起,组成计算机网络的趋势,计算机网络是为了满足用户对不同地点、不同计算机的硬件资源和软件资源共享而发展起来的计算机的另一个重要发展方向。近年来,计算机网络发展速度极其迅速,有关计算机网络的知识,我们将在本书第6章中详细介绍。

1.1.2 计算机的应用

随着计算机技术的发展,计算机的应用已渗透到国民经济的各个领域,正在改变着人类的生产、生活方式。下面分几方面介绍。

(1)网络应用　计算机网络是现代计算机技术与通信技术高度发展和密切结合的产物,目前,网络应用已成为新世纪最重要的新技术领域。计算机网络应用是指利用计算机互联网的强大功能,实现网上数据检索、网上远程教育、网上电话、网上医院、网上娱乐休闲、电子邮件、社区聊天等,计算机网络应用正在改变着人们的生产和生活方式。

(2)电子商务　电子商务系统作为信息流、物流、资金流的实现手段,应用极其广泛,例如旅店、宾馆、饭店、机场、车站的订票、订房间、信息发布等;网上商城物品的批发、零售、拍卖等交易活动;政府机关部门的电子政务,如电子税收、电子商检、电子海关、电子政府管理等;以及人们日益熟悉的金融服务银行和金融机构的磁卡、智能卡、银行信用卡自动存取款系统等。

(3)事务处理　事务处理就是用计算机对生产经营活动、社会和科学研究中的大量信息进行收集、分类、转换、储存、加工和处理,是计算机应用最广泛的领域,如文字处理、报表加工、数据检索、人事档案管理、库存物资管理、资金账目管理和工资发放等各种类型的管理信息系统。

(4)科学计算　科学计算就是用计算机来解决科学领域中繁琐的数值计算问题。现代科学技术的发展,提出了大量复杂的计算问题,远非人工计算能及时完成的,例如工程轨迹计算、桥梁应力计算、物质结构分析、模拟经济模型、地质勘探、地震测报、天气预报等。用计算机进行数值计算,可以节省大量时间、人力和物力。如20世纪50年代,美国原子能研究中心有一项计划,要做900万道运算,需要由1 500名工程师计算1年,当时用了初期的计算机,只用了150 h就完成了。早在1671年,德国数学家莱布尼兹说过:“让一些杰出的人才像奴隶般地把时间浪费在计算上是不值得的。”他渴望有朝一日能有计算机把科学家从繁琐的、奴隶般的计算中解救出来,这个愿望现在实现了。

(5)过程控制　过程控制就是通过计算机对生产过程中参数进行连续的、实时的控制,以减轻劳动强度、降低能源消耗、提高劳动生产率。如人造卫星和宇宙飞船的飞行过程控制、炼钢过程自动控制以及生产过程中诸如电压、温度值等各种各样的控制,甚至家用电器也可以用计算机来控制,这是人类生产、生活的一大进步。

(6)辅助工程　计算机辅助工程是指利用计算机的计算和逻辑判断功能,辅助设计工程人员实施完成最佳化设计的判定和处理,包括计算机辅助设计(CAD)、计算机辅助制造(CAM)、计算机辅助测试(CAT)、计算机辅助教学(CAI)等。

CAD 是计算机辅助设计人员进行飞机、房屋、服装、集成电路等设计。

CAM 是计算机辅助工程人员进行生产设备的管理、控制和操作,实现无图纸加工,缩短生产周期,提高产品质量。

CAT 是计算机辅助进行生产产品质量、性能的测试。

CAI 是计算机辅助学生学习的自动系统,用计算机把教学内容、教学方法以及学生学习情况编制成“课件”,让学生在没有面授教师的情况下,从 CAI 系统中学习到所需知识。例如“Windows 入门教学”CAI 系统,可以引导学生掌握 Windows 系统的基本操作,学习 Windows 系统的基本知识。

(7)人工智能　人工智能是计算机应用的新领域,主要研究如何用计算机系统来“模仿”人的智能,使计算机像人的大脑一样,具有感知、推理、学习和理解的功能。人工智能的应用领域主要包括:语言识别、模式识别、专家系统和机器人等,例如计算机辅助诊断系统,模拟医生看病,开出药方,计算机下棋、谱曲、翻译等。人工智能应用的前景十分广阔。

(8)家庭娱乐　随着科学技术的发展,计算机应用已进入千家万户,成为人们获取信息、处理信息和娱乐的重要工具,尤其是多媒体计算机的出现,使得计算机与电视、电话、音响等家用电子设备相结合,形成了集文化、娱乐、学习和工作为一体的综合性家用多媒体计算机系统。人们在家里,就可随时展现经典艺术,玩耍逼真游戏,欣赏数字音乐,观看电视电影,得到高雅的艺术享受。

1.2 计算机的分类及特点

1.2.1 计算机的分类

计算机种类繁多,型号各异。计算机分类的方法很多,按计算机处理的信号特点可分为数字式计算机和模拟式计算机两类;按计算机的用途可分为通用计算机和专用计算机两类。通常,人们按计算机的规模把计算机分为5类:巨型机、大型机、中型机、小型机和微型机。这种分法显得陈旧,本书按新的观点把计算机分为以下5类:

(1)服务器　服务器必须功能强大,具有很强的安全性、可靠性、联网特性以及远程管理和自动控制功能,具有大容量的存储器和很强的处理能力。

（2）工作站　工作站是一种高档微机，但与高档微机不同的是，工作站具有更强的图形处理能力，支持高速的AGP图形端口，能运行三维CAD等软件，并且它有一个大屏幕显示器，以便显示设计图、工程图和控制图等。工作站又可分为初级工作站、工程工作站、图形工作站、超级工作站等。

（3）台式机　台式机就是通常说的微型机，它由主机箱、显示器、键盘和鼠标等部件组成。通常，根据不同用户的要求，厂家通过不同的配置，把台式机又分为商用计算机、家用计算机和多媒体计算机等。

（4）便携机　便携机也称为笔记本，它除了质量轻、体积小、携带方便外，与通常台式计算机功能相似，但价格比台式计算机高。便携机就像一个笔记本，打开后，一面是液晶显示屏，另一面就是操作键盘及触摸鼠标等，并且可由电池供电，使用方便，适合移动通信工作的需要。

（5）手持机　手持机是比笔记本更轻、更小的计算机，例如PDA个人数字助理等。通常称手持机为亚笔记本或掌上宝。

1.2.2　计算机的特点

计算机是一种能快速高效地完成信息和知识的数字化电子设备，它能按照人们预先编制好的程序对输入的原始数据进行加工处理、存储或传送，以便获得所期望的有用的输出信息和知识，以提高社会生产率，促进社会生产发展，改善人们的生活质量。所以，计算机不同于一般的计算工具，它具有以下主要特点：

（1）运算速度快，计算精度高　由于计算机中采用了高速的电子元器件，加上先进的计算技术，使得计算机有很快的计算速度和很高的计算精度。目前，微型计算机的速度在千万次/s以上，最新的大型计算机运算速度已达到百亿次/s以上，1946年诞生的第一台计算机运算速度也有5 000次/s以上。计算机的运算速度是任何其他计算工具所不能比拟的，并且一般计算机都能提供十几位以上有效数字，对于绝大多数应用来说，这已经够用了。

（2）存储容量大，记忆功能强　计算机中设有大容量的存储器，它能把数字、字符和各种计算结果，甚至各种图片、声音等大量信息保存起来，以便在以后任何时候再取出来使用，这个功能类似于人的大脑记忆功能。目前计算机存储记忆信息的容量越来越大，存取的速度也越来越快。

（3）具有逻辑判断能力　计算机不仅能完成繁琐的算术运算，而且还可进行逻辑运算。它可以对处理的数字、符号等信息进行比较判断，并根据判断结果确定下一步进行的操作，遇到有多条分支路径，能自动选择走哪一条路径。这是计算机与其他计算工具的一个重要区别，正是这一点，使得计算机自动运算成为可能，而且使得计算机能够完成逻辑推理和定理证明的工作，极大地拓广了计算机的应用领域。

（4）运算自动化　计算机进行的各种操作运算，都是在程序的控制下自动完成的。人们把预先编制好的程序输送到计算机中，只要发出执行命令，计算机就能够按照程序中的指令自动地、连续地执行下去，直到程序执行结束，计算机的这个特点也是与其他计算工具最根本的区别之一。因为普通的计算工具都不能自动完成计算任务，每一步都要求有人工的操作。例如，普通的计算器，由于不能储存程序，每一步计算都必须借助人工按键进行。

1.3 计算机系统的组成及工作原理

计算机系统通常由硬件系统和软件系统两大部分组成。其中,硬件系统是指实际的物理设备,主要包括控制器、运算器、存储器、输入设备和输出设备 5 部分(如图 1.1),通常称这 5 部分为计算机的“五大件”;软件系统是指计算机中各种程序和数据,包括计算机本身运行时所需要的系统软件和用户设计的完成各种任务的应用软件。

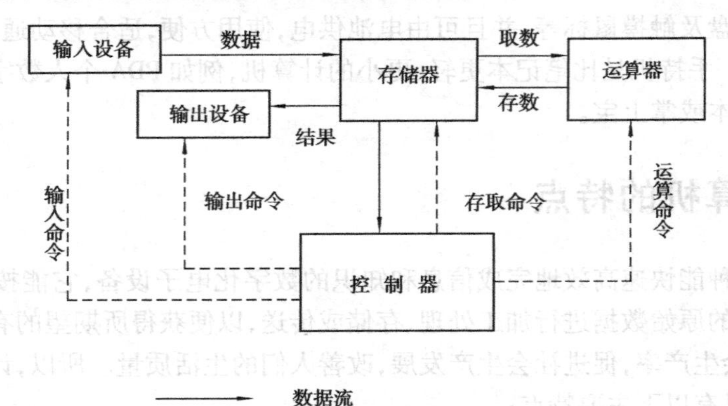

图 1.1 计算机硬件系统组成

计算机的硬件和软件是相辅相成的,二者缺一不可。硬件是基础,但硬件本身只是一台“裸机”,只有硬件和软件协调配合,才能发挥出计算机的强大功能。

了解了一般计算机结构,就不难理解微机系统的组成,它也是由硬件系统和软件系统两大部分组成的。

1.3.1 计算机硬件系统

计算机硬件系统由控制器、运算器、存储器、输入设备和输出设备 5 部分组成。其中,控制器和运算器又合称为中央处理器(CPU),存储器分为内存储器和外存储器;CPU 和内存储器又统称为主机;输入设备、输出设备和外存储器又统称为外部设备。微机也同样由这几部分组成,但是,随着大规模、超大规模集成电路技术的发展,微机硬件系统中也把控制器和运算器集成在一块微处理器芯片上,通常称为 CPU 芯片。随着芯片的发展,在它的内部又增添了高速缓冲寄存器,以更好地发挥 CPU 的高速度和提高对多媒体的处理能力。

因此,微机硬件系统主要由中央处理器(CPU)、存储器、输入设备、输出设备和连接沟通各部件之间传送信息的总线组成(如图 1.2)。

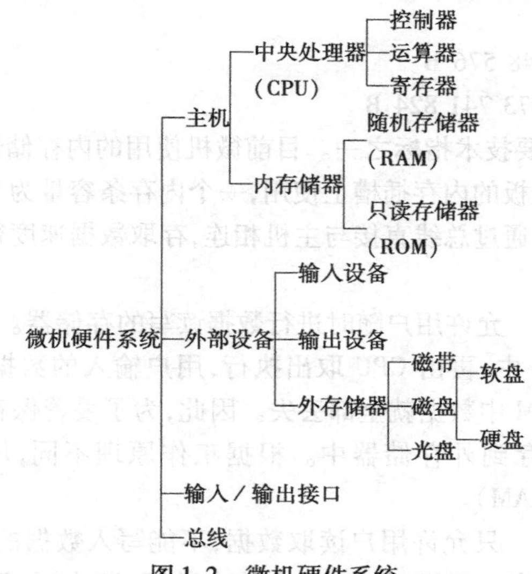

图1.2 微机硬件系统

1)中央处理器

中央处理器是微机硬件系统的核心。一台计算机速度的快慢,CPU的配置起着决定的作用。CPU是最复杂的计算机系统设备,它根据提供的指令负责指挥协调计算机系统的全部活动,微机的CPU安置在大拇指那么大甚至更小的芯片上(如图1.3)。它主要包括控制器、运算器和寄存器等部件。

图1.3 中央处理器

(1)控制器 控制器是计算机的指挥控制中心,它根据用户程序中的指令控制机器各部分协调工作。其主要任务是:从存储器中取出指令,分析指令,确定指令类型,并对指令译码;按时间顺序和节拍,向其他各部件发出控制信号,指挥计算机有条不紊地工作。

(2)运算器 运算器是专门负责处理数据的部件,是对各种信息进行加工的工具。它既能进行加、减、乘、除等算术运算,又能进行与、或、非、比较等逻辑运算。

(3)寄存器 寄存器是处理器内部的暂时存储单元。用来暂时存放指令、即将被处理的数据、下一条指令地址、处理后的结果等。它的位数可代表微机的字长。

2)存储器

存储器是专门用来存放程序和数据的部件。按其功能的不同,存储器又分为内存储器和外存储器两类。

(1)内存储器 内存储器简称内存,也称为主存,主要用来存放CPU工作时用到的程序和数据以及计算后得到的结果。存储容量的单位是字节(Byte),字节常用B表示,但存储器容量一般都很大,人们又常用千字节(kB)、兆字节(MB)、吉字节(GB)表示。它们的换算关系是:

1 kB = 1 024 B

1 MB = 1 024 kB = 1 048 576 B

1 GB = 1 024 MB = 1 073 741 824 B

内存容量是微机的重要技术指标之一。目前微机使用的内存储器被制作成内存条的形式(图1.4),直接插在系统主板的内存插槽上使用,一个内存条容量为128 MB、256 MB、512 MB、1 GB 等不同的规格。内存通过总线直接与主机相连,存取数据速度很快。内存储器按读写方式又可分为两类:

①随机存储器(RAM)　允许用户随时进行数据读写的存储器。开机后,计算机系统把需要的程序和数据调入 RAM 中,再由 CPU 取出执行,用户输入的数据和计算的结果也存储在 RAM 中。关机断电后,RAM 中数据就全部丢失。因此,为了妥善保存计算机处理后的数据和结果,必须及时把它们转存到外存储器中。根据工作原理不同,RAM 又可分为静态 RAM (SRAM)和动态 RAM (DRAM)。

②只读存储器(ROM)　只允许用户读取数据,不能写入数据的存储器。ROM 常用于存放系统核心程序和服务程序。开机后,ROM 中就有数据,断电后,ROM 中的数据也不丢失。根据工作原理不同,ROM 又可分为掩膜 ROM (MROM)、可编程 ROM (PROM)、可擦除可编程 ROM (EPROM)。

图1.4　内存条

(2)外存储器　外存储器(图1.5)简称外存,也称辅存。主要用来存放需长期保存的程序和数据,开机后用户根据需要将所需的程序或数据从外存调入内存,再由 CPU 执行或处理。外存储器是通过适配器或多功能卡与 CPU 相连的,存取数据速度比内存储器慢。目前,计算机常用的外存储器有:

①软磁盘　软磁盘简称软盘,它是在一块圆形的聚酯塑料片上涂抹一层磁薄膜制成的。计算机常用的软盘有 3.5 in(1 in = 2.54 cm),俗称 3 寸盘,容量为 1.44 MB。软盘具有携带方便、价格便宜等优点,但存储容量较小,读写速度慢,无法存储大量数据,随着 U 盘的出现而被淘汰。

(a)软磁盘

(b)硬磁盘

图1.5　外存储器

②硬磁盘　硬磁盘简称硬盘,是计算机中广泛使用的外存储器设备。硬盘由若干个圆盘

组成,相当于由若干张软盘重叠成的圆柱体,若干张盘片的同一磁道在纵方向上所形成的同心圆构成一个柱面,柱面由外向内编号,同一柱面上各磁道和扇区的划分与软盘基本相同,如图1.6(b)所示,每个扇区的容量也与软盘一样,通常是512 B。所以,硬盘是按柱面、磁头和扇区的格式来组织存储信息的。与软盘一样,硬盘格式化后的存储容量可由以下公式计算:

硬盘容量 = 磁头数 × 柱面数 × 扇区数 × 每扇区字节数

例如,某硬盘格式化后有磁头16个,柱面3 183个,每柱面有扇区63个,则:

该硬盘容量 = 16 × 3 184 × 63 × 512 B = 1 643 249 664 B = 1 604 736 kB

称为1.6 GB硬盘。

硬盘常被封装在硬盒内,固定安装在机箱里,难以移动。因此,它不能像软盘那样便于携带,但它比软盘存储信息密度高,容量大,读写速度也比软盘快。所以,人们常用硬盘存储经常使用的程序和数据。

③光盘　目前计算机上使用的光盘大体上可分为3类:只读光盘(CD-ROM)、一次性写入光盘(WO)和可擦写型光盘(MO)。光盘是利用光学方式读写信息的外存储设备,它利用激光将硬塑料片上烧出凹痕来记录数据。目前只读光盘使用最多的是CD-ROM,一张光盘可以存放大约650 MB数据,并且读写速度快,不受干扰,因此使用愈来愈普遍。常用的CD-ROM光盘上的数据,是在光盘出厂时就记录储存在上面了,用户只能读取,不能修改;WO型光盘允许用户写入一次,可多次读取;MO型光盘允许用户反复多次读写,就像对硬盘操作一样。

④优盘　优盘简称U盘(也称为闪存盘),是一种采用USB接口技术直接与计算机相连接工作的无需物理驱动器的微型高容量移动存储设备,它采用的存储介质为闪存(Flash Memory),是一种新型的非易失性半导体存储器。优盘不需要额外的驱动器,将驱动器与存储介质合二为一,只要接上计算机上的USB接口就可独立地存储读写数据。优盘体积很小,重量极轻,特别适合随身携带。优盘中无任何机械式装置,抗震性能极强。另外,优盘还具有防潮防磁、耐高低温等特性,安全可靠性很好。目前,优盘被广泛用于计算机、数码相机、数字摄像机、MP3播放器等数字设备存储交换文件数据。

⑤移动硬盘　移动硬盘顾名思义是以硬盘为存储介质,可以提供相当大的存储容量,是一种强调便携性、较具性价比的移动存储设备。移动硬盘主要是由硬盘和硬盘盒两部分组成,有3.5 in、2.5 in和1.8 in等型号,目前的主流产品是以标准笔记本硬盘为基础的2.5 in移动硬盘。移动硬盘大多采用USB接口,能提供较高的数据传输速度。也有部分移动硬盘采用IEEE1394等传输速度较快的接口,可以更快的速度与系统进行数据传输。目前,移动硬盘以高速、大容量、轻巧便捷、存储数据的安全可靠等优点赢得许多用户的青睐,已成为计算机上使用的一种主要外部存储设备。

3)输入设备

输入设备是人们向计算机输入程序和数据的一类设备。目前,常见的微机输入设备有:键盘、鼠标、光笔、扫描仪、数码相机、语音输入装置等。其中,键盘和鼠标是两种最基本的、使用最广泛的输入设备。

(1)键盘　键盘是微机中不可缺少的输入设备,目前,微机使用的标准键盘有101个键,分为功能键区、主键盘区、编辑键区、数字键区和指示灯5个区域(如图1.6)。

①功能键区　在键盘上部排成1行,包括Esc键、F1 ~ F12等功能键,共16个;

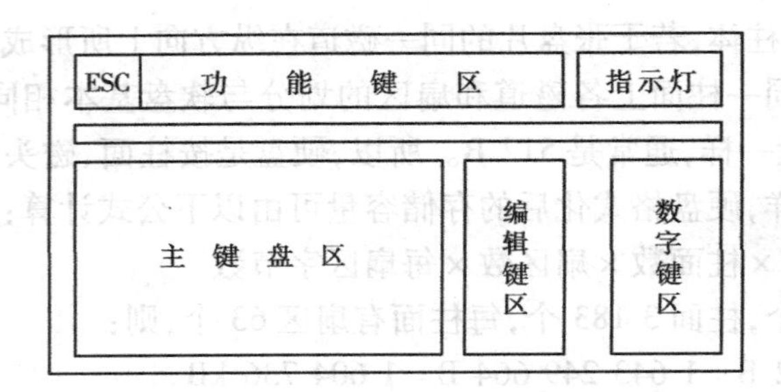

图 1.6 101 标准键盘排列

②主键盘区 在功能键区下方部分,包括数字、字母常用符号等键,共58个;

③编辑键区 在主键盘区右方中间3列,包括←,→,↑,↓等编辑键,共10个;

④数字键区 数字键区也称为小键盘区,是为专门从事录入数据的工作人员提供方便而准备的,包括有10个数字键及+,-,*,/等键,共17个。

键盘右上角还有3个指示灯,它们分别表示小键盘数字锁定状态、大小写字母锁定状态和滚动锁定状态。

(2)鼠标 鼠标是为取代传统键盘上的光标移动键而使移动光标更加方便、准确的输入装置。尤其是Windows图形软件出现以来,使用鼠标操作微机就更为方便了,人们只要用一只手握住鼠标,让它在鼠标垫或桌面上滑动,就可以把鼠标器的运行方向和距离转换成信息传给计算机系统并显示在屏幕上,起到快速移动光标的作用。当光标移到所需位置后,用户只需轻轻点击鼠标上的键,就可以完成操作。

目前,微机上常用的鼠标有机械式和光电式两种。一般鼠标上通常有2(或3)个功能键,左键称为执行键,右键称为菜单键。

4)输出设备

输出设备是计算机向人们输出结果的一类设备。目前,常见的微机输出设备有:显示器、打印机、绘图仪、语音输出装置等。其中,显示器和打印机是两种最基本的、使用最广泛的输出设备。

(1)显示器 显示器是计算机必备的输出设备,它既可显示人们向计算机输入的程序和数据等可视信息,又可显示出经计算机计算处理后的结果和图像。显示器通常可分为单色显示器、彩色显示器和液晶显示器,按显示器大小又可分为14 in,15 in,17 in,19 in,21 in等。显示器显示图像的细腻程度与显示器分辨率有关,分辨率愈高,显示图像愈清晰。所谓分辨率是指屏幕上横向、纵向发光的点数。一个发光点称为一个像素。目前常见显示器的分辨率有640×480,800×600,1 024×768等。彩色显示器的像素由红、绿、蓝3种颜色组成,发光像素的不同组合可产生各种不同的图形。

(2)打印机 打印机是微机打印输出信息的重要设备,它可将信息打印在纸上,供人们阅读和长期保存。目前,常用的打印机有针式、喷墨式和激光式3类。针式打印机是通过一排排打印针(常有24根针)冲击色带而形成墨点,组成文字或图像。它既可在普通纸上打印,又可打印蜡纸,但打印字迹比较粗糙;喷墨式打印机是通过向纸上喷射出微小的墨点来形成文字或图像,打印字迹细腻,但纸和墨水耗材较贵;激光式打印机的工作原理类似于静电复印机,打印速度快,且字迹最精细,但价格成本高。

5）主板与总线

每台微机的主机箱内部都有一块较大的电路板，称为主板。微机的处理器芯片（CPU）、内存储器芯片（俗称内存条）、软盘和硬盘等输入输出设备接口以及其他各种电子元器件都是安装在主板上（图1.7和图1.8）。

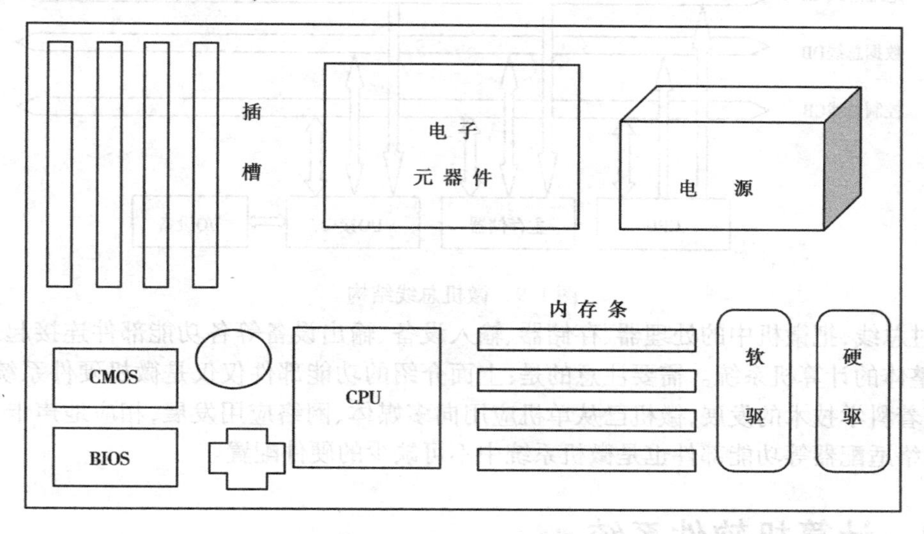

图1.7　微机主板示意图1

图1.8　微机主板示意图2

为了实现CPU、存储器与外部输入输出设备的沟通连接，微机系统采用了总线结构。所谓总线（BUS）是指能为多个功能部件服务的一组信息传送线，是实现CPU、存储器与外部输入输出接口之间相互传送信息的公共通路。按功能不同，微机的总线又可分为地址总线、数据总线和控制总线3类。

地址总线是CPU向内存、输入输出接口传送地址的通路，地址总线的根数反映了微机的直接寻址能力，即一个微机系统的最大内存容量。例如，早期的Intel 8088微机系统有20根地址线，直接寻址范围为$2^{20}=1$ MB；后来的Intel 80286微机系统，地址线增加到了24根，直接寻址范围为$2^{24}=16$ MB；目前使用的Intel 80486，Pentium（奔腾）微机系统有32根地址线，直接寻址范围可达$2^{32}=4$ GB 。

数据总线用来在 CPU 与内存、输入输出接口之间传送数据，例如 16 位的微机，一次可传送 16 位数据；32 位的微机，一次便可传送 32 位的数据。

控制总线是 CPU 向内存及输入输出接口发送命令信号的通路，同时也是外部设备或有关接口向 CPU 送回状态信息的通路，如图 1.9 所示。

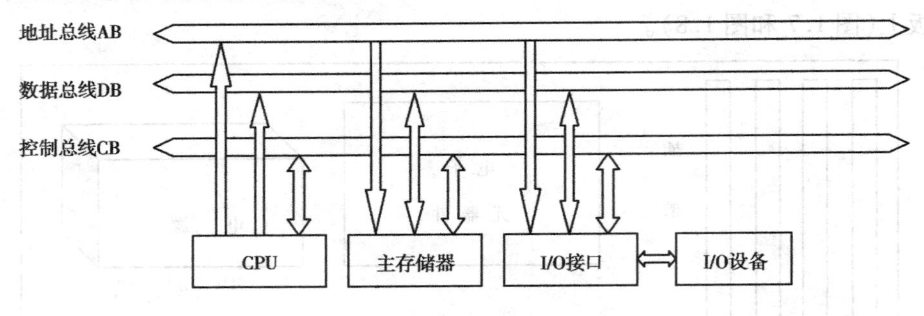

图 1.9 微机总线结构

通过总线，把微机中的处理器、存储器、输入设备、输出设备等各功能部件连接起来，组成了一个整体的计算机系统。需要注意的是：上面介绍的功能部件仅仅是微机硬件系统的基本配置，随着科学技术的发展，微机已从单机应用向多媒体、网络应用发展，相应地声卡、调制解调器、网络适配器等功能部件也是微机系统中不可缺少的硬件配置。

1.3.2 计算机软件系统

我们知道，软件是计算机的“灵魂”，硬件是计算机的实体，一个计算机系统，只有软、硬件齐备，且合理地协调配合，才能正常运行。所谓“软件”是各种程序的总称，不同功能的软件由不同的程序组成，这些程序经常被存储在计算机的外存储器中，需要使用时装入内存运行。目前，微机系统的软件很多，作为非计算机专业的用户，需首先学习常用软件的操作使用方法，只有学习掌握了基本的软件、硬件知识和操作技能，懂得了如何从系统应用角度去选购软件和硬件，才有可能轻松驾驭微机使其为自己服务，让它帮我们改进学习方法，提高工作效率。

微机软件系统通常可分为系统软件和应用软件两大类（如图 1.10）。

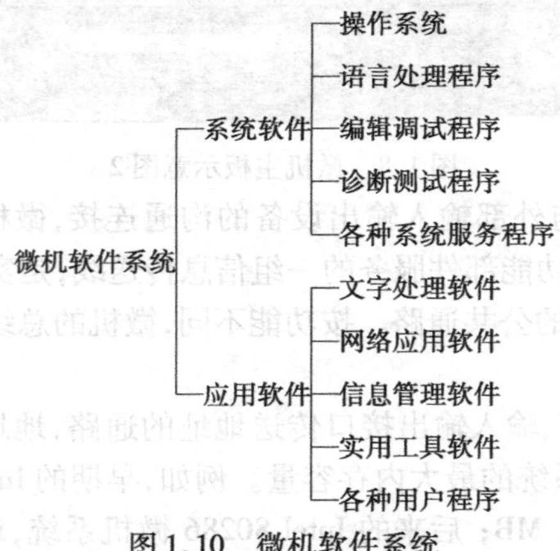

图 1.10 微机软件系统

1)系统软件

系统软件是微机必备的软件,它是操作使用计算机的基础。系统软件的主要功能是实现对计算机的控制、管理、运行和维护,协调各功能部件有效地工作,并且完成应用程序的装入,进行程序的调度,方便用户操作使用计算机。系统软件主要包括:操作系统、各种语言处理程序、编辑调试程序、系统故障诊断和测试程序以及各式各样的系统服务程序。

操作系统是最重要的系统软件,它能帮助我们管理好计算机系统中的各种软、硬件资源,合理组织计算机工作流程。随着计算机软件和硬件技术的不断发展,已形成了多种不同类型的操作系统,以满足用户各种不同的应用要求。按照系统功能,通常把操作系统的类型分为:

(1)单用户操作系统　系统一次只能支持运行一个用户程序。

(2)批处理操作系统　用户将一批算题(或作业)输入到计算机,然后由操作系统来控制作业自动执行,不需要用户对每个作业进行控制。

(3)分时操作系统　硬件上由一台主机连接多个用户终端组成,允许多个终端用户同时使用一台主机,各自独立操作,互不干扰。分时操作系统通常也称为多用户系统。

(4)实时操作系统　可随机接受外部事件并做及时处理。实时系统又分为实时控制系统和实时信息处理系统。

(5)网络操作系统　计算机网络是通过通信设施将多台计算机连接起来的一种网络,与多用户系统中的终端不同,网络中的每个用户本身就是一个完整独立的计算机系统,网络操作系统能提供网络通信和网络资源共享功能。

(6)分布式操作系统　分布式操作系统也是通过网络将多台计算机连接起来,实现相互通信和资源共享,但它更强调将一个大的算题划分成小任务,分布到几台不同的计算机上协作完成。

语言处理程序包括汇编语言和各种高级语言的编译程序、解释程序,使计算机能识别和处理我们用高级语言设计的各种各样的应用软件;编辑调试程序向用户提供输入修改程序、调试运行程序的工作环境;系统诊断和测试程序则负责对计算机中设备的故障及程序中的错误进行检测、辨认和定位,以便操作人员排除或纠正。

2)应用软件

应用软件是人们为解决某种问题而专门设计的各种各样的软件,这些软件可以直接帮助人们提高工作质量和效率,甚至可以帮助我们解决原来难以解决的问题。例如,文字处理软件可以帮助我们编辑打印文章;财务管理软件可以帮助财会人员发放工资,处理财务报表;辅助教学软件可以帮助学生自学新知识,帮助教师提高教学效果;辅助设计软件可以帮助工程师提高设计质量等。

一个计算机系统的应用软件越丰富,越能发挥计算机的作用。随着计算机技术的发展和计算机应用的普及,微机应用软件也越来越丰富。目前,微机上广泛使用的应用软件主要有:

(1)文字处理软件　文字处理软件主要用于办公事务的处理,包括文章的编辑排版、表格的处理、演示文稿的制作等,使用这些软件,能真正实现办公自动化。目前,微机上使用最普遍的办公自动化软件有 Microsoft Office 的 Word,Excel,PowerPoint,中国金山公司的 WPS Office 等。关于 Word,Excel 和 PowerPoint 的操作使用方法,本书将分别在第 3,4,5 章中详细介绍。

(2)网络应用软件　这类软件主要用于帮助用户实现网上资源的浏览、远程信息的传送、电子邮件的收发等。近年来,随着网络技术的飞速发展,微机上的网络应用软件不断出现,目前经常使用的有 Internet Explorer (IE),Outlook Express (OE),Netscape,Foxmail,等等。

(3)信息管理软件　信息管理软件主要是使用数据库技术,实现财务管理、人事管理、设备管理、学籍管理等各类大量数据信息的存储、查询、统计和报表打印。目前微机中常用的数据库管理系统软件有 Visual Foxpro、Access、SQL server、oracle,等等。

(4)实用工具软件　微机软件系统中有许多工具形应用软件,这类软件能帮助用户完成某些专项任务,它们涉及的应用领域非常广泛。如多媒体制作软件 Authorware 能帮助人们设计制作声图并茂的教学课件;图形制作软件 Photoshop 能帮助人们绘制编辑精美的图片;数学工具软件 Matlab 可进行繁琐的科学计算和数据分析;辅助设计软件 AutoCAD 可以帮助设计人员完成高精度图纸设计,提高设计质量;超级解霸影音播放软件可以实现在计算机上欣赏影视节目,播放 VCD,DVD 光盘;东方快车翻译软件可以完成英汉翻译;防毒软件 KV3000 可以检查和清除电脑中被感染上的病毒,提高系统安全性。

总之,微机应用软件品种繁多,功能不一,有专用的,有通用的,用户可以根据自己的需要选购,也可以自己亲自设计应用软件,当然,必须先学习程序设计方法。

1.3.3 计算机操作系统

操作系统是计算机中最基本、最重要的系统软件,它控制和管理整个计算机系统中的硬件和软件资源,合理地组织计算机的工作流程,向用户提供操作使用计算机的各种命令。

有了操作系统,用户无需了解计算机的硬件特性和软件运行的复杂过程,只需通过键盘键入操作命令或者用鼠标单击菜单提供的命令项,就可控制指挥计算机,按照人们的要求去执行程序,完成相应操作。操作系统功能强大,内容丰富。按照资源管理的观点,人们又把操作系统的功能分为:

(1)处理器管理　处理器管理按一定策略把处理器分配给程序运行,尽可能提高系统运行效率。

(2)存储器管理　存储器管理负责内存空间的扩充、分配和管理,使内存空间得到充分利用,并保证内存中各程序之间的信息互不干扰、破坏。

(3)设备管理　设备管理对系统中各种外围设备进行控制和管理,包括设备的分配、启动和故障处理等。

(4)文件管理　文件管理负责对系统中各种文件的存储、检索、修改以及解决文件的共享、保护和保密问题。

(5)作业管理　作业管理为用户提供操作使用计算机的手段,便于用户有效、方便地去组织和控制自己的作业运行。

一台没有任何软件支撑的计算机称为裸机。人们直接在裸机上编制运行程序是非常困难的,正是有了操作系统及其他一些系统软件,才使计算机为我们提供了一个设计程序、调试程序、运行程序的良好的工作环境。实际上,一个计算机系统按照功能可分为硬件层、操作系统层、实用层、应用层 4 个层次(如图 1.11)。

硬件层是计算机的基础;紧挨硬件层的是操作系统层,操作系统直接在硬件上运行,经过操作系统对资源管理的功能和各种服务功能，把裸机改造成为功能更强大、使用更方便的机器环境；实用层是除了操作系统以外的系统软件，如语言处理程序、各种系统服务程序等；应用层是各种应用软件，如前面介绍过的文字处理软件、网络应用软件等。

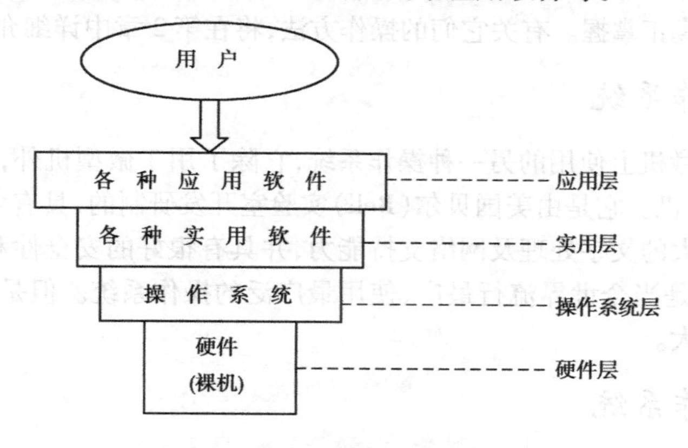

图 1.11 计算机系统层次结构

在系统层次结构中，每一层次表示一组功能和界面。通常，内层向外层提供服务，外层调用内层提供的功能，最后呈现在用户面前的是经过若干层次软件改造后的计算机系统。所以，人们看到的计算机功能强大，界面友好，操作方便，可以为我们提供各种服务，帮助我们完成各种各样的任务。

随着微机技术的发展，操作系统也在不断发展，微机上用的操作系统有 DOS，Windows，UNIX 和 Linux 等。目前，最常用的操作系统是 Windows 系统。

1）DOS 操作系统

DOS（Disk Operating System）意思是"磁盘操作系统"，是一种单用户、单任务的操作系统。由于它小巧实用，经常存放在磁盘上，且主要是针对磁盘上的文件进行管理的，故得名"磁盘操作系统"（缩写为 DOS）。DOS 系统的主要功能是进行文件管理和设备管理，它的核心包括 1 个引导程序（BOOT）和 3 个核心模块：输入输出管理系统程序（IBMBIOS. COM）、文件管理系统（IBMDOS. COM）和命令处理程序（COMMAND. COM）。

DOS 简单易学，操作容易。它为用户提供了良好的程序运行环境和方便的编辑工具，为用户与计算机之间建立起了友好的文字界面。自从微机诞生以来，DOS 一直是微机上使用最普遍的操作系统。随着微机技术的发展和操作系统的不断改进，目前已由 Windows 等的性能更优越、界面更友好的操作系统取代了 DOS 系统。

2）Windows 操作系统

Windows 系统是在 DOS 基础上发展起来的一种图形界面操作系统，它性能比 DOS 更强，用户界面更为直观，操作更为方便，是目前微机上使用最普遍的操作系统。

自从 1990 年发布第一版 Windows 系统以来，短短 10 来年时间里，现已有 Windows 95，Windows 98，Windows NT，Windows Me，Windows 2000，Windows XP，Windows Server，Windows Vista，Windows 7 等多种版本，已从当初的单用户多任务系统发展到今天的多用户多任务系统。

在 Windows 系统下，访问文件，编辑修改文件，文件的移动、复制、删除、恢复等操作都可通过鼠标实现,操作方便快捷。Windows 的即插即用功能使微机系统的硬件、软件配置都非常简单容易;在 Windows 下可使用长文件名,可同时运行多个程序,还可进行网络通信,收发电子邮件,播放多媒体光盘等。总之,Windows 系统具有许多新的功能,新的特性,需要我们进一步地去学习探索,才可能真正掌握。有关它们的操作方法,将在第 2 章中详细介绍。

3) UNIX 操作系统

UNIX 系统是在微机上使用的另一种操作系统,它除了用于微型机外,还广泛用于一般小型计算机和大型计算机。它是由美国贝尔(Bell)实验室开发研制的,具有多用户、多任务分时处理的特点,具有强大的文字处理及网络支持能力,并具有很好的安全性和可靠性,是一个性能优越的操作系统,是当今世界流行最广、使用最广泛的操作系统。但是,UNIX 系统价格较高,系统资源开销较大。

4) Linux 操作系统

Linux 系统是近来出现的一种新型的网路操作系统,这个操作系统,继承了 UNIX 系统的不少优点,且更符合微机运行的特点。更为主要的是,Linux 系统是一个全免费、全开放的操作系统,系统程序的源代码全部公开,给用户提供了开发应用的充分自由。

操作系统是计算机最重要的系统软件,学好用好操作系统,对充分利用系统资源,发挥计算机的性能将有很大帮助。

1.3.4 计算机的工作原理

我们知道,计算机与其他所有计算工具的本质区别,就是计算机不但能计算和处理数据,而且还能储存数据,储存程序。计算机就是按照程序中的指令来处理数据的。当今所有计算机的工作原理都是基于著名的美籍匈牙利数学家冯·诺依曼(Von. Neumann)于 1946 年提出的存储程序原理。微机也一样,从组成到工作过程,都遵循这一原理。

微机的工作原理是:人们把预先编写好的程序和数据通过输入设备输入到计算机的内存储器中,一旦程序执行时,微机控制器就自动从内存中逐条取出指令,对指令进行译码,然后按指令的要求指挥控制系统硬件、软件各部分协调工作,直到完成一项任务。微机通过控制器周而复始地取指令、分析指令、执行指令,这样连续不断地自动地处理信息,直至完成任务。这种存储程序式的工作原理称为“冯·诺依曼原理”。

1.3.5 微型计算机系统的配置与性能指标

1) 微机系统的基本配置

微机系统可根据自己的需要灵活配置,不同的配置有不同的性能。目前,微机的配置已经相当高级,举例如下:

(1) 中央处理器　　酷睿 4 核　3.0 GHz

(2) 内存储器　　2 GB

(3)硬盘　　800 GB
(4)光驱　　52 倍速 CD-ROM
(5)显示器　　21 in 彩色显示器
(6)操作系统　　Windows XP

在上述基本配置中，略去了微机的许多外部设备，如打印机、扫描仪、调制解调器等，这些设备都可以根据需要选择配置。值得提出的是，在经济还不十分富裕的情况下，不能一味追求最高最新的配置，机器配置应根据自己的实际需要而定。应当充分利用已有的资源，尽可能发挥它们的作用。

2)微机系统的性能指标

如何评价系统性能指标是一个很麻烦的问题。但微机有许多共同的性能指标是我们必须熟悉的，目前主要考虑的指标有：

(1)字长　字长指计算机处理指令或数据的二进制位数。字长愈长，表示计算机硬件处理数据的能力越强。通常，微机的字长是 16 bit,32 bit 以及 64 bit。目前流行的微机字长是 32 bit。

(2)速度　计算机的运算速度是人们最为关心的一项性能指标。通常，微机的运算速度以每秒钟处理的指令数目来表示，经常用每秒百万指令数(MI/s)为计数单位。例如，通常的 Pentium 处理器的运算速度可达 300 MI/s，甚至更高。

由于运算速度与处理器时钟频率紧密相关，所以人们也常用处理器的主频来表示运算速度。主频以兆赫兹(MHz)、吉赫兹(GHz)为单位，主频愈高，计算机运算速度愈快。例如：奔腾Ⅲ处理器在 450 MHz ~ 750 MHz，Pentium Ⅳ处理器的主频通常为 1.3 ~ 3.0 GHz，甚至更高。

(3)容量　容量是指内存储器的容量，内存储容量的大小，不仅影响存储信息的多少，而且影响运算速度。容量越大，所能运行软件的内容就越丰富，通常情况，几百兆字节的内存就能满足一般软件运行的要求，若要运行二维、三维动画软件，则需更大内存容量。

(4)带宽　计算机的数据传输率用带宽表示，传输率单位是 bit/s(位/秒)，也常用Kbit/s, Mbit/s, Gbit/s 表示每秒传输的位数。带宽反映了计算机通信的能力，例如调制解调器速率为 33.6 Kbit/s 或 56 Kbit/s。

(5)版本　版本序号反映计算机硬件、软件产品的不同生产时期，通常序号越大，性能越好。例如：WPS 2000 比 WPS 97 好，WPS 2001 比 WPS 2000 功能更强，而 WPS 2003 又比 WPS 2001 完善很多，性能更好。

(6)可靠性　可靠性是指在给定的时间内，微机系统能正常运行的概率。通常用平均无故障时间(MTBF)来表示。MTBF 的时间越长，表明系统性能越高。

1.4　数制及不同进位计数制之间的转换

计算机中的数据、信息都是以二进制形式编码表示的，而人们习惯于用十进制数来表示数据。所以，必须熟悉计算机中数据的表示方式，并掌握二进制、十进制、十六进制数之间的相互转换。为此，我们先从数制说起。

1.4.1 进位计数制

什么是进位计数制呢？所谓进位计数制就是将一组固定的数字符号按序排列成数位，并遵照一套统一的规则，由低位向高位进位的计数方式来表示数值的方法。其实，进位计数制只是一种计数方法，人们习惯上使用的是十进位计数制。十进位计数制由 10 个数字符号 0,1,2,3,4,5,6,7,8,9 组成，进位的规则是“逢十进一”。在一个数中，相同的数字符号在不同的数位上表示不同的数值。例如：十进制数“333.33”，从高位到低位，每个数字符号“3”分别表示 300,30,3,3/10,3/100。

事实上，这个十进制数可表示成为：

$$333.33 = 3 \times 10^2 + 3 \times 10^1 + 3 \times 10^0 + 3 \times 10^{-1} + 3 \times 10^{-2}$$
$$= 300 + 30 + 3 + 3/10 + 3/100$$

在一种计数制中，所用数字符号的个数称为该数制的“基数”。每位数字符号所表示的数值等于该数字符号值乘以该位的“位权”（简称“权”）。权是以基数为底，以数字符号所处位置为指数的整数次幂。例如，十进制数的基数是十，从高位到低位的权分别是 10^2，10^1，10^0，10^{-1}，10^{-2}。

十进制数是我们从小就熟悉的，除此之外，我们还可以用其他进位计数制。如每年 12 个月，就是十二进制；每周有 7 天，是七进制；每小时 60 分，每分 60 秒，是六十进制。因此，用任何进位计数制都是可以的。对于计算机的初学者，除了熟悉十进制数以外，还必须熟悉二进制、八进制和十六进制数。

十进制数有两个基本特点：逢十进一，基数为十，即每一数位上可使用 0,1,2,3,4,5,6,7,8,9 十个数字。例如：

$(1011)_{10} = 1 \times 10^3 + 0 \times 10^2 + 1 \times 10^1 + 1 \times 10^0$

二进制数有两个基本特点：逢二进一，基数为二，即每一数位上可使用 0,1 两个数字。例如：

$(1011)_2 = 1 \times 2^3 + 0 \times 2^2 + 1 \times 2^1 + 1 \times 2^0 = (11)_{10}$

八进制数有两个基本特点：逢八进一，基数为八，即每一数位上可使用 0,1,2,3,4,5,6,7 八个数字。例如：

$(1011)_8 = 1 \times 8^3 + 0 \times 8^2 + 1 \times 8^1 + 1 \times 8^0 = (521)_{10}$

十六进制数有两个基本特点：逢十六进一，基数为十六，即每一数位上可使用 0,1,2,3,4,5,6,7,8,9,A,B,C,D,E,F 十六个数字。其中 A,B,C,D,E,F 分别表示十进制数的 10,11,12,13,14,15。例如：

$(1011)_{16} = 1 \times 16^3 + 0 \times 16^2 + 1 \times 16^1 + 1 \times 16^0 = (4113)_{10}$

同理，$(B1D)_{16} = 11 \times 16^2 + 1 \times 16^1 + 13 \times 16^0 = (2845)_{10}$

1.4.2 二进制数及运算

1）二进制的优越性

尽管计算机可以处理各种进制的数据信息，但计算机内部只使用二进制计数，也就是说，在计算机内部到处都只有“0”、“1”两个数字符号。计算机内部为什么不使用十进制数而要使用二进制数呢？这是因为二进制数具有以下优越性：

(1)技术可行性　因为组成计算机的电子元器件本身具有可靠稳定的两种对立状态，如电流的高位与低位、晶体管的导通与截止、开关的接通与断开等。采用二进制数，只需用“0”“1”表示这2种状态，易于实现。

(2)运算简单性　采用二进制数，运算规则简单，便于简化计算机运算器结构，运算速度快。例如：二进制加法和乘法的运算法则都只有3条。如果采用十进制计数，加法和乘法的运算法则都各有几十条，要处理这几十条法则，线路设计上也相当困难。

(3)吻合逻辑性　逻辑代数中的“真/假”、“对/错”、“是/否”表示事物的正反两个方面，并不具有数值性，用二进制数的“0/1”表示，刚好与逻辑量吻合，这正好为计算机实现逻辑运算提供了有利条件。

2)二进制数的算术运算

二进制数的算术运算非常简单，它的基本运算是加法和减法，利用加法和减法可以进行乘法和除法运算。我们主要学习二进制数的加法和减法运算。

(1)加法运算　两个二进制数相加时，要注意“逢二进一”的规则，并且，每1位最多有3个数：本位的被加数、加数和来自低位的进位数。

加法运算法则：

0 + 0 = 0

0 + 1 = 1 + 0 = 1

1 + 1 = 10 (逢二进一)

例1.1　$(1100\ 0011)_2 + (10\ 0101)_2 = (1110\ 1000)_2$

	被加数	1 1 0 0 0 0 1 1
	加　数	1 0 0 1 0 1
+	进　位	1 1 1
		1 1 1 0 1 0 0 0

(2)减法运算　两个二进制数相减时，要注意“借一作二”的规则，并且，每1位最多有3个数：本位的被减数、减数和向高位的借位数。

减法运算法则：

0 - 0 = 1 - 1 = 0

1 - 0 = 1

0 - 1 = 1 (借一作二)

例1.2　$(11000011)_2 - (101101)_2 = (10010110)_2$

	被减数	1 1 0 0 0 0 1 1
	减　数	1 0 1 1 0 1
-	借　位	1 1 1 1
		1 0 0 1 0 1 1 0

(3)乘法运算　乘法运算法则：

$0 \times 0 = 0$

$0 \times 1 = 1 \times 0 = 0$

$1 \times 1 = 1$

例 1.3　$(1110)_2 \times (1101)_2 = (10110110)_2$

```
        被乘数        1 1 1 0
   ×    乘　数        1 1 0 1
   ----------------------------
                      1 1 1 0
                    0 0 0 0
                  1 1 1 0
                1 1 1 0
   ----------------------------
              1 0 1 1 0 1 1 0
```

(4)除法运算　除法运算法则：

$0 \div 1 = 0$

$1 \div 1 = 1$ ($0 \div 0, 1 \div 0$ 无意义)

例 1.4　$(100110)_2 \div (110)_2 = (110)_2 \cdots (10)_2$余数

```
          110
     ---------
  110/100110
      110
     ---------
       0111
        110
     ---------
         10(余数)
```

3)二进制数的逻辑运算

逻辑运算是对逻辑量的运算，对二进制数“0”、“1”赋予逻辑含义，就可以表示逻辑量的“真”与“假”。逻辑运算包括3种基本运算：逻辑加、逻辑乘和逻辑非。逻辑运算与算术运算一样按位进行，但是，位与位之间不存在进位和借位的关系。

(1)逻辑加运算(或运算)　逻辑加运算符用“∨”或“+”表示，“或运算”的运算规则是：仅当两个参加运算的逻辑量都为“0”时，运算的结果才为“0”，否则为“1”。

(2)逻辑乘运算(与运算)　逻辑乘运算符用“∧”或“×”表示，“与运算”的运算规则是：仅当两个参加运算的逻辑量都为“1”时，运算结果才为“1”，否则为“0”。

(3)逻辑非运算(非运算)　逻辑非运算符用“~”或者在逻辑量的上方加一横线表示，例如：~A，~Y。非运算的运算规则是：对逻辑量的值取反。即逻辑量A的非运算结果为A的逻辑值的相反值。

设A,B为逻辑变量，则它们的逻辑运算关系如表1.1所示。

表1.1 逻辑运算关系表

A	B	A∨B	A∧B	~A	~B
0	0	0	0	1	1
0	1	1	0	1	0
1	0	1	0	0	1
1	1	1	1	0	0

例1.5 若 $A=(1011)_2$，$B=(1101)_2$，求 A∨B，A∧B，~A。

解:

$$\begin{array}{r} 1011 \\ \vee\ 1101 \\ \hline 1111 \end{array} \qquad \begin{array}{r} 1011 \\ \wedge\ 1101 \\ \hline 1001 \end{array}$$

所以，

$A \vee B=(1111)_2$，$A \wedge B=(1001)_2$，$\sim A=(0100)_2$

1.4.3 二进制数与十进制数的转换

二进制数是计算机使用的数制，而十进制数是人们习惯使用的数制，人们输入计算机的十进制数必须转换成二进制数，计算机才能运算和处理。运算处理后的结果又必须转换成十进制数输出，人们才易于接受。因此有必要学习掌握二进制数与十进制数之间的相互转换。

1)二进制数转换成十进制数

二进制数转换成十进制数，只需将二进制数按各数位的权展开，直接求和计算出值即可。

例1.6 将二进制数 $(1101)_2$ 和 $(10101)_2$ 转换成十进制数。

解: $(1101)_2=1\times2^3+1\times2^2+0\times2^1+1\times2^0$

$=8+4+0+1$

$=13$

$(10101)_2=1\times2^4+1\times2^2+1\times2^0$

$=16+4+1$

$=21$

2)十进制数转换成二进制数

十进制数转换成二进制数时，对整数部分和小数部分，分别进行转换，然后再组合起来。

(1)十进制整数转换成二进制整数　采用"除2取余"法。即将十进制整数除以2，得商和余数，再将商除以2，又得商和余数，又将商除以2…，如此重复，直到商等于0为止。所得的各次余数就是二进制数的各位数。

例1.7 将十进制整数13和58转换成二进制整数。

解：

```
2 |1 3     ··········1  ↑ 低位
  2 | 6    ··········0
    2 | 3  ··········1
     2 | 1 ··········1
        0                高位
```

```
2 | 5 8      ··········0  ↑ 低位
  2 |2 9     ··········1
    2 |1 4   ··········0
      2| 7   ··········1
       2| 3  ··········1
        2| 1 ··········1
           0               高位
```

所以

$$13 = (1101)_2, 58 = (111010)_2$$

(2)十进制小数转换成二进制小数　采用"乘2取整"法。即将十进制小数乘以2，然后取出乘积的整数部分，再将纯小数部分乘以2，又取出乘积的整数部分……如此重复，直到小数部分为0或得到精度要求为止。所取出的各次整数就是二进制数的各位数。

例1.8　将十进制数0.812 5和58.812 5转换成二进制数。

解：

```
      0.8125
   ×       2        高位
   ---------
     [1].6250   ··········1
   ×       2
   ---------
     [1].2500   ··········1
   ×       2
   ---------
     [0].5000   ··········0
   ×       2
   ---------
     [1].0000   ··········1  ↓ 低位
```

所以

$$0.8125 = (0.1101)_2, \quad 58.8125 = (111010.1101)_2$$

实际上，对任何非十进制数要转换成十进制数，方法就是把该数按权展开，直接求和计算即可。反之，十进制数要转换成任何其他进制的数，对整数部分采用"除基数取余"法，对小数部分采用"乘基数取整"法。

1.4.4　二进制数与十六进制数的转换

二进制数位数多，数字冗长，不便于书写和阅读，因此，人们常用十六进制数和八进制数来表示二进制数。

由于$2^4 = 16$，所以1位十六进制数恰好相当于4位二进制数。把二进制数转换成十六进制数，只需将二进制数从低位开始，向左每4位一组分组，末尾一组若不够4位用0补足，然后把每一组二进制数用1位十六进制数表示。反之，要把十六进制数转换成二进制数，只需将每一位十六进制数用4位二进制数表示。

例1.9 将二进制数$(111010)_2$和$(11010111.1011)_2$转换成十六进制数。

解： $(111010)_2=(\underline{0011}\ \underline{1010})_2=(3A)_{16}$

$(11010111.1011)_2=(\underline{1101}\ \underline{0111}.\underline{1011})_2=(D7.B)_{16}$

例1.10 将十六进制数$(3E)_{16}$和$(128.9)_{16}$转换成二进制数。

解： $(3E)_{16}=(\underline{0011}\ \underline{1110})_2=(111110)_2$

$(128.9)_{16}=(\underline{0001}\ \underline{0010}\ \underline{1000}.\underline{1001})_2=(100101000.1001)_2$

同理，由于$2^3=8$，所以1位八进制数恰好相当于3位二进制数。把二进制数转换成八进制数，只需将二进制数从低位开始，向左每3位一组分组，末尾一组若不够3位用0补足，然后把每一组二进制数用1位八进制数表示。同样地，要把八进制数转换成二进制数，只需将每一位八进制数用3位二进制数表示。

例1.11 $(10101101)_2=(\underline{010}\ \underline{101}\ \underline{101})_2=(255)_8$

$(2657.3)_8=(\underline{010}\ \underline{110}\ \underline{101}\ \underline{111}.\underline{011})_2=(10110101111.011)_2$

需要说明的是，数制的转换工作都是计算机通过专门的程序自动完成的，我们完全可以放心地用十进制数在计算机上操作。有时为了表达方便，常常在数字后面加上一个缩写字母后缀，标识不同进制的数。常用进制的后缀字母是：二进制数（B）、八进制数（O）、十进制数（D）、十六进制数（H）。表1.2是几种常用数制的对比。

表1.2 几种常用数制的对比

十进制	二进制	八进制	十六进制	十进制	二进制	八进制	十六进制
0	0	0	0	9	1001	11	9
1	1	1	1	10	1010	12	A
2	10	2	2	11	1011	13	B
3	11	3	3	12	1100	14	C
4	100	4	4	13	1101	15	D
5	101	5	5	14	1110	16	E
6	110	6	6	15	1111	17	F
7	111	7	7	16	10000	20	10
8	1000	10	8	17	10001	21	11

1.5 计算机中数据的表示

计算机功能强大,应用广泛,可以接受和处理数字、字符、逻辑量、图像和声音等各种数据。但在计算机内部,所有数据都是用二进制数码表示的。参加运算的是二进制数,控制器发出的指令是二进制数,存储的是二进制数,总之,在计算机内部,到处都是由“0”“1”这样的代码组成的数据。除此以外,计算机中再也不能识别处理其他形式的数字符号了。那么,我们看到的字符、数字以及数的正负号、小数点等又是怎样表示的呢?让我们先从信息的存储单位说起。

1.5.1 计算机中信息的存储单位

(1)位(Bit) 位代表一个二进制数码0或1,是计算机存储处理信息的最基本的单位。由于位只具有0,1两种可能的编码状态,故信息容量很小,实际应用中,常用多个位组成更大的信息单位。计算机有8 bit,16 bit,32 bit和64 bit等。

(2)字节(Byte) 1个字节由8个位组成。它表示作为一个完整处理单位的8个二进制数码。计算机中用8个位的不同组合来表示不同的字母A,B,…,Z,数字0,1,…,9和其他的符号+,-,*,/,?,#等。目前,计算机中使用的字符集编码是美国标准信息交换码,称为ASCII码。

例如:字符“A”的二进制编码是“01000001”,也就是十六进制数的41或十进制数的65;字符“#”的二进制编码是“00100011”。

(3)字(Word) 字代表计算机处理指令或数据的二进制数位数。如常见的微型计算机就有8 bit字长、16 bit字长和32 bit字长等几种。

1.5.2 数值数据的表示

人们在表示数时,常常要用到整数、小数、正数、负数等表示方法,计算机中只用0,1两个代码符号,所以,必须解决如何用0,1两个代码来表示整数、小数和正负数问题。

1)无符号整数的表示

无符号的整数为正整数,用n位二进制数表示为:

$$N = b_{n-1} \cdots b_2 b_1 b_0$$

所以,N的取值范围为:$0 \leqslant N \leqslant (2^n - 1)$。

在计算机中可使用8 bit,16 bit,32 bit或更多位数来表示不同的正整数,如16 bit无符号正整数表示的范围为$0 \sim 2^{16} - 1$,即0~65 535。

2)正负号的表示

在计算机中,数的正负号用符号位表示。通常把数值数据的最高位作为符号位,0表示正号,该数为正数;1 表示负号,该数为负数。例如,在字长为 8 bit 的计算机中,一个带符号的数$(01010011)_2$表示十进制数 +83,而$(11010011)_2$表示十进制数 -83。通常 n 位二进制数表示带符号的整数为:

$$N = b_s b_{n-1} \cdots b_2 b_1 b_0$$

其中,b_s为符号位,所以,N 的取值范围为:$(-2^{n-1}) \leqslant N \leqslant (2^{n-1}-1)$。因此,8 bit 带符号的整数表示范围为 -128 ~127 。

3)小数点的定点表示

小数点的定点表示就是让小数点在数中的位置固定不变,它总是隐含地固定在预定位置。对于纯整数,小数点总是隐含固定在数的最低端;对于纯小数,小数点总是隐含固定在数的最高端(如图 1.12)。

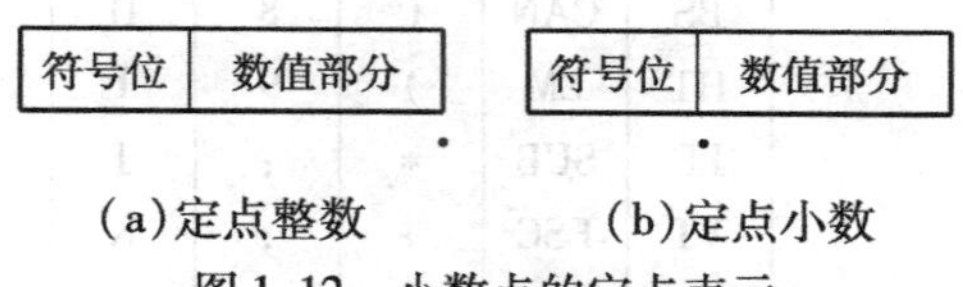

(a)定点整数　(b)定点小数

图 1.12　小数点的定点表示

小数点的定点表示,只适用于纯整数或纯小数的情况,表示数的范围很有限,很难满足实际计算问题的需要,所以,在计算机中对数值数据的表示,还普遍使用浮点表示法,让小数点在数中的位置可浮动,以扩大数的表示范围。对此,我们不再深入讨论。

1.5.3　字符数据的表示

英文字母、数字或其他字符也是计算机中常用的数据,这些数据,必须用统一的二进制数 0,1 的编码来表示,才能被计算机普遍接受。目前,计算机使用的标准编码是 ASCII 编码。ASCII 编码是由美国国家标准委员会制定的《美国国家信息交换标准代码》,它使用一个字节的低 7 位(高位为 0)来表示一个字符,共能表示 2^7 =128 种国际上通用的英文字母、数字和符号(见表 1.3)。

可见,ASCII 码字符集中包含有 4 类常用的字符:

(1)数字字符　数字字符包括“0”~“9”10 个数字,它们的 ASCII 编码是$(011\ 0000)_2$ ~$(011\ 1001)_2$,即十六进制数的 30H ~39H。可以看出,“0”~“9”的 ASCII 编码值减去 30H 就是对应数字字符的数值。

(2)英文字母　英文字母包括 52 个大写和小写字母,大写字母“A”~“Z”的 ASCII 编码是十六进制数值 41H ~5AH ,小写字母“a”~“z”的 ASCII 编码是十六进制数值 61H ~7AH。可以看出,对应大小写字母的 ASCII 编码值相差 20H,即大写字母的 ASCII 编码值加上 20H,就可得到对应的小写字母的 ASCII 编码值。

(3)常用符号　常用字符包括 32 个通用的符号,如:+ , - , * ,/ ,: , = ,等等。

(4)控制符号　控制字符包括 34 个专用的控制符号,如:空格符号 SP、回车符号 CR、换行符号 LF,等等。

表 1.3 ASCII 字符集

$b_4b_3b_2b_1$(H) \ $b_7b_6b_5$(H)	000 (0)	001 (1)	010 (2)	011 (3)	100 (4)	101 (5)	110 (6)	111 (7)
0000 (0)	NUL	DEL	SP	0	@	P	、	p
0001 (1)	SOH	DC1	!	1	A	Q	a	q
0010 (2)	STX	DC2	”	2	B	R	b	r
0011 (3)	ETX	DC3	#	3	C	S	c	s
0100 (4)	EOT	DC4	$	4	D	T	d	t
0101 (5)	ENQ	NAK	%	5	E	U	e	u
0110 (6)	ACK	SYN	&	6	F	V	f	v
0111 (7)	BEL	ETB	‘	7	G	W	g	w
1000 (8)	BS	CAN	(	8	H	X	h	x
1001 (9)	HT	EM	)	9	I	Y	i	y
1010 (A)	LF	SUB	*	:	J	Z	j	z
1011 (B)	VT	ESC	+	;	K	[	k	{
1100 (C)	FF	FS	,	<	L	\	l	|
1101 (D)	CR	GS	–	=	M	]	m	}
1110 (E)	SO	RS	.	>	N	↑	n	~
1111 (F)	SI	US	/	?	O	↓	o	DEL

1.5.4 汉字数据的表示

汉字是计算机中普遍使用的字符,也必须用二进制编码来表示。但是,汉字有数万之多,其中常用汉字也有7 000多个,如何统一用二进制数编码,才能被计算机接受呢?

为了适应计算机汉字信息处理的需要,1981年,我国颁布了《国家标准信息交换用汉字编码字符集》,国家标准代号为GB 2312—80。该字符集中选出了6 763个常用汉字,再加上682个汉语拼音字母、数字以及其他符号,并为这些汉字符号分配了标准代码,称为汉字交换码或国标码。

国标码中,规定每个汉字符号用两个字节表示,每个字节的最高位为0,其余低7位表示汉字符号编码信息。例如:汉字“啊”的国标码为$(0011\ 0000)_2$,$(0010\ 0001)_2$,即十六进制30H,21H。为了与英文字符区别,将国标码的每个字节的最高位置为1,得到对应汉字符号的内码表示,如汉字“啊”的内码为$(1011\ 0000)_2$,$(1010\ 0001)_2$,即十六进制B0H,A1H。这样,当计算机处理字符时,若遇到最高位为1的字节时,便将该字节与其后续的最高位也为1的字节一起看成是一个汉字编码;若遇到最高位为0的字节时,则将该字节看成是一个英文字符的ASCII编码。

1.5.5 其他形式数据的表示

图像、声音等信息也是计算机中常用的数据,它们的存储也和其他数字信息一样。一幅图像可看成是一个个像点构成的,每个像点用二进制位进行编码,就能在计算机中表示出现实世界五彩缤纷的颜色。当把图像分解成一系列像点,每个像点用若干个二进制位表示时,我们就把这幅图像数字化了。数字图像的存储数据量特别大,例如一幅画面上有 15 000 个点,每个点用 24 个二进制位来表示,则这幅画面要占用 45 000 个字节。

声音是一种连续变化的模拟量,可以通过“模/数”转换器对声音信号按固定的时间进行采样,把它变成数字量。声音一旦变成了数字形式,就可把声音存储在计算机中进行播放、加工和传输。

1.6 计算机与信息技术

1.6.1 信息与数据

信息(information)是客观事物属性的反映。它所反映的是关于某一客观系统中某一事物的某一方面属性或某一时刻的表现形式。通俗地讲,信息是经过加工处理并对人类客观行为产生影响的数据表现形式。

数据(data)是反映客观事物属性的记录,是信息的载体。对客观事物属性的记录是用一定的符号来表达的,因此说数据是信息的具体表现形式。

数据所反映的事物属性是它的内容,而符号是它的形式。数据与信息在概念上是有区别的。信息是有用的数据,数据是信息的表现形式。信息是通过数据符号来传播的,数据如不具有知识性和有用性则不能称其为信息。从信息处理角度看,任何事物的属性都是通过数据来表示的;数据经过加工处理后,使其具有知识性并对人类活动产生决策作用,从而形成信息。用数据符号表示信息,其形式通常有 3 种:

(1)数值型数据　数值型数据是对客观事物进行定量记录的符号,如年龄、身高、体重、价格等。

(2)字符型数据　字符型数据是对客观事物进行定性记录的符号,如姓名、性别、单位、地址等。

(3)特殊型数据　特殊型数据是对信息表现、传播形式记录的符号,如声音、视频、图像等。

从计算机的角度看,数据泛指那些可以被计算机接受并能够被计算机处理的符号。

1.6.2 数据管理

数据处理就是利用计算机对各种类型的数据进行处理。它包括对数据的采集、整理、存储、分类、排序、检索、维护、加工、统计和传输等一系列操作过程。数据处理的目的是从大量的、原始的数据中获得我们所需要的资料并提取有用的数据成分,作为行为和决策的依据。随着电子计算机技术的发展,数据处理过程发生了划时代的变革,尤其是数据库技术的发展,又使数据处理跨入了一个崭新的阶段。

数据的管理技术的发展大致经历了以下3个阶段：

1)人工管理方式

人工管理方式出现在计算机应用于数据管理的初期。由于没有必要的软件、硬件环境的支持，用户只能直接在裸机上操作。用户的应用程序中不仅要设计数据处理的方法，还要阐明数据在存贮器上的存贮地址。

在这一管理方式下，用户的应用程序与数据相互结合不可分割，当数据有所变动时程序随之改变，程序的独立性差；另外，各程序之间的数据不能相互传递，缺少共享性。因而这种管理方式既不灵活，也不安全，编程效率很低。

2)文件管理方式

文件管理方式即把有关的数据组织成一种文件，这种数据文件可以脱离程序而独立存在，由一个专门的文件管理系统实施统一管理。文件管理系统是一个独立的系统软件，它是应用程序与数据文件之间的一个接口。

在这一管理方式下，应用程序通过文件管理系统对数据文件中的数据进行加工处理。应用程序的数据具有一定的独立性，比手工管理方式前进了一步。但是，数据文件仍高度依赖于其对应的程序，不能被多个程序所通用。由于数据文件之间不能建立任何联系，因而数据的通用性仍然较差，冗余量大。

3)数据库系统管理方式

对所有的数据实行统一规划管理，形成一个数据中心，构成一个数据库，数据库中的数据能够满足所有用户的不同要求，供不同用户共享。

在这一管理方式下，应用程序不再只与一个孤立的数据文件相对应，可以取整体数据集的某个子集作为逻辑文件与其对应，通过数据库管理系统实现逻辑文件与物理数据之间的映射。在数据库系统管理的系统环境下，应用程序对数据的管理和访问灵活方便，而且数据与应用程序之间完全独立，使程序的编制质量和效率都有所提高；由于数据文件间可以建立关联关系，数据的冗余大大减少，数据共享性显著增强。

1.6.3 信息技术

1)信息技术的概念

信息技术是研究信息的获取、传输和处理的技术，由计算机技术、通信技术、微电子技术结合而成，有时也称为“现代信息技术”。也就是说，信息技术是利用计算机进行信息处理，利用现代电子通信技术从事信息采集、存储、加工、利用以及相关产品制造、技术开发、信息服务的新学科。

(1)传感技术　传感技术的任务是延长人的感觉器官收集信息的功能。目前，传感技术已经发展了一大批敏感元件，除了普通的照相机能够收集可见光波的信息、微音器能够收集声波信息之外,已经有了红外、紫外等光波波段的敏感元件,帮助人们提取那些人眼所见不到的重要信息。还有超声和次声传感器,可以帮助人们获得那些人耳听不到的信息。这样,还可以把那些人类感觉器官收集不到的各种有用信息提取出来,从而延长和扩展人类收集信息的功能。

(2)通信技术　通信技术的任务是延长人的神经系统传递信息的功能。通信技术的发展速度之快是惊人的,目前已成为办公自动化的支撑技术。从传统的电话、电报、收音机、电视到如今的移动式电话(手机)、传真、卫星通信,这些现代通信方式使数据和信息的传递效率得到很大的提高,从而使过去必须由专业的电信部门来完成的工作转由行政、业务部门办公室的工作人员直接方便地来完成。

(3)计算机技术　计算机技术的任务是延长人的思维器官处理信息和决策的功能。计算机技术与现代通信技术一起构成了信息技术的核心内容。计算机技术同样取得了飞速的发展,体积虽然越来越小,功能却越来越强。例如:电子出版系统的应用改变了传统印刷、出版业;光盘的使用使人类的信息存储能力得到了很大程度的延伸,出现了电子图书这样的新一代电子出版物;多媒体技术的发展使音乐创作、动画制作等成为普通人可以涉足的领域,总之,计算机技术已经渗透到了一切应用领域。

(4)控制技术　控制技术的任务是延长人的效应器官施用信息使产生实际应用的功能。所谓控制就是施控装置对受控装置所施加的一种作用。控制的基础是信息,没有信息,控制就会是盲目的,不能够达到控制的目的,而控制正是要从有关的信息中寻找正确的方向和策略。

综上所述,信息技术主要包括信息的采集、信息的传递、信息的处理和利用等。感测技术是获取信息的技术,通信技术是传递信息的技术,计算机技术是处理信息的技术,而控制技术是利用信息的技术。这些技术又是相互包含、互相交叉、相互融合的,感测、通信、计算机都离不开控制,感测、计算机、控制也都离不开通信,感测、通信、控制更是离不开计算机。

正是计算机技术的高速发展才带动了整个信息技术的高速发展。事实上,在计算机技术产生之前,感测技术、通信技术和控制技术就已经产生了,但那时这些技术的水平还是比较低的,很多操作还需要人工进行。计算机技术产生以来,感测技术、通信技术和控制技术的水平得到了极大的提高。而且通过程序控制实现了越来越强大、越来越复杂、越来越便利、越来越高效的功能和服务。可以说,当前信息技术的基本特征就是计算机程序控制化。

2)信息技术的特点

现代信息技术的主要特点是以数字技术为基础,以计算机为核心,采用电子技术进行信息的收集、传递、加工、存储、显示与控制,它包括通信、广播、计算机、微电子、遥感遥测、自动控制、机器人等多项领域。由此而产生的各种信息处理系统就是用于辅助人们进行信息获取、传递、存储、加工处理、控制及显示的综合使用各种信息技术的系统。

现代社会中,存在着多种多样的信息处理系统。从自动化程序来看,有人工的、半自动的和全自动的;从技术手段来看,有机械的、电子的和光学的;从适用范围来看,有专用的和通用的;从应用领域来看更是五花八门。例如,雷达是一种以感知与识别为主要目的的系统,电视/广播系统是一种单向的、以信息交互为主要目的的系统,银行是一种以处理金融业务为主的系统,图书馆是一种以信息收藏和检索为主的系统,因特网是一种跨越全球的多功能信息处理系统。

信息技术的飞速发展引发了一场深刻的生产和生活方式的变革,正极大地推动着经济和社会的发展。

1.7 计算机的指令与程序设计语言

我们知道,计算机能根据人们预定的安排,自动地对数据进行计算和处理。那么,人们又是怎样安排指挥计算机工作的呢?

1.7.1 指令与指令系统

通常,人们把要解决具体问题的意图用一系列指令来表达,这些指令序列就是程序。当程序输入计算机后,计算机就能按照程序的规定,有条不紊地进行计算和处理,完成一项项任务。

指令是用二进制数表示的一组符号。一条指令规定计算机执行一项基本操作。一种计算机能识别的全部指令的集合称为该计算机的指令系统。不同的计算机有不同的指令系统,每种计算机都有自己的指令系统。例如,微机广泛使用的 Intel 8086 指令系统。一般微机的指令系统包括几十条甚至百余条指令。

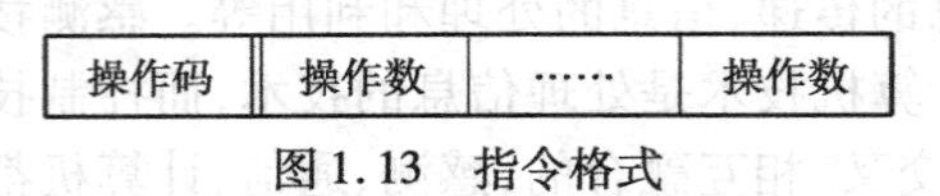

图 1.13 指令格式

指令通常由操作码和操作数两部分组成(如图 1.13)。指令操作码表示计算机执行的基本操作,指令操作数表示该指令操作的对象,通常是运算的数值或数值存放的地址。根据指令的不同,操作数有 1 个、2 个或 3 个。微机使用的指令系统中,通常只有单地址指令和双地址指令。

例如有单地址指令:

第一条指令 00111110　00000101

第二条指令 11000110　00000011

在第 1 条指令中,第 1 个字节(0 0 1 1 1 1 1 0)表示操作"向累加器 A 送数",第 2 个字节(0 0 0 0 0 1 0 1)表示操作数是 5,所以,这条指令就是指示计算机完成"把数 5 送累加器 A"的操作。第 2 条指令则表示"把累加器 A 中的内容与数 3 相加"。

通常,一种计算机的指令系统包括以下几种类型的指令:

(1)数据处理指令　它用于对数据进行算术运算、逻辑运算和移位比较等操作;

(2)数据传送指令　它用于在存储器、寄存器和中央处理器等设备之间进行数据传送;

(3)程序控制指令　它用于控制程序进行条件转移、无条件转移、转子程序、暂停等操作;

(4)状态管理指令　它用于中断响应、中断屏蔽等操作。

1.7.2 程序设计语言

程序是人们为解决某种问题而精心设计的一系列指令的有序集合。它指示计算机执行一系列操作,完成某项任务。编写程序的过程称为程序设计;用于描述操作的语言称为程序设计语言。程序设计语言由符号和语法规则组成,是人们设计程序的工具,它是计算机软件系统的重要组成部分。按语言的发展特征,程序设计语言一般可分为机器语言、汇编语言和高级语言等几类。

1)机器语言

用二进制代码指令表达的能被计算机直接识别处理的计算机编程语言称为机器语言。前面介绍的计算机指令就是机器语言,机器语言是计算机中最低层的语言,也称为第一代语言。

用机器语言编写程序,难学、难记,阅读也很困难,而且容易出错和难于修改。此外,由于不同类型计算机的指令系统不同,所以,用某种机器语言编写的程序,只能在一种计算机上运行,互不通用。

2)汇编语言

机器语言虽然计算机“一看就懂”,不需要任何翻译就可直接识别。但人们难学难记,直接用机器语言编写程序困难很大,为了便于理解和记忆,人们就采用一些特定符号来代替每一条指令。

用一组能反映指令功能的助记符(缩写的英文符号)来表达的计算机编程语言称为汇编语言。汇编语言是符号化了的机器语言,是机器语言的进一步发展,也称为第二代语言。

例如,前面介绍的“把数5送累加器A”的操作,用汇编语言表示为:

```
LD   A, 5
```

同样,把累加器A中的内容与数3相加的操作表示为:

```
ADD   A, 3
```

这里的LD,ADD就是汇编语言助记符,它们代表了某一种操作。

用汇编语言编写的程序称为汇编语言源程序。汇编语言源程序计算机无法直接执行,必须用预先配置好的汇编程序把它翻译成机器语言表达的目标程序,计算机才能执行,这个翻译过程称为汇编。

汇编语言采用助记符,虽然比机器语言直观,容易记忆和理解。但汇编语言与机器语言是一一对应的,汇编语言程序仍然只能在一种计算机上运行,互不通用。

3)高级语言

高级语言是不依赖于具体计算机指令系统(不依赖于具体计算机类型)的语言,它是直接使用人们习惯的、易于理解的英文字母、数字、符号来表达的计算机编程语言,也称为第三代语言。用高级语言编写程序,程序简洁,易修改,且具有通用性,编程效率高。

例如,前面5+3的计算,用高级语言表示为:

```
A=5
A=A+3
```

或者直接表示为:

```
A=5+3
```

就可得到计算结果了。

自从1954年第一种高级语言一诞生,高级语言便得到了迅速的发展,先后出现了数百种不同类型、不同功能的高级语言。目前,广泛使用的高级语言有FORTRAN语言、PASCAL语言、C语言,等等。

用高级语言设计的程序称为高级语言源程序。高级语言源程序仍不能直接被计算机理解执行,必须经过翻译后才能执行。通常有两种方式执行:

(1)编译方式 编译程序整个地把源程序翻译成机器语言目标程序,然后,计算机执行该目标程序,得到计算结果(如图1.14)。

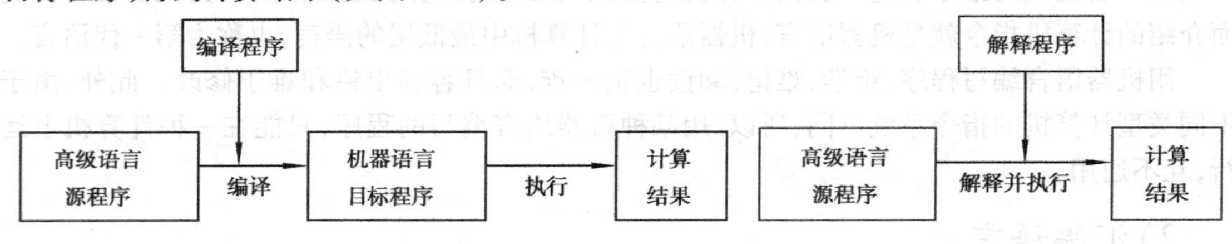

图1.14 编译执行方式 图1.15 解释执行方式

(2)解释方式 事先设计好一个能识别解释高级语言的源程序称为解释程序的语言处理程序,存储在计算机中。当高级语言源程序输入计算机后,解释程序便逐句翻译解释,翻译一句,执行一句,直至计算结束(如图1.15)。

用高级语言设计程序,必须告诉计算机每一步"怎么做",计算机才能按照程序规定的步骤,完成相应操作。继第三代高级语言出现后,近年来,又出现了面向对象的语言,用这种语言设计程序,人们只需告诉计算机"做什么",而不必说明"怎么做",计算机就会自动地完成相应操作,使得我们操作使用计算机更为方便了。

1.8 汉字处理系统

汉字是世界上使用人口最多的语言,是联合国工作语言之一,用计算机对汉字进行处理显得尤为重要。因此,需要一种能专门处理中文信息,并能兼容西文信息的汉字处理系统。

1.8.1 汉字处理系统概述

汉字处理系统的关键在于计算机对汉字代码的识别和处理,使得人们在计算机上使用汉字与使用西文一样方便。从信息管理角度,汉字信息与西文信息没有本质区别,在计算机内部,西文是ASCII码值表示的字符,汉字也是一种字符信息,只是汉字有数万之多,最常用的汉字也有7 000多个,无法用一个字节的ASCII码来实现汉字编码,因此,在计算机内用两个字节来表示1个汉字。

国家根据汉字的使用频率定出了一级汉字、二级汉字和相关符号,制定了《国家标准信息交换用汉字编码字符集》(GB 2312—80),该字符集中选出了6 763个常用汉字,再加上682个汉语拼音字母、数字以及其他符号,并为这些汉字符号分配了标准的二进制数编码,称为汉字交换码或国标码。这些图形字符是:

①6 763 个简化汉字,分成2级。第1级汉字3 755个,按拼音排序,第2级汉字3 008个,按部首、笔画排序。

②262个一般符号,其中包括1.~20.,(1)~(20),①~⑩,(一)~(十)等。

③22个数字,其中0~9共10个,Ⅰ~Ⅻ共12个。

④52个拉丁字母,其中大写字母 A~Z 26个,小写字母 a~z 26个。

⑤169个日文假名,其中平假名83个,片假名86个。

⑥48个希腊字母,其中大写字母 A~Ω 24个,小写字母 α~ω 24个。

⑦66个俄文字母,其中大写字母 А~Я 33个,小写字母 а~я 33个。

⑧26个汉语拼音符号,包括带声调符号和其他符号的字母。

⑨37个汉语注音字母,ㄅ~ㄥ。

可见,这种编码与国际通用的ASCII码形式上是一致的,只不过是用两个ASCII码表示1个汉字符号。当计算机处理字符时,若遇到最高位为1的字节时,便将该字节与其后续的、最高位也为1的字节一起看成是汉字符号编码;若遇到最高位为0的字节时,则将该字节看成是一个英文字符的ASCII编码。这就在计算机中实现了中、西文的共存与区分。

汉字处理系统的核心是汉字操作系统,汉字操作系统是实现计算机进行汉字信息处理必需的一种系统软件。目前国内广泛使用的Windows系统都是汉字操作系统。汉字操作系统是在原西文操作系统基础上扩充了汉字识别处理能力后构成的,在本质上与西文操作系统一样,也具有处理器管理、存储管理、文件管理、设备管理和作业管理等功能。它与西文操作系统的主要区别是扩充修改了基本输入输出系统(BIOS),主要包括键盘驱动程序、显示驱动程序、打印驱动程序等。

1.8.2 汉字代码转换

一个汉字处理系统必须具有汉字读入、汉字显示、汉字打印、汉字存储以及汉字传输5大功能。实现每一项功能时,汉字的表示方法都不同,所以一个汉字要有多种表示方法。

(1)内部码(内码或机内码)　内部码是计算机中用来表示、存储、加工和传输中西文信息的统一代码,计算机处理汉字实际上是处理汉字的代码,不管用什么方法输入的汉字,都要经过键盘输入程序自动转换成统一的内码,计算机才能进行存储、加工和处理。每一个汉字符号的内部码都用两个字节表示,对同一个汉字,不管输入方法如何,它的内部码一定是相同的。

(2)外部码(外码或输入码)　外部码是用户从键盘输入汉字所使用的汉字编码,是代表一个汉字的一组键盘符号。汉字输入编码要尽可能易记忆,编码长度尽可能短,编码与汉字对应性尽可能好,对同一个汉字,采用不同的输入方法,其对应外部码是不同的。目前已有数百种不同的汉字输入编码方案,用户可以根据自己的爱好习惯,选择自己喜欢的输入方法。

(3)字形码　字形码是汉字字模库中存储汉字字形点阵的编码,分为显示字形码和打印字形码两种。显示字形码主要用于汉字的显示和打印;打印字形码专门用于汉字的打印。在汉字的字模库中,把每个汉字的字形离散成网点,每一点用一个二进制位表示,一个字的所有网点数据构成该字的点阵式字模。例如16×16点阵的字形码需要32个字节存储,24×24点阵的字形码需要72个字节存储,所以汉字字库只能存放在大容量的硬盘中或者存放在专门的汉字卡中。

(4)交换码　交换码是终端与主机之间或主机与主机之间进行信息交换时使用的汉字编码。当计算机与其他系统进行信息交换时,要求它们之间传输的汉字信息是完全一致的。为此,国家制定了《国家标准信息交换用汉字编码字符集》,对汉字编码进行了统一的规定。

1.8.3　汉字输入方法

用计算机进行汉字信息处理,首先要解决汉字的输入输出问题。汉字输入的方法很多,无论采用哪种输入方法输入汉字,汉字输入的过程就是实现汉字外部码向汉字内部码转换的过程。通过屏幕显示汉字或者打印机打印汉字的过程就是汉字内部码向汉字字形码转换的过程,这种转换是由汉字操作系统自动完成的(如图1.16)。

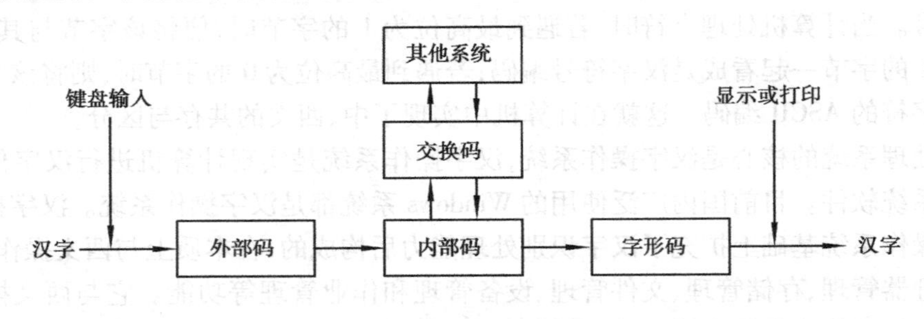

图1.16　汉字处理过程

1)输入法分类

汉字输入编码方案有数百种之多,大致可分为4类:

(1)拼音码(音码)　直接由汉字拼音作为汉字编码,每个汉字的拼音本身就是输入码。这种编码方法的优点是不需要其他的记忆,只要会拼音,就可掌握汉字输入方法。但是,汉语普通话发音有400多个音节,由22个声母、37个韵母拼合而成,因此用拼音码输入汉字,编码长,重码多,即音同字不同的字具有相同的编码,为了识别同音字,许多编码方案都通过屏幕提示,前后翻页查找所需汉字。

(2)字形码(形码)　根据汉字的字形、结构和特征组成的编码。这类编码方案的主要特征是将汉字拆分成若干基本成分(字根),如:一、丨、丬、丿、乀、乚、乛、亻、卩等,用这些基本成分拼装组合成各种汉字的编码。这种输入方法速度快,但要会拆字并记住字根。常用的字形码输入方法有五笔字形输入法、首尾码输入法等。

(3)音形码　音形码是既考虑汉字的读音,又考虑汉字结构特征的一类汉字输入编码。它以汉字发音为基础,再补充各个汉字字形结构属性的有关特征,把声、韵、部、形结合在一起编码。这类输入方法的特点是字根少,记忆量小,输入速度快。常用的音形码输入法有自然码输入法、大众码输入法、钱码输入法等。

(4)流水码　流水码是使用等长的数字编码方案,具有无重码,输入快的特征,尤其以输入各种制表符、特殊符号见长,如:┤,┼,∈,∞,①,(2),♂等。但流水码编码无规律,难记忆。常用的流水码输入法有区位码输入法等。

2)选择输入法

汉字输入方法很多,中文Windows系统提供了一整套汉字处理的解决方案,包括全拼、双拼、郑码、智能ABC等多种常用的汉字输入法。根据需要还可以安装其他汉字输入法。输入文稿时,根据需要可以在中、英文输入方式之间快速切换以及用相应的字符替换中文标点符号等。

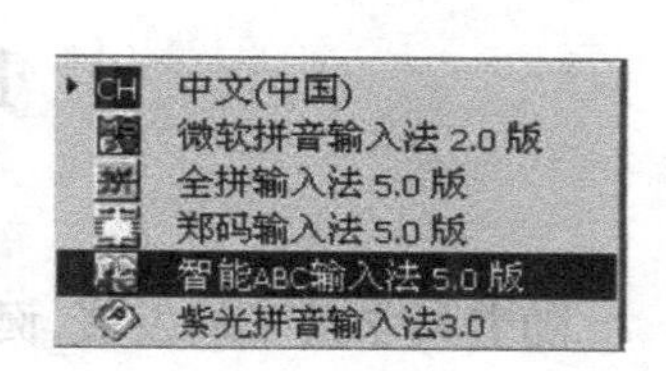

图1.17 输入法菜单

安装中文输入法后,就可使用鼠标左键单击“任务栏”右边的输入法标志,屏幕上立即弹出如图1.17所示的当前系统已经装入的输入法菜单,单击其中一种即可。

在Windows工作环境中,还可随时使用“Ctrl + Space”键来启动或关闭输入法,使用“Ctrl + Shift”键或“Alt + Shift”键在各种输入法之间进行切换。通常一种输入法又提供了多种不同类型的输入方式。例如:智能ABC输入法版本5.0提供了全拼输入、简拼输入、混拼输入、笔形输入、音形混合输入和双打输入6种输入方法。

(1)全拼输入 如果使用汉语拼音比较熟练,可以使用全拼输入法。按规范的汉语拼音输入,输入过程和书写汉语拼音的过程完全一致。

(2)简拼输入 如果对汉语拼音把握不甚准确,可以使用简拼输入。简拼输入规则是取各个音节的第一个字母组成,对于包含zh,ch,sh(知、吃、诗)的音节,也可以取前两个字母组成。

(3)混拼输入 汉语拼音开放式、全方位的输入方式是混拼输入。混拼输入规则是两个音节以上的词语,有的音节全拼,有的音节简拼。

(4)笔形输入 在不会汉语拼音,或者不知道某字的读音时,可以使用笔形输入法。

(5)音形混合输入 如果您比较熟悉本输入法,不妨采用音形混合输入。

(6)双打输入 智能ABC为专业录入人员提供了一种快速的双打输入。双打输入规则是:1个汉字在双打方式下,只需要击键两次,奇次为声母,偶次为韵母。

输入汉字应选择符合自己特点的方法,也不要完全局限于一种方式,而应根据自己的特点,调整并采用多种输入方式,还可以安装自己喜欢的输入方法,如搜狗拼音、QQ拼音、五笔字型输入法,等等。这样可以充分利用本系统的智能特色,最大限度地发挥人的主观能动性。

- 如果您拼音不错,键盘也熟练,可采用标准变换方式,输入过程以全拼为主,其他方式为辅。这样最为节省脑力,能够很好地保持输入和思维的一致性。
- 如果您对拼音不熟,而且有方言口音,则应当以简拼+笔形的方式为主,辅之以其他方法。
- 许多输入法可输入单个汉字,也可输入词和词组。尽量利用输入法提供的词组输入,可大大提高输入速度。

1.9 多媒体技术基础

随着科学技术的发展,诞生于20世纪80年代的多媒体技术得到了非常迅速的发展。多媒体能满足人们处理多种形式信息的需求,能提供视觉、听觉或视听兼备的信息交流,所以具有非常强大的生命力。作为具有时代特色的先进技术的代表,多媒体计算机正日益广泛地应用于各行各业,走进千家万户,成为本世纪人们获取、处理、传播信息的重要工具。下面简单介绍多媒体计算机系统的概念、特征和应用。

1.9.1 多媒体技术的基本概念

媒体(Media)也称为媒介,是信息表示、存储、传播的载体。一般情况媒体可分成5类:

(1)感觉媒体　这是指直接作用于人的感觉器官,使人产生直接感觉的媒体,如引起听觉反应的声音、引起视觉反应的图像等。

(2)表示媒体　这是指传输感觉媒体的中介媒体,即用于数据交换的编码,如图像编码(JPEG,MPEG等)、文本编码(ASCII码、GB 2312等)和声音编码等。

(3)表现媒体　这是指进行信息输入和输出的媒体,如键盘、鼠标、扫描仪、话筒、摄像机等为输入媒体,显示器、打印机、喇叭等为输出媒体。

(4)存储媒体　这是指用于存储表示媒体的物理介质,如硬盘、软盘、磁盘、光盘、ROM及RAM等。

(5)传输媒体　这是指传输表示媒体的物理介质,如电缆、光缆等。

我们通常所说的"媒体"(Media)包括其中的两点含义:一是指信息的物理载体(即存储和传递信息的实体),如书本、挂图、磁盘、光盘、磁带以及相关的播放设备等;另一点含义是指信息的表现形式或传播形式,如文字、声音、图像、动画等。多媒体计算机中所说的媒体,是指后者而言,即计算机不仅能处理文字、数值之类的信息,而且还能处理声音、图形、电视图像等各种不同形式的信息。

在计算机领域中,多媒体(Multimedia)技术不是各种信息媒体的简单复合,多媒体是指将文字、声音、图形、图像、动画等多种形式的信息数字化、集成化,构成一种全新的媒体,由计算机统一控制管理,再以一种最直观、最友好的交互方式提供给用户使用。一般而言,具有对多种媒体进行处理能力的计算机可称为多媒体计算机。

多媒体技术是一种把文本、图形、图像、动画和声音等形式的信息结合在一起,并通过计算机进行综合处理和控制,能支持完成一系列交互式操作的信息技术。它主要有以下特点:

(1)集成性　多媒体技术能够对信息进行多通道统一获取、存储、组织与合成。

(2)控制性　多媒体技术是以计算机为中心,综合处理和控制多媒体信息,并按人的要求以多种媒体形式表现出来,同时作用于人的多种感官。

(3)交互性　交互性是多媒体应用有别于传统信息交流媒体的主要特点之一。传统信息交流媒体只能单向地、被动地传播信息,而多媒体技术则可以实现人对信息的主动选择和控制。

(4)非线性 多媒体技术的非线性特点将改变人们传统循序性的读写模式。以往人们的读写方式大都采用章、节、页的框架,循序渐进地获取知识,而多媒体技术将借助超文本链接的方法,把内容以一种更灵活、更具变化的方式呈现给读者。

(5)实时性 实时性当用户给出操作命令时,相应的多媒体信息都能够得到实时控制。

(6)方便性 方便性指信息使用的方便性,用户可以按照自己的需要、兴趣、任务要求、偏爱和认知特点来使用信息,任取图、文、声等信息表现形式。

(7)动态性 动态性指信息结构的动态性,用户可以按照自己的目的和认知特征重新组织信息,增加、删除或修改节点,重新建立链接。

1.9.2 多媒体计算机系统

多媒体计算机(MPC)是指能够处理文字、声音、图形、图像、动画等多种媒体信息的计算机系统。它运用多媒体技术,通过计算机以交互的方式,自主地获取、处理、传播、展示丰富多彩的信息。实际上,多媒体技术是音像技术、计算机技术和通信技术三大信息处理技术紧密结合的产物。多样性、集成性和交互性是多媒体计算机必备的3个基本特性。

(1)处理信息形式的多样性 多媒体计算机有对处理信息的范围进行空间扩展和综合处理的能力。通过多媒体计算机,人们把数字化的文字、声音、图形、图像、动画等多种形式的信息进行合成加工,进行再创造,以增强展现事物和表达思想的能力。在多媒体计算机上,人们就像选择收看电视节目一样,可以全面感受信息,多角度理解事物,增强感知力和想象力。

(2)多媒体技术的集成性 多媒体计算机以计算机为控制中心,将音像信息压缩技术、多媒体信息编辑、集成及软件创作技术、多媒体信息传输接口等技术集成为一个系统。在人们的控制下,充分利用各媒体之间的关系,展示出多种形式的信息,并通过计算机网络,实现广泛传播。

(3)人与多媒体计算机的交互性 交互性是多媒体计算机的另一基本特性,没有交互性的系统不是多媒体计算机系统。所谓交互是指信息交流的双方均能随意进行对话的活动。多媒体计算机通过软件增强了人与计算机双向交流的能力,以充分发挥人的主动性,使人们借助交互活动可以更好地获取信息或者改变信息的处理过程,增加人们有效利用信息的手段。

与普通计算机一样,多媒体计算机系统也是由具有多媒体处理能力的硬件和软件两大部分构成。事实上,多媒体计算机是在普通计算机的基础上增配了多媒体的硬件系统和软件系统构成。

1)多媒体计算机的硬件系统

多媒体计算机的主要硬件除了常规的硬件如主机、软盘驱动器、硬盘驱动器、显示器、网卡之外,还要有音频信息处理硬件、视频信息处理硬件及光盘驱动器等部分。

(1)音频卡 音频卡用于处理音频信息,它可以把话筒、录音机、电子乐器等输入的声音信息进行模数转换(A/D)、压缩等处理,也可以把经过计算机处理的数字化的声音信号通过还原(解压缩)、数模转换(D/A)后用音箱播放出来,或者用录音设备记录下来。

(2)视频卡 视频卡用来支持视频信号(如电视)的输入与输出。

(3)采集卡　采集卡用来将电视信号转换成计算机的数字信号，便于使用软件对转换后的数字信号进行剪辑处理、加工和色彩控制，还可将处理后的数字信号输出到录像带中。

(4)扫描仪　扫描仪用来将摄影作品、绘画作品或其他印刷材料上的文字和图像，甚至实物，扫描到计算机中，以便进行加工处理。

(5)光驱　光驱分为只读光驱(CD-ROM)和可读写光驱(CD-R，CD-RW)，可读写光驱又称刻录机。用于读取或存储大容量的多媒体信息。

当然，多媒体信息的输入输出设备也是不可缺少的，如话筒、音箱、数码相机等都是多媒体系统中经常用到的设备。

2)多媒体计算机的软件系统

多媒体计算机的操作系统必须在原基础上扩充多媒体资源管理与信息处理的功能。目前广泛使用的 Windows 都支持多媒体系统，用户还可根据自己的需要，选配能运行于 Windows 操作系统下的多媒体应用软件，如多媒体影像播放软件、多媒体通信软件、多媒体游戏软件以及其他多媒体工具软件等。

1.9.3　多媒体信息类型及特点

1)多媒体信息类型

多媒体信息主要有以下类型：

(1)文本　文本是以文字和各种专用符号表达的信息形式，它是现实生活中使用得最多的一种信息存储和传递方式。用文本表达信息给人充分的想象空间，它主要用于对知识的描述性表示，如阐述概念、定义、原理和问题以及显示标题、菜单等内容。

(2)图像　图像是多媒体软件中最重要的信息表现形式之一，它是决定一个多媒体软件视觉效果的关键因素。

(3)动画　动画是利用人的视觉暂留特性，快速播放一系列连续运动变化的图形图像，也包括画面的缩放、旋转、变换、淡入淡出等特殊效果。通过动画可以把抽象的内容形象化，使许多难以理解的教学内容变得生动有趣。合理使用动画可以达到事半功倍的效果。

(4)声音　声音是人们用来传递信息、交流感情最方便、最熟悉的方式之一。在多媒体课件中，按其表达形式，可将声音分为讲解、音乐、效果三类。

(5)视频影像　视频影像具有时序性和丰富的信息内涵，常用于交待事物的发展过程。视频非常类似于我们熟知的电影和电视，有声有色，在多媒体中充当起重要的角色。

2)多媒体数据特性

多媒体数据，尤其是传统计算机难以处理的图形、图像、动画、声音等复杂类型的数据，普遍具有以下特性：

(1)数据量大　图像、声音和视频对象一般需要很大的存储容量。例如，常见格式的500幅典型的彩色图像大约需要1.6 GB的存储空间，而5 min标准质量的PAL(我国电视制式)视频节目需要6.6 GB的存储空间。

(2)数据长度不定　多媒体数据的数据量大小是可变的,且无法事先预计。例如,CAD 中所使用的图纸可简单到一个零件图,也可复杂到一部机器的设计图。这种数据不可能用定长格式来存储,因此,在组织数据存储时就比较麻烦,其结构和检索都与常规数据库大不相同。

(3)多数据流　多媒体表现(Presentation)包含多种静态和连续媒体的集成和显示。在输入时,每种数据类型都有一个独立的数据流,而在检索或播放时又必须加以合成。尽管各种类型的媒体数据可以单独存储,但必须保证媒体信息的同步。例如,表现一种事物的视频和声音信息在传输和播放时必须严格同步。

(4)数据流的连续性　多媒体数据,无论是视频信息或是声音信息,都要求连续存储和连续播放,否则将导致严重的失真,使用户无法接受。

1.9.4 多媒体信息处理的关键技术

1)多媒体数据处理对计算机技术的要求

多媒体数据处理要求实现逼真的三维动画、高保真音响以及高速度的数据传输速率,因而对计算机技术提出了更高的要求,例如,要求高分辨率的彩色显示、立声音响效果、大容量的内存储器、外存储器(如 CD-ROM 驱动器)、高速的声音和视频处理、高速计算机网络,等等。近年来计算机技术的发展对多媒体数据处理提供了良好的基础。

(1)高性能 CPU　如 Intel 公司的 Pentium Ⅳ处理器有专门的 MMX(Multi Media extant,多媒体扩展)技术指令,并定义了新的 64 位的数据类型,且主频可达 1 000 MHz 以上,完全可以胜任多媒体数据处理的要求。随着 CPU 功能的不断增强,如加入语言识别和分析、活动视频和图像识别等功能,微型机的职能将从以往的文字处理、表格设计等方面大步向多媒体时代迈进。

(2)大容量存储设备　目前的微机经常配置几百兆字节以上的内存储器,硬盘在几百吉字节以上,一般还配有 CD-ROM 光驱、DVD 光驱,每片 CD-ROM 光盘的容量至少 650 MB,一片 DVD 光盘的存储容量更高可达 4.7 ~ 17 GB,并且可存储图片、音频信号、动画和活动图像。

(3)人机交互技术和方法的改进　这种方法使人能以更方便、更自然的方式与计算机互相交换信息,实现真正的交互式操作。例如,利用触摸屏系统,用户可以不用键盘而在触摸屏上按要求触摸就可以与计算机交换信息。

(4)超文本技术　这种技术改变了传统文字处理系统只能编辑文字、图形的工作方式和文本的组织方式,将文字、视频、声音有机地组织在一起,并以灵活多变的方式提供给用户,用户可以方便快捷进行输入、修改、输出等一系列超文本编辑工作,使计算机向处理人类的自然信息方面靠拢了一大步。

(5)数据压缩技术　因为多媒体信息所占的存储空间太大了,为了压缩存储空间和降低对传输速率的要求,必须对多媒体信息进行压缩,在回放复原时,又要反过来进行解压缩。数据压缩技术可以大大减少多媒体信息对存储容量和网络带宽的要求,为其存储和传输节约了巨大的开销。例如,利用数据压缩技术可以把电视图像的数据压缩到 1/100,利用数据压缩技术可以在一张 CD-ROM 盘上存储足够播放 70 min 的电视图像。

2）多媒体的关键技术

多媒体的关键技术主要包括数据压缩与解压缩、媒体同步、多媒体网络、超媒体等，其中以视频和音频数据的压缩与解压缩技术最为重要。

视频和音频信号的数据量大，同时要求传输速率要高，目前的微机还不能完全满足要求，因此，对多媒体数据必须进行实时的压缩与解压缩。目前主要使用的编码及压缩标准有：

（1）JPEG（Join Photographic Expert Group）标准　JPEG是1986年制定的主要针对静止图像的第一个图像压缩国际标准。该标准制定了有损和无损两种压缩编码方案，对单色和彩色图像的压缩比通常为1/10和1/15。JPEG广泛应用于多媒体CD-ROM、彩色图像传真、图文档案管理等方面。

（2）MPEG（Moving Picture Expert Group）标准　MPEG是国际标准化组织和国际电工委员会组成的一个专家组。MPEG是目前热门的国际标准，用于活动图像的编码，即信息的压缩和解压缩。我们今天能够欣赏V-CD和DVD，完全得益于信息的压缩和解压缩。

MPEG包括MPEG-Video，MPEG-Audio，MPEG-System 3个部分，其中MPEG-Video是MPEG标准的核心。

MPEG是针对CD-ROM式有线电视传播的全动态影像，它严格规定了分辨率、数据传输率和格式，其平均压缩比为1/50。MPEG已指定了MPEG-1，MPEG-2，MPEG-4，MPEG-7，MPEG-21等多种标准。

MPEG-1用于传输1.5 Mbit/s数据传输率的数字存储媒体运动图像及其伴音的编码，经过MPEG-1标准压缩后，视频数据压缩率为1/100～1/200，音频压缩率为1/6.5。MPEG-1允许超过70 min的高质量的视频和音频存储在一张CD-ROM盘上。VCD采用的就是MPEG-1的标准，该标准是一个面向家庭电视质量级的视频、音频压缩标准。

MPEG-2正式名称为“通用的图像和声音压缩标准”。它的设计目标是在一条线路上传输更多的有线电视信号，它采用更高的数据传输率，以求达到更好的图像质量。MPEG-2的压缩比高达1/200。MPEG-2的MPEG-2标准最为引人注目的产品是数字电视机顶盒与DVD。

MPEG-4标准是超低码率运动图像和语言的压缩标准用于传输速率低于64 Kbit/s的实时图像传输，它不仅可覆盖低频带，也向高频带发展。MPEG-4主要用在移动多媒体通信、实时多媒体监控、互联网以及其他低数据传输场合。

MPEG-7标准被称为“多媒体内容描述接口”，为各类多媒体信息提供一种标准化的描述，这种描述将与内容本身有关，允许快速并有效地查询用户感兴趣的资料。它还包括了更多的数据类型。也就是说，MPEG-7规定一个用于描述各种不同类型多媒体信息的描述符的标准集合。

MPEG-21是MPEG最新的发展层次。它是一个支持通过异构网络和设备使用户透明而广泛地使用多媒体资源的标准，其目标是建立一个交互的多媒体框架。MPEG-21的技术报告向人们描绘了一幅未来的多媒体环境场景，这个环境能够支持各种不同的应用领域，不同用户可以使用和传送所有类型的数字内容。也可以说，MPEG-21是一个针对实现具有知识产权管理和保护能力的数字多媒体内容的技术标准。

近年来，已经产生了各种不同用途的压缩技术、压缩手段和实现这些技术的大规模集成电路和计算机软件，人们还在不断地研究更为有效的压缩与解压缩技术。

1.9.5 多媒体计算机系统的应用

由于多媒体计算机表达信息生动具体,处理信息形式多样,传播信息广泛、迅速而备受人们欢迎,它的应用已深入到社会的各个领域,主要体现在以下几方面:

(1)多媒体办公系统　多媒体办公系统是综合的、视听一体化的办公信息处理通信系统。它主要的功能是:将各种文档、报表、数据、图形及音像资料进行统一加工、处理、存储,形成可以共享的信息资源;通过多媒体网络召开电视电话会议,相互交流,真正实现办公自动化。

(2)教育与培训　多媒体计算机用于教育培训领域,给传统的教育观念和教学模式都带来了极大的变革。多媒体教学系统用声图并茂的电子书籍取代了传统的文字教材,以更直观的方式向读者展示丰富多彩的信息,以更友好的交互方式发挥学生的学习主动性,大大提高了教学效果和教育质量。通过多媒体网络还可实现师生双向远程教育,使师生教与学不再受地域的限制,提供了全民接受终身教育的良好环境。

(3)信息咨询服务　在机场、车站、银行、邮局、餐厅以及旅游胜地等公共场所,都可用多媒体计算机代替值班人员,为顾客或旅客提供服务,只要用户通过指点触摸屏,立即就可得到多媒体形式的解答和帮助。

(4)电子出版物　光盘具有存储信息量大、收藏携带方便等特点,各种多媒体光盘越来越广泛地受到人们的欢迎。读者只要通过多媒体计算机,借助多媒体光盘,就可浏览各类报刊,阅读百科全书,查看浩瀚辞海,欣赏大型画册,领略电子出版物的英姿风采。

(5)多媒体辅助设计　在建筑工程、服装设计、环境规划等很多设计领域中,利用多媒体技术可以仿真模拟项目设计实施后的结果,制造出动态、立体的景象,使人们预先看到设计计划的结果,以便对设计进行评价和优选。

(6)家庭信息化　多媒体技术随着微型计算机已走进了千家万户,它把计算机与电视、电话、音响等家用电子设备相结合,形成了集文化、娱乐、学习、工作为一体的综合性家用多媒体系统,并且与社会信息系统联网,最终实现家庭信息化,社会信息化,全球信息化。通过家用多媒体系统,人们坐在家里,就可聆听名家教授的点拨,把握股市行情的变幻,玩耍生动逼真的电子游戏,还可以展现经典的艺术作品,得到高雅的艺术享受。

总之,多媒体是一种应用极为广泛的新技术,无论是国家尖端科学、军事领域,还是工厂企业、政府部门,社会的各个领域都有多媒体技术的应用。

习题 1

1.单项选择题

(1)一个完整的计算机系统包括(　　)。

A. 主机、键盘和显示器　　B. 系统软件与应用软件

C. 运算器、控制器和存储器　　D. 硬件系统与软件系统

(2)世界上第4代计算机是(　　)计算机时代。

A.电子管　　B.晶体管

C.集成电路　　D.大规模集成电路

(3)通常说的1 kB是指(　　)。

A.1 000个字节　　B.1 024个字节

C.1 000个位　　D.1 024个位

(4)显示器最重要的指标是(　　)。

A.屏幕尺寸　　B.显示速度

C.分辨率　　D.制造厂家

(5)下列一组数中最小的数是(　　)。

A.$(11011001)_2$　　B.$(1111111)_2$

C.$(75)_{10}$　　D.$(40)_{16}$

(6)十进制数58的二进制码是(　　)。

A.111001　　B.111010

C.000111　　D.011001

(7)一个字符的ASCII码编码要用(　　)二进制码表示。

A.5位　　B.6位

C.7位　　D.8位

(8)已知字母"F"的ASCII码是46H,则字符"f"的ASCII是(　　)。

A.66H　　B.26H

C.98H　　D.34H

(9)已知字母"C"的ASCII码是67,则字符"G"的ASCII是(　　)。

A.01011000　　B.01000011

C.01000111　　D.01100100

(10)运算器的主要功能是(　　)。

A.算术运算　　B.逻辑运算

C.算术运算和逻辑运算　　D.函数运算

(11)鼠标是计算机中的(　　)。

A.运算设备　　B.输入设备

C.输出设备　　D.控制设备

(12)计算机内存比外存(　　)。

A.存储容量大　　B.价格便宜

C.存取速度快　　D.不便宜但能存储更多信息

(13)ROM是(　　)。

A.随机存储器　　B.只读存储器

C.顺序存储器　　D.高速缓冲存储器

(14)断电后使存储的数据丢失的存储器是(　　)。

A.RAM　　B.ROM

C.硬盘　　D.软盘

(15)在微机中,访问速度最快的存储器是(　　)。

A. 硬盘　　B. 软盘

C. 光盘　　D. 内存

(16)CPU 的主要技术指标是速度和(　　)。

A. 大小　　B. 组成部件

C. 字长　　D. 工作时间

(17)操作系统是(　　)的接口。

A. 主机和外设　　B. 计算机和用户

C. 软件和硬件　　D. 源程序和目标程序

(18)在计算机内一切信息的存取、传输都是以(　　)形式进行的。

A. ASCII 码　　B. 二进制

C. 十六进制　　D. BCD 码

(19)操作系统是计算机系统中最重要的(　　)之一。

A. 系统软件　　B. 应用软件

C. 硬件　　D. 工具软件

(20)下面关于存储器的叙述中,正确的是(　　)。

A. CPU 能直接访问存储在内存中的数据,也能访问存储在外存中的数据

B. CPU 不能直接访问存储在内存中的数据,能访问存储在外存中的数据

C. CPU 只能直接访问存储在内存中的数据,不能访问存储在外存中的数据

D. CPU 既不能直接访问存储在内存中的数据,也不能访问存储在外存中的数据

2. 多项选择题

(1)计算机的主要特点是(　　)。

A. 计算速度快　　B. 运算精度高

C. 记忆功能强　　D. 运算自动化

E. 具有逻辑判断能力

(2)计算机的应用领域主要包括(　　)。

A. 科学计算　　B. 事务处理

C. 过程控制　　D. 计算机网络应用

E. 计算机病毒防治

(3)二进制数的主要优越性是(　　)。

A. 技术可行　　B. 运算简单

C. 计算速度快　　D. 计算精度高

E. 吻合逻辑性

(4)计算机中经常使用的数制有(　　)。

A. 二进制数　　B. 四进制数

C. 八进制数　　D. 十进制数

E. 十六进制数

(5)将十进制数 59 转换成其他进制的数,正确的有(　　)。

A. 111011B B. 110111B
C. 3BH D. 67O
E. 39H

(6)将二进制数10101101转换成其他进制的数,正确的有( )。
A. 255O B. 155O
C. ADH D. 255H
E. 255D

(7)计算机指令通常包括( )。
A. 内部命令 B. 操作码
C. 运算符 D. 操作数
E. 关键字

(8)按语言的发展特征,程序设计语言一般可分为( )。
A. 数据库语言 B. 4GL语言
C. 机器语言 D. 汇编语言
E. 高级语言

(9)高级语言源程序的执行方式有( )。
A. 直接执行 B. 间接执行
C. 连接执行 D. 解释执行
E. 编译执行

(10)计算机的硬件系统主要包括( )。
A. 控制器 B. 运算器 ROM
C. 存储器 D. 输入设备
E. 输出设备

(11)微机的中央处理机至少应包括( )。
A. 输入设备 B. 运算器
C. 输出设备 D. 控制器
E. 外存储器

(12)下列属于输入设备的有( )。
A. 键盘 B. 扫描仪
C. 鼠标 D. 打印机
E. 光盘

(13)断电后不丢失信息的存储设备有( )。
A. RAM B. ROM
C. 硬盘 D. 软盘
E. 光盘

(14)下列不属于系统软件的有( )。
A. 操作系统 B. 文字处理
C. 信息管理 D. 实用工具
E. 语言处理

(15)下列属于操作系统的软件有(　　)。

A. MS-DOS　　B. IE5.0
C. Windows　　D. Unix
E. Word

(16)评价微机性能的主要指标有(　　)。

A. 字长　　B. 速度
C. 容量　　D. 带宽
E. 可靠性

(17)下列输入法中,有重码的是(　　)。

A. 五笔码　　B. 拼音码
C. 区位码　　D. 自然码
E. 智能 ABC

(18)汉字编码输入法大致可分为(　　)。

A. 拼音码　　B. 字形码
C. 音形码　　D. 汉字国际码
E. ASCII 码

(19)多媒体计算机系统必备的基本特性是 (　　)。

A. 多样性　　B. 友好性
C. 集成性　　D. 方便性
E. 交互性

(20)下面关于总线的叙述中,不正确的是(　　)。

A. 总线是连接计算机各部件的一根公共信号线
B. 总线是计算机中传送信息的公共通路
C. 微机的总线包括数据总线、控制总线和局部总线
D. 微机的总线包括数据总线、控制总线和地址总线
E. 在微机中,所有设备都可以直接连接在总线上

3. 判断题(正确的打"√";错误的打"×")

(1)计算机内部信息都是由数据0或1组成的。(　　)
(2)在微机中,访问速度最快的存储器是光盘。(　　)
(3)由于磁盘上的磁道长度不同,所以存储的数据量是不相同的。(　　)
(4)微机只能使用微软的 Window 操作系统。(　　)
(5)所有的十进制小数都能准确地转换为有限位的二进制小数。(　　)
(6)微机运行时突然断电,则 RAM 存储器中的信息将全部丢失。(　　)
(7)硬盘通常安装在计算机的主机箱内,所以硬盘属于内存。(　　)
(8)用汇编语言编写的程序计算机能直接执行。(　　)
(9)操作系统是对计算机软件、硬件进行管理和控制的系统软件。(　　)
(10)计算机与其他计算工具的本质区别是它能够存储程序和数据。(　　)

4. 填空题

(1)计算机本身能直接识别的语言是__________语言。

(2)用__________语言编制的程序输入计算机后,不经编译,计算机不能直接运行。

(3)1 个 ASCII 字符占用__________个字节,1 个汉字需要__________字节。

(4)高级语言源程序的执行方式有________和________两种。

(5)计算机中运算器的主要功能是进行________运算和________运算。

(6)1 kB 内存最多能保存________ ASCII 码。

(7)人们向计算机输入程序和数据的一类设备称为________,计算机向人们输出结果的一类设备称为________。

(8)十进制数的基数是__________,二进制数的基数是__________。

(9)逻辑运算的 3 种基本运算是__________、__________和__________。

(10)微机的中央处理机(CPU)主要是由__________、__________和有关寄存器组成。

5. 简答题

(1)简述计算机系统的组成。

(2)计算机硬件系统由哪几部分组成?分别说明各部分的主要作用。

(3)计算机的应用领域主要有哪些?

(4)何谓指令?指令中的操作码操作数有何作用?

(5)高级语言与机器语言的主要区别是什么?

(6)什么是总线?微机的总线分为哪几类?它们各自的功能是什么?

(7)简述你所掌握的一种汉字输入法的特点。

(8)简述计算机的内存储器与外存储器的主要区别。

(9)简述计算机内存储器中 RAM 和 ROM 的主要区别。

(10)简述系统软件和应用软件的主要区别。

(11)多媒体信息主要有哪些类型?

(12)数据的管理技术的发展大致经历了哪几个阶段?

(13)多媒体计算机主要有哪些基本特性?

(14)何谓信息技术?信息技术主要包括哪些技术?

第2章 中文 Windows XP 操作系统

计算机系统由硬件系统和软件系统两大部分组成。硬件是基础，软件是灵魂，而操作系统是最重要的系统软件，是用户和计算机硬件之间的接口。一台计算机只有配置了操作系统，才能充分发挥其强大、高效、实用的功能。当前，随着适用于 IBM-PC 机系列的操作系统的进一步完善和发展，为计算机的普及和应用起到了非常重要的作用。操作系统的相关知识我们已经在第 1 章介绍过，这里就不再赘述。

2.1 Windows 概述

Windows 操作系统是目前最流行的操作系统，是由美国公司在其 MS-DOS 的基础上开发出来的基于图形界面的单用户多任务（其网络版 Windows NT 是多用户多任务）操作系统。目前，用户常用的 Windows 98，Windows 2000 和 Windows XP 版本，均具有非常强大的功能，为用户提供了一个更为强大、宽松且易于管理的工作环境。

2.1.1 Windows 的发展及特点

1) Windows 的发展

自 1983 年 2 月首次推出 Windows 1.0 版以来，经过 20 多年的发展和完善，Windows 系统已成为适用于 IBM PC 机的非常成功的单用户多任务操作系统。

Windows 系统划时代的发展是从 1990 年 5 月推出的 Windows 版开始的，其特点是全新的用户界面、方便的操作方法、突破 640 kB 常规内存限制、具有多程序多任务处理能力。同时，已开发出了基于 Windows 操作系统的大量应用软件。1992 年 4 月又推出了实现所见即所得的字体和具有对象嵌入与链接功能的 Windows 版,1994 年又推出 Windows 版。1993 年 5 月推出了全新的 32 位具有网络功能的 Windows 版,之后又推出网络管理功能更强的 Windows 版,从而为其赢得了更多的用户。

1995 年 8 月推出的 Windows 95 是其系列发展的又一标志性产品,它增加了 32 位操作系统功能,并大大增强了用户界面的友好性,每个文件、文件夹和应用程序都可用图标来表示,通过简单的鼠标操作即可完成文档的复制、删除或打印,用户可随时存取包括文档、应用程序、邮件、打印机、CD-ROM 等在内的所有组件。

1998 年,公司推出了最新版本的 Windows 98 版,它对 Windows 环境的某些方面做了重要改进,支持最新的硬件技术,改善了通信和网络功能,全面支持 16 位应用程序,并作为一种 32 位的操作系统,可与 Windows NT 替换使用。在 2000 年又推出了最新版本的 Windows 2000 版,Windows 2000 是个人用户的最佳操作系统平台,稳定性较 Windows 9X 有极大提高,桌面更加简洁友好,系统配置和维护更加方便等。

为了 Windows 系统的推广和应用,并占有较大的市场份额,公司推出了多种自然语言的 Windows 系统(网络版除外),本章主要讨论中文 Windows XP 系统的使用。

2)Windows XP 的特点

Windows XP 是一个功能非常强大的微机操作系统,性能稳定,使用方便,拥有大量的实用程序和办公型应用软件。该系统具有许多突出的特点,主要有以下几个方面。

(1)易用性　Windows XP 在易用性方面有了较大的进步。例如,分组相似任务栏功能可以让任务栏更加简洁,内置集成的防火墙,支持 ZIP 等格式的压缩文件,提供了强大的多媒体功能、照片缩略和幻灯片播放等。

(2)稳定性与可靠性　因为 Windows XP 采用 Windows 2000 的核心技术,所以它的一个显著特点是运行非常可靠、稳定。

(3)提供多种操作方式　用户在操作过程中,除可使用系统菜单完成相应功能外,还可使用相应的工具栏,按鼠标右键弹出快捷菜单来选择相应功能,启动应用程序也可使用多种方法。

(4)系统配置和维护更加轻松方便　Windows 系统支持大量的硬件,能够自动识别硬件设备,从而使硬件的添加及配置变得非常容易。

(5)具有对象嵌入和链接功能　采用了对象嵌入和链接技术,不同系统之间数据链接和共享变得非常方便,剪贴板就是一个极具特色的实现"动态数据链接"的应用程序。

(6)支持高性能多媒体　Windows 系统支持数字视频、音频、MIDI、多种 CD-ROM 格式,还支持 DVD 技术、MMX 技术,并可以播放多种格式的媒体文件。

(7)强大的网络和通信功能　Windows 系统提供的 Web 特性、Internet 连接向导、活动桌面、频道、电子邮件、Web 页编辑器 FrontPage Express 等功能,使得资源管理器和 Internet Explorer可将本地资源和 Web 资源集成到单个视图中使用。

(8)兼容性与安全性　如果应用程序不能直接在 Windows XP 中运行,则可以通过"程序兼容性向导"为程序建立一个虚拟的操作系统环境,使之能够顺利运行。

(9)系统还原　利用 Windows XP 的"系统还原"可以将计算机还原到以前的状态,而不会丢失个人数据文件。"系统还原"程序监视核心系统文件和应用程序文件,记录更改之前这些文件的状态。

(10)所见即所得 Windows 提供了一个“所见即所得”的工作环境。在打印前即可在屏幕上看到输出的样张,发现错误可及时修改,既可避免资源的浪费,同时又提高工作效率。

(11)用户状态迁移工具 利用 Windows XP 提供的“文件和设置转移向导”可以帮助用户将数据、应用程序和操作系统设置从旧的计算机上迁移到新的 Windows XP 桌面计算机。通过该向导,可以在两台计算机之间进行用户数据的顺利迁移,而且可以通过线缆直接连接来进行数据的迁移。

2.1.2 Windows XP 的安装、启动和退出

1) Windows XP 的运行环境

安装 Windows 系统之前,必须保证计算机具有该版本最基本的硬件配置要求。下面是 Windows XP 要求的运行环境:

①CPU 为 166 MHz 或更高频率以上;

②至少 32 MB 内存(内存越多性能越好,建议 64 MB 以上);

③硬盘:2 GB 硬盘驱动器和至少 650 MB 的自由磁盘空间;

④VGA 或分辨率更高的显示器(又称监视器);

⑤CD-ROM 或 DVD-ROM 驱动器;

⑥Microsoft 鼠标或兼容的定点设备。

另外,访问 Internet 则需 MODEM(调制解调器)或网卡;多媒体则需要声卡和音箱等;接收电视则需 Pentium 处理器和 TV 卡等。

2) Windows XP 的安装

Windows 的安装由于系统提供了安装向导,所以安装过程比较简单。大致步骤如下:

①将计算机的启动设置为光盘启动,然后将 Windows XP 的安装盘插入到光驱中,则自动进入安装向导;

②整个安装过程分为 5 个阶段:安装程序开始运行、搜集计算机相关信息、将 Windows XP 文件复制到计算机、重新启动计算机、安装硬件并完成设置。

用户在安装过程中根据安装向导的提示进行简单的选择就可以完成安装。

3) Windows XP 的启动

用户开机后,Windows 系统会自动进行启动,并进入桌面状态。如果用户设有密码则会弹出一个对话框,系统自动显示上一次使用过的用户名,并要求输入密码(输入的密码用多个“*”显示),密码正确后单击“确定”按钮完成。当然,也可键入其他用户名及其密码来启动系统。

如果是一个新用户(即在上述对话框中输入一个新用户名),则系统将要求密码应重复输入两次;若不输入则表示没有密码,下次启动将不再出现对话框。

开机或重新启动过程中,计算机自检完毕时按 F8 键,则可进入 Windows 系统的启动主菜

单,用户可选择启动方式,如安全模式或正常模式等。

4)Windows XP 的退出

用户在使用 Windows 完毕,切忌直接关机或重新启动,以免破坏当前正在运行中的应用程序及 Windows 系统,应当按下列步骤安全地退出:

①退出所有正在运行的应用程序;

②单击"开始"按钮或按"Ctrl + Esc"键,选择"关闭计算机"功能,则出现如图 2.1 所示的"关闭计算机"对话框;

③根据需要选择"关机",再单击"确定"按钮,则计算机就关闭了。

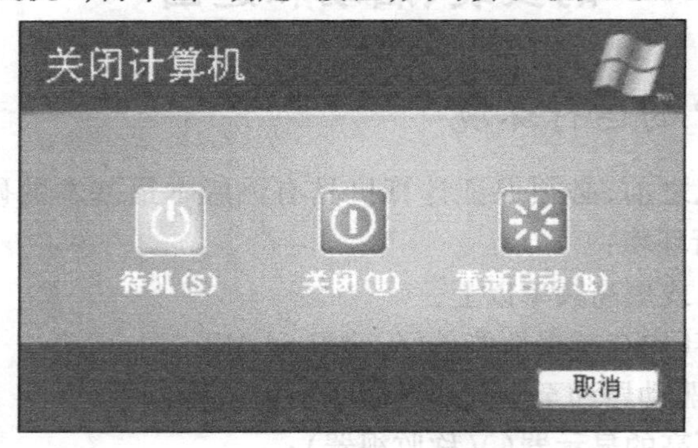

图 2.1 "关闭计算机"对话框

2.2 Windows XP 的基本操作

在 Windows 系统中,常用的操作工具有鼠标和键盘,它们各有其特点。键盘是计算机必须具有的输入设备,而鼠标操作具有灵活、方便、快捷的优点。大多数操作用鼠标可直接完成,建议多使用鼠标。当鼠标操作失效或进行文字编辑时才使用键盘。

2.2.1 键盘

(1)Windows 系统的各种操作都可通过键盘来完成,特别是在文字录入时,键盘是主要的输入设备,必不可少。用键盘来进行 Windows 操作时,通常采用多种形式的组合键来完成,常用组合键的功能如表 2.1 所示。

(2)中文输入方法的设置　在 Windows 系统中,若需输入汉字或中文符号,则应先设置输入方法(默认为英文)。设置的一般方法是单击桌面右下角任务栏中键盘图标,则出现如图 2.2所示的弹出式菜单(左边有"√"的项为当前输入方法),再单击所需选项则在屏幕左下角出现其提示。图 2.2 右图是设置为智能 ABC 后的提示,可单击相应按钮设置相关功能。

表 2.1 键盘组合键功能表

组合键	功 能
Ctrl + Esc	快速打开桌面上的开始菜单
Ctrl + Alt + Del	打开任务管理器
Ctrl + 空格	中、英文输入法的切换
Ctrl + Shift	各种输入法的切换
Ctrl + F6	文档的切换
Ctrl + 字母	快速打开主菜单下功能菜单后跟该字母的功能菜单
Alt + 字母	快速打开应用程序菜单栏中菜单项后跟该字母的下拉式菜单
Alt + Tab 或 Alt + Esc	打开的各应用程序的切换
Alt + Print Screen	复制当前活动窗口
Alt + F4	关闭应用程序
Shift + 空格	全角与半角的切换
PrintScreen	复制整个桌面
F1	获取帮助
F2	修改

图 2.2 输入法菜单及提示菜单

用户也可使用键盘进行输入方法的设置：

①右 Ctrl + Shift 按“英文→全拼→…→王码五笔→英文”方式循环切换；

②左 Ctrl + Shift 按“英文→王码五笔→…→全拼→英文”方式循环切换；

③Ctrl + 空格 英文/中文输入法(最近一次使用过的)直接切换；

④Shift + 空格 半角/全角方式切换；

⑤Ctrl + · 中、英文标点符号的切换。

2.2.2 鼠标的基本操作及鼠标指针的含义

(1)鼠标的基本操作 鼠标器一般有左、中、右 3 个按键(有些鼠标只有左右两个)，中间的键一般不用。使用鼠标器常用的操作有单击左键、单击右键、双击左键、指向、拖动 5 种。

①单击左键 将鼠标指针指向某个对象，再按鼠标左键并立即释放，单击左键操作一般用于光标定位、打开菜单、选中目标对象；

②单击右键 将鼠标指针指向某个对象或区域，再按鼠标右键并立即释放。单击右键操

作一般用于弹出相应的快捷菜单；

③双击　将鼠标指针指向某个对象，快速地单击鼠标左键两次。双击操作一般用来打开并执行以图标表示的应用程序；

④指向　将鼠标指针指向某个对象或区域，但不按键。指向一般用来为单击、双击、拖动操作做准备工作，也经常用来指向某个未知按钮，让系统自动突出显示其功能；

⑤拖动　拖动又称拖曳，将鼠标指针指向某个对象，按下鼠标左键不放，同时移动使其指针移动到目的地后再释放。拖动操作一般用来完成对目标的移动或复制操作。

(2)鼠标指针的含义　在不同的工作状态下，鼠标指针将呈现为多种形状，具有不同的作用。鼠标指针常见形状及作用如表2.2所示。

表2.2　鼠标指针常见形状及作用

指　针	作　用	指　针	作　用
	帮助选择		垂直调整
	后台运行		水平调整
	忙		沿对角线1调整
	精确定位		沿对角线2调整
	选定文本		移动
	正常选择		候选
	不可用		链接选择

2.2.3　Windows XP的桌面及桌面的基本操作

Windows XP是一个全新的图形视窗界面操作系统，操作界面和操作方法都有特殊性、灵活性、方便性等特点。为了用户能更好地使用Windows系统来完成实际工作，本节将介绍一些常用的基本知识及其操作方法。

1)Windows桌面的组成

Windows系统的桌面即显示器的整个屏幕，由若干基本元素组成，用户可对这些基本元素进行相关操作，还可对桌面进行属性设置。Windows系统启动成功后，将呈现如图2.3所示的界面。

一般情况下，Windows XP的桌面通常由底部的任务栏和桌面图标组成。

(1)桌面图标　Windows桌面的基本图标有“我的电脑”“我的文档”“回收站”“Internet Explorer”“网上邻居”“Outlook Express”等，用户可根据需求添加或删除图标。方法是右击桌面，选择“属性”，在属性对话框中选择“桌面”标签，单击自定义桌面按钮后进行选择即可。

图 2.3　Windows XP 的桌面

“我的电脑”可用来查看和管理计算机中的软、硬件资源，设置工作环境；

“我的文档”用来查看、管理当前用户存放于“我的文档”文件夹中的文档；

“回收站”用来存放用户删除的本地硬盘的对象，对已删除的对象可做恢复、清空（彻底清除）等操作；

“Internet Explorer”即 Microsoft 公司的 IE 浏览器，可用来连接 Internet；

“网上邻居”可用来访问与本计算机相连的其他计算机；

“Outlook Express”可用来接收、发送、管理电子邮件。

（2）“开始”按钮和任务栏　位于窗口底部的长条称为任务栏。由“开始”按钮、当前任务区、提示区几个部分组成。可右击任务栏的空白处，从弹出菜单中选择“工具栏”项下的相应功能来增添或取消地址、链接、桌面、快速启动区域。

“开始”按钮是运行应用程序的入口处。单击“开始”按钮将弹出如表 2.3 所示的“开始”菜单，Windows 系统本身及安装好的应用程序的所有功能都可通过“开始”菜单来完成。“开始”菜单各选项的功能如表 2.3 所示。

“提示区”位于任务栏的右边位置，有音量、输入方法、时间等项。键盘图标用于设置输入方法，单击则弹出图 2.2 左图所示菜单供用户选择输入法。鼠标指针指向时间区则突出显示系统日期，双击时间区将弹出“日期/时间属性”对话框，可对日期、时间和时区进行设置。

表 2.3 “开始”菜单各选项的功能表

选　项	功　　能
程序	显示可运行程序的清单
文档	显示最近使用过的文档清单
设置	显示能更改系统设置的组件清单
搜索	可搜索文件、文件夹、用户等信息
帮助	启动 Windows 帮助系统
运行	运行应用程序
注销	关闭所有应用程序,注销当前用户,登录新用户
关闭计算机	关闭、重新启动计算机等

2)桌面图标的操作

在 Windows 系统中,图标代表应用程序、文件夹、设备及任务等对象,每个图标都有其名称。单击某图标或名称则选中,选中后的图标称为活动图标(又称当前图标),原来的活动图标自动取消变成非活动图标。活动图标只有一个,其名称呈深蓝色显示且四周有虚线框。对于 Windows 系统桌面上的图标,可根据需要进行相应操作。

①移动　用鼠标指向某图标,拖动到目标位置可移动图标;

②复制　用鼠标指向某图标,用 Ctrl + 拖动到目标位置可复制图标;

③删除　单击选中某图标后,按 Del 功能键,再单击“是”按钮可删除图标;

对于移动、复制、删除图标的操作,也可通过剪贴板的剪切、复制、粘贴功能来完成;

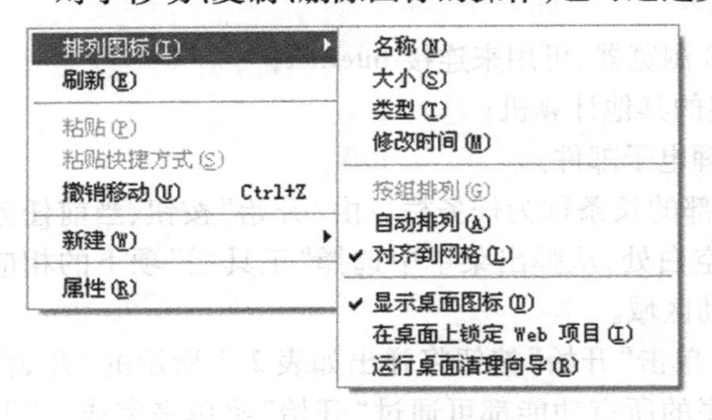

图 2.4　排序快捷菜单

④排序　用鼠标右击桌面空白处,则弹出快捷菜单,单击或指向“排列图标”选项,则出现一快捷菜单(如图 2.4)。可根据需要选择按名称、类型、大小、修改时间或自动排列方式对桌面上的图标进行排序;

⑤对齐　单击桌面的快捷菜单中的“对齐图标”选项,则可根据需要将桌面上的图标按指定方式进行对齐。对齐后的图标不一定整齐排列,仅仅是位置对齐;

⑥执行　对应用程序来说,执行图标就是将其程序文件从外存调入内存运行。执行的方法是双击该图标,或单击选中后按右键选择快捷菜单中的“打开”功能。

另外,右击桌面空白区域,选择属性,则弹出图 2.5 所示的“属性”对话框,可设置桌面的属性(即显示器的属性),包括主题、桌面、屏幕保护程序、外观和设置。具体设置请见“控制面板”一节。

3)任务栏的属性设置

在实际操作时,也可设置任务栏的属性,方法是:右击任务栏的空白处,选择快捷菜单中的"属性"选项则出现图2.6所示的对话框,包括"任务栏"和"开始菜单"标签两个方面的设置。

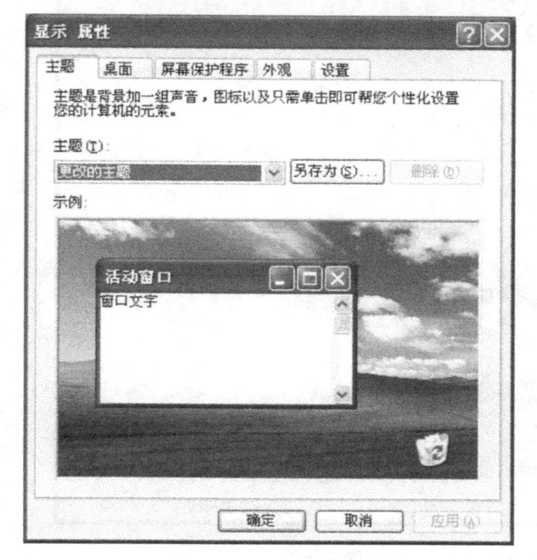

图2.5　"显示属性"对话框

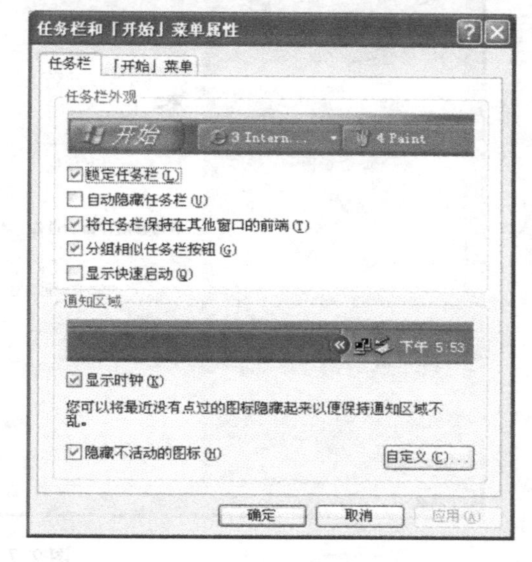

图2.6　任务栏属性对话框

(1)"任务栏"标签　"任务栏"标签中,可对任务栏进行是否"自动隐藏"、锁定任务栏、分组相似任务栏按钮等的设置。设置方法是单击打钩则该选项有效,再单击不打钩则该选项无效。

(2)"开始菜单"标签　"开始菜单"标签中,可以选择"开始"菜单的类型,并且还可对"开始"菜单中的功能进行添加、删除、清除等。

用户还可设置任务栏上的显示对象。方法是:右击任务栏的空白处,选择快捷菜单中的"工具栏"选项下的"地址""链接""桌面""快速启动"功能,还可选择"新建工具栏..."功能来添加新的工具对象。

2.2.4　Windows XP 窗口的组成及窗口的基本操作

Windows XP 是一个图形界面的操作系统。桌面和图标是一种常见的表现形式;另一种重要的表现形式是窗口,具有形象直观、灵活方便、清晰高效的特点。Windows XP 的每一个系统或应用程序在内存中运行时,都以窗口的形式展现在用户面前。

1)窗口的组成

Windows 系统的窗口由若干个基本元素组成,如图2.7所示。

图中标注了一般窗口的基本元素,它是使用应用程序"资源管理器"时所看到的窗口状态。

Windows 系统窗口的每个基本元素都有其相应的作用。有的起说明作用,有的操作时使

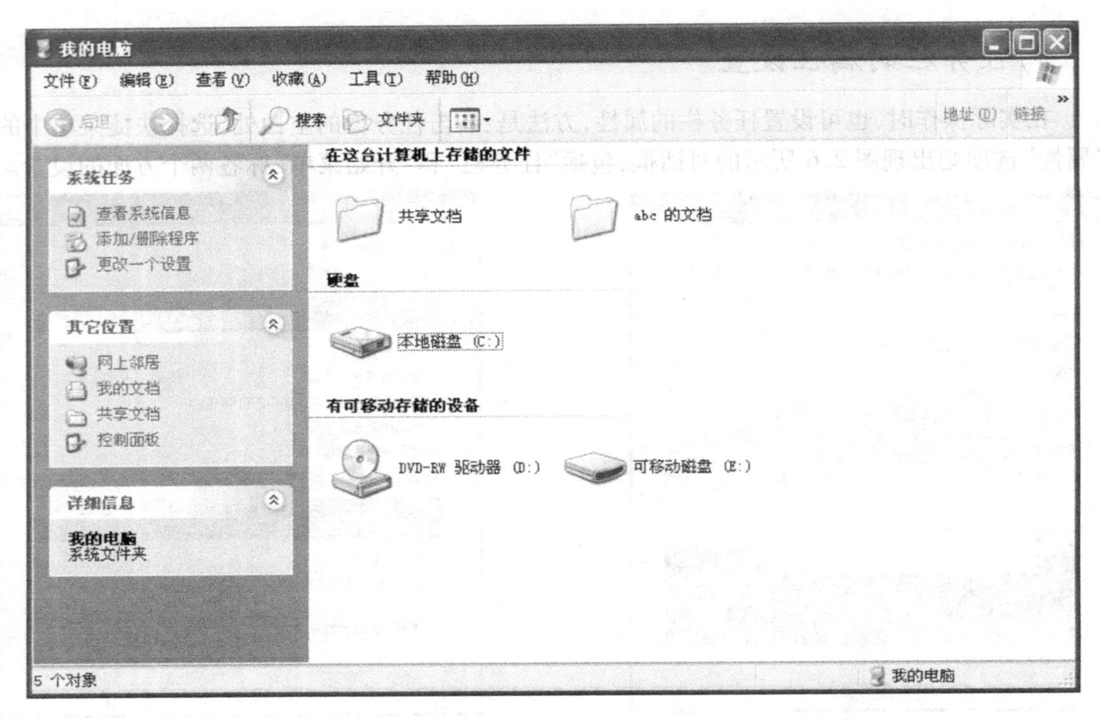

图 2.7 我的电脑窗口

用。常用的基本元素及其作用介绍如下：

(1)控制菜单按钮 位于图 2.7 所示窗口最上方的最左边,控制窗口的整体格式,单击则弹出控制菜单。

(2)标题栏 位于图 2.7 所示窗口最上方的长条形的深色显示区,主要是标识窗口的应用程序名及当前文件或文件夹名称。

(3)菜单栏 位于图 2.7 所示标题栏的下方,是应用程序功能的集合,包括若干个菜单项及其下拉式命令菜单。

(4)工具栏 位于图 2.7 所示菜单栏的下方,是相应命令菜单功能的快捷操作方式。

(5)最大化/还原/最小化按钮 位于图 2.7 所示标题栏的右边,依次是“最小化”“最大化(还原)”“关闭”按钮。主要用来对窗口进行最大化/还原/最小化功能的快捷操作。当单击图 2.7 中“最大化”按钮则窗口最大化,一般扩大到整个屏幕,此时称为处于最大化状态,“最大化”按钮将自动变成“还原”按钮;单击窗口的“还原”按钮则窗口还原成原来的大小,此时称为处于还原状态,同时还原按钮自动变成图 2.7 中的“最大化”按钮;单击“最小化”按钮则窗口最小化至任务栏。

(6)关闭按钮 单击则关闭当前窗口,窗口被关闭,其代表的应用程序也将退出。

(7)状态栏 位于图 2.7 所示的最下方,用来对当前操作进行相关信息的状态说明,供用户参考使用。

(8)工作区 位于图 2.7 所示状态栏和地址栏间的整个区域,是用户进行实际工作的区域范围,显示操作内容。

(9)滚动条 位于图 2.7 所示状态栏上方或工作区的左边长条形的滑块,当工作区中有未显示的内容时,系统会自动出现水平及垂直滚动条,供用户查看时使用。滚动条中的滑块表明当前显示内容在全部内容中的大致位置。

(10)边框与视窗角　窗口处于还原状态时,其边界线称为边框,有上、下、左、右4条。视窗角是指两条边框线的交叉处,也有4个。窗口处于最大化时一般不称为边框及视窗角。当鼠标指针置于边框或视窗角附近时将呈现为可调整其大小的实心双箭头状态。

另外,鼠标的指针一般呈空心的斜箭头状态,用来选择操作对象。

2)窗口的类型

Windows XP 系统的窗口分为活动窗口和非活动窗口2种类型。

当桌面上有多个应用程序窗口时,当前正在使用的窗口其标题栏呈深色(默认为深蓝色)显示,称为活动窗口。对其他应用程序的窗口来说,标题栏呈浅色或灰色显示,称为非活动窗口。活动窗口最多只有1个,而非活动窗口可能有多个,也可能没有。

活动窗口始终是置于所有窗口的最上面。当活动窗口处于最大化时,其他所有的非活动窗口均被其遮住;活动窗口处于还原时,其他的非活动窗口才可能显示出一部分。

所有应用程序窗口在桌面任务栏的任务区中都以任务按钮形式表现出来。活动窗口的按钮呈凹状,非活动窗口均呈凸状。

3)窗口的基本操作

对于窗口来说,可进行移动、调整大小、最大化、还原、最小化、切换、关闭等操作。

(1)窗口的打开　启动应用程序,则就打开了应用程序的窗口。

(2)移动　移动窗口是指其大小不变而位置改变的操作,方法是用鼠标拖动窗口的标题栏完成。

(3)调整大小　调整大小是将鼠标置于边框或视窗角上,呈双箭头或45°角倾斜的双箭头时,拖动鼠标完成。

窗口处于还原状态时,才能进行移动及调整大小,处于最大化状态时不能进行移动和调整大小。

(4)滚动显示　当窗口中有未显示的内容时则自动会出现滚动条。要显示看不见的内容,可操作滚动条来实现:拖动滑块、多次单击滑块前后的滚动槽、多次单击滚动条首尾的箭头按钮、按 Page Up/Page Dn 前后翻屏等。

(5)最大化/还原/最小化　窗口处于还原状态时,单击其"最大化"按钮则扩展到全屏幕;窗口处于最大化状态时,单击其"还原"按钮则缩小到原来大小;单击窗口的"最小化"按钮,则变成一个图标按钮呈现在任务栏的任务区中。

(6)窗口的切换　切换窗口也就是应用程序的切换。单击任务栏的任务区中的相应图标按钮即可进行切换,也可用表2.3中的组合键进行操作。当桌面上已显示出该窗口的一部分时,单击其窗口内的任何一点也可进行切换。

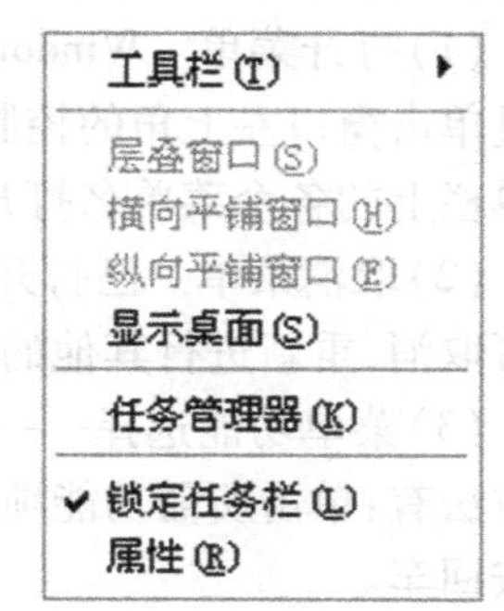

图2.8　任务栏的快捷菜单

(7)排列窗口　对于非最大化的窗口,可对其进行排列。排列的方式有层叠窗口、横向平铺窗口、纵向平铺窗口3种。排列的方法是右击任务栏的空白处,在弹出的快捷菜单中(图2.8)选择相应的选项实现。

(8)关闭窗口　单击窗口的“关闭”按钮或双击控制菜单图标都可关闭窗口。关闭窗口实际上就是结束应用程序的运行。

2.2.5 Windows XP 的菜单及快捷方式

在 Windows XP 系统中,实际操作时经常使用到菜单、工具栏、程序等的快捷方式。

1)菜单的分类

菜单是操作系统或应用软件所提供的操作功能的一种最主要的表现形式。在 Windows 系统中,常用的菜单有控制菜单、快捷菜单和命令菜单 3 种类型。

(1)控制菜单　控制菜单如图 2.7 所示,是指单击窗口最左上角的控制菜单按钮后产生的菜单,用来对该窗口的整体格式进行控制。

(2)快捷菜单　快捷菜单是指鼠标指针指向某一目标(图标、按钮、桌面等)或区域,按鼠标右键而弹出的菜单(图 2.9)。

图 2.9 中的快捷菜单是鼠标指针指向桌面空白区右击产生的。快捷菜单中的功能都是与当前操作非常相关的,其功能项与当前操作状态和位置有关。

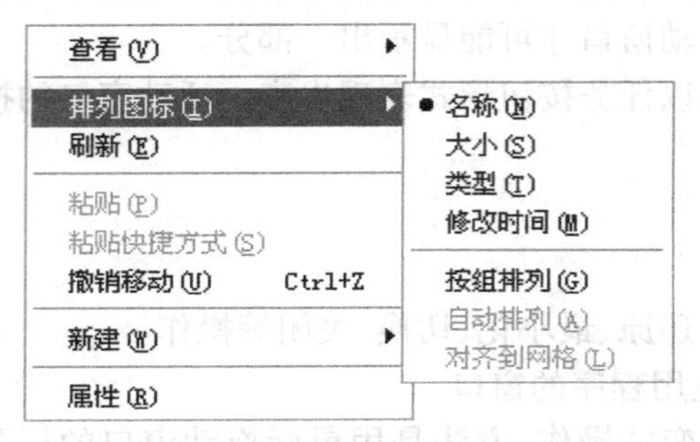

图 2.9　快捷菜单

(3)命令菜单　命令菜单是指窗口菜单栏下的各个功能项组成的菜单,如图 2.7 中的“文件”“编辑”“帮助”等。Windows XP 系统的每个窗口均有菜单栏,其中包括了该应用程序的几乎所有功能。单击菜单栏中的某菜单将会弹出一个下拉式菜单,包括若干项功能。

2)菜单的基本操作

对 Windows XP 系统及应用程序所提供的各种菜单,不管是控制菜单、快捷菜单或命令菜单,用户都可使用鼠标或者键盘对其进行相应的操作。鼠标操作具有灵活、简单、方便、基本不用记忆的特点,建议尽量用鼠标进行操作。

(1)打开菜单　Windows XP 桌面上的“开始”菜单,通过单击“开始”按钮打开;控制菜单通过单击窗口左上角的控制图标打开;快捷菜单通过按右键单击目标打开;命令菜单通过单击菜单栏上的各个菜单名打开。也可用表 2.3 中列出的组合键来打开菜单。

(2)取消菜单　已打开的菜单,如果不想操作,单击该菜单以外的任何位置或者按 Esc 键则可取消,重新进行其他的操作。

(3)菜单功能选择　一般来说,打开菜单的目的是为了完成该菜单中的某项功能。选择的方法有:单击所需功能项,按所需功能项的热键字母,用光标移动键移动光条至所需功能项后按回车。

3)有关菜单的约定

Windows 系统及应用程序所提供的各种菜单,其各个功能的表示有一些特定的含义,通过

表2.4进行说明。

表2.4　有关菜单的约定

功能项	含　义
淡字项	该功能项当前不可使用
…	选择该项功能将出现一个对话框
√	表示复选按钮并且该项功能当前有效,再单击则不打钩,该项功能当前无效
●	表示单选按钮并且该项功能当前有效
▶	鼠标指向或单击将弹出其下一级菜单
Alt + 字母	按组合键则直接执行该项功能而不必打开菜单

4)工具栏的使用

在 Windows XP 系统中,大多数应用程序都提供有丰富的工具栏,如资源管理器、画图、应用程序等。工具栏的按钮功能在菜单中均有其对应的功能选项,实际上是相应功能选项的快捷操作方式。使用时单击工具栏上的相应功能按钮就能方便地实现。因此,凡是工具栏上有的功能,建议用户操作时直接使用工具栏,没有的再通过菜单栏中的相应功能来完成。

如果需用的工具栏未显示,可将相应菜单下的对应选项设置为打钩的项即可。比如,在"我的电脑"中,用鼠标选择"查看"菜单下的"工具栏"功能,单击"标准按钮""地址"选项使其打钩,则相应工具按钮就会显示出来。

当用户不知道工具栏上某按钮的功能时,可用鼠标指针指向该按钮,停留片刻则自动显示其功能名称,称为突出显示。

工具栏的显示位置是可以改变的,方法是用鼠标指针指向工具栏最左端突出的竖线位置或者其标题栏(当有标题栏时),拖动鼠标则可调整工具栏的显示位置。

5)快捷方式

在 Windows XP 系统中,对于某个常用的对象(执行应用程序或打开窗口),可建立其快捷方式,需要时双击就可打开,而不必每次都要找到其执行文件。对象的快捷方式以图标的形式出现在桌面上、某个文件夹中或某菜单中。

快捷方式是一种特殊类型的图标(也称快捷图标),它实质上是一个指向对象的指针,而不是对象本身,快捷图标所处位置不影响其对象的位置,更名和删除也不会影响到对象本身。

(1)在桌面、文件夹或菜单中建立快捷方式　先在应用程序(如资源管理器)或"开始"菜单中找到对象,用鼠标右键拖动到桌面上或文件夹中,再释放鼠标,将弹出如图2.10所示的快捷菜单。单击选择"在当前位置创建快捷方式",则在桌面上或文件夹中建立了其快捷方式;若选择"复制到当前位置"(或找到对象后用 Ctrl + 拖动)则复制了该图标。

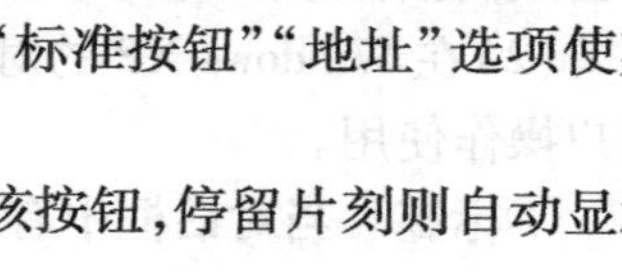

复制到当前位置(C)
移动到当前位置(M)
在当前位置创建快捷方式(S)
取消

图2.10　创建快捷方式窗口

如果在应用程序(如资源管理器)或"开始"菜单中找到对象,用右键则会弹出如图2.9所示的快捷菜单。选择“发送到”下的“桌面快捷方式”也可实现;选择“复制”功能,再在桌面空白处按右键选择快捷菜单下的“粘贴”功能可复制到桌面;选择“创建快捷方式”则在本文件夹或本级菜单建立其快捷方式。

另外,利用“快捷方式向导”也可建立快捷方式:在桌面或其他需建立快捷图标位置的空白处,按右键选择快捷菜单的“新建”功能→“快捷方式”→在对话框中输入文件或文件夹的路径(也可单击“浏览”按钮进行再选择)→单击“下一步”按钮→输入名称→单击“完成”按钮。

(2)删除快捷图标　要删除快捷图标,只需将其拖动到回收站即可。或按 Del 键、按右键选择快捷菜单中的“删除”功能都能达到目的。

2.2.6　Windows XP 的对话框

对话框是 Windows XP 和用户进行信息交流的一种方式。桌面、图标、窗口和对话框是 Windows XP 的几种重要表现形式。用户在使用 Windows XP 系统中随时都会遇到对话框。

(1)对话框的概念　当用户需进行某项操作但提供的信息不够时,系统将打开对话框向用户进一步提问,通过回答来完成对话(图 2.11)。同时,系统也通过对话框向用户传送附加信息、警告,解释没有完成操作的相关原因等。

对于菜单中带有省略号“...”的菜单项,执行时将会出现对话框。对话框不是一个窗口,不能调整大小,没有控制按钮,没有最大化、最小化按钮,但拖动其标题栏可以进行位置移动,单击关闭按钮来关闭该对话框。

(2)在 Windows XP 的对话框中,除有标题栏、边框线和关闭按钮外,还有以下一些组件供用户操作使用。

①标签　当对话框中有两组以上功能时就会出现标签,如图 2.11 所示的“字体”对话框中就有 3 个标签,单击标签名处可进行标签的选择切换。

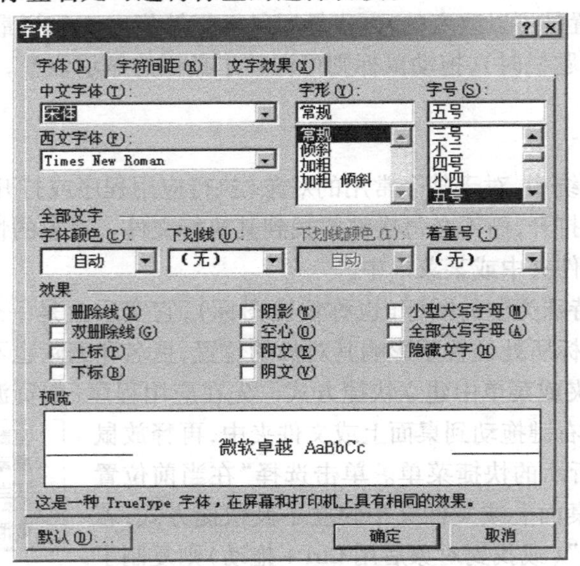

图 2.11　“字体”对话框

②文本框　用于输入或选择当前操作所需的文本信息,如图 2.12 所示的“运行”对话框

中打开后的空白区域，这儿要求输入应用程序的名字。

图 2.12　“运行”对话框

③数值框　用于输入数字的方框，如图 2.13 所示的“段落”对话框中左、右缩进后边的方框，其右边有“递增/递减”按钮，也可单击它来改变数值大小。

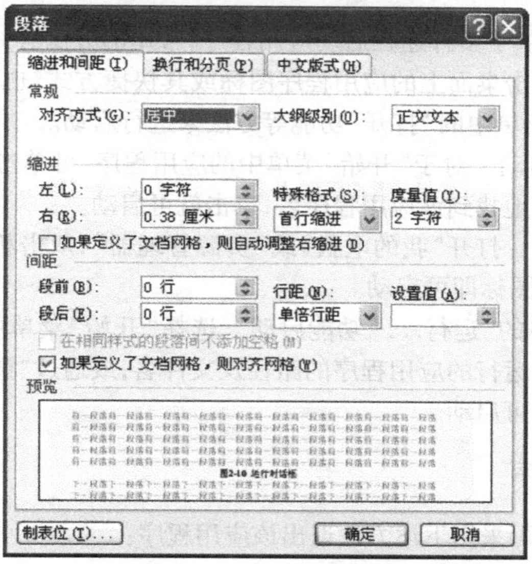

图 2.13　“段落”对话框

④单选框　用来在这组选项中选择一项且只能选择一项，各选项间会发生冲突，被选中项前面有一个圆点“·”，单击某项则被选中，并自动取消原来选中项，单击如图 2.7 所示的“查看”菜单下的图标的显示方式。

⑤复选框　有一组选项供用户选择，可选择若干项，各选项间一般不会冲突，被选中的项前面有一个“√”。单击“确定”按钮后，被选中的项生效。如图 2.11 对话框中的效果。

⑥列表框　显示出当前状态下的相关内容供用户查看、单击选择等，当内容显示不完时，会自动出现滚动条供用户操作。

⑦下拉列表框　已显示的选项用来说明当前的情况或限制列表框中的显示对象，当单击其右端的向下箭头时可打开列表供选择，单击某项则选中并自动关闭列表。

⑧命令按钮　其作用是对话框的设置是否生效，最常见的命令按钮是“确定”和“取消”。单击“确定”按钮则设置生效，单击“取消”按钮则设置无效。当命令按钮呈淡字显示时则不可用，命令按钮中有省略号表示将再次出现对话框。

⑨帮助按钮　是指对话框右上角有“?”的按钮，单击帮助按钮后，鼠标呈空心斜箭头带问号形状，再单击其他项目则可获取有关该项目的帮助信息。

2.2.7 应用程序的启动和退出

Windows XP 系统本身向用户提供了许多实用的应用程序,如资源管理器、我的电脑、回收站以及“开始”菜单中“程序”下“附件”功能项中的各个应用程序。用户还可根据需要安装其他的应用程序,如 Office 软件包及各种游戏等。需要使用时可采用下面方法来进行启动或运行。最常用的启动方法是双击桌面上的该图标(如果桌面上没有其对应的图标,可采用前面的快捷方式建立)。

1)应用程序的启动

Windows XP 系统提供了多种途径启动应用程序,常用的方法有:

(1)从桌面启动　双击桌面上的应用程序图标或其快捷方式,也可左键单击后按回车,或用右键单击后选择快捷菜单中的“打开”功能等方法来进行启动。

(2)从“开始”菜单启动　对于“开始”菜单中的应用程序,可单击“开始”菜单后鼠标指向“程序”菜单项,一级一级地找到该应用程序名,单击就可启动。

(3)在浏览器中启动　打开“我的电脑”或“资源管理器”,双击相应文件夹找到所需应用程序文件名,然后双击该图标即可启动。

(4)使用“开始”菜单的“运行...”功能启动　选择“开始”菜单中的“运行...”功能将出现“运行”对话框,输入需运行的应用程序的路径及文件名,或通过“浏览...”按钮找到其所在位置,单击“确定”按钮即可启动。

2)退出应用程序

应用程序使用完毕,可采用下述方法退出该应用程序:

①单击应用程序窗口右上角的关闭按钮。

②双击应用程序窗口左上角的控制菜单图标或单击该图标后选择“关闭”功能。

③选择应用程序窗口菜单栏上“文件”菜单下的“退出”功能。

④按组合键“Alt + F4”。

⑤用右键单击任务栏上任务按钮,选择“关闭”功能。

2.3 Windows XP 的资源管理器

Windows XP 系统将计算机内的所有软件、硬件资源都看作“文件”或“对象”。对于硬件资源,主要通过“控制面板”进行管理;对于软件资源,系统提供了“我的电脑”和“资源管理器”两个应用程序进行管理,也可对部分硬件进行管理。这两个应用程序的操作方法基本一致,用户可根据其习惯进行选择。本节主要介绍“资源管理器”的使用。

2.3.1 资源管理器窗口的打开

启动资源管理器常用的方法有：

①右击桌面上的系统图标或“开始”按钮，选择“资源管理器”。

②单击“开始”菜单后，鼠标指向程序，再找到“附件”，然后选择“资源管理器”。

③打开“我的电脑”，在“我的电脑”窗口中右击任意一图标，选择“资源管理器”。

2.3.2 资源管理器窗口的组成

资源管理器窗口如图2.14所示，除有控制菜单、标题栏、菜单栏、状态栏、边框等Windows XP窗口的基本元素外，在资源管理器窗口的工作区，由分隔条将工作区明显地分成左右两部分，其中左端显示系统的文件夹树，而右端显示的是选中的某一文件夹中所具体包含的文件及文件夹。其中左端的文件夹树中，每个文件夹都有一个相应的图标，这些图标略有区别，对于系统固有文件夹来说，其图标是互不相同的；对于磁盘中的文件夹来说，其图标则基本相同，呈黄色显示。

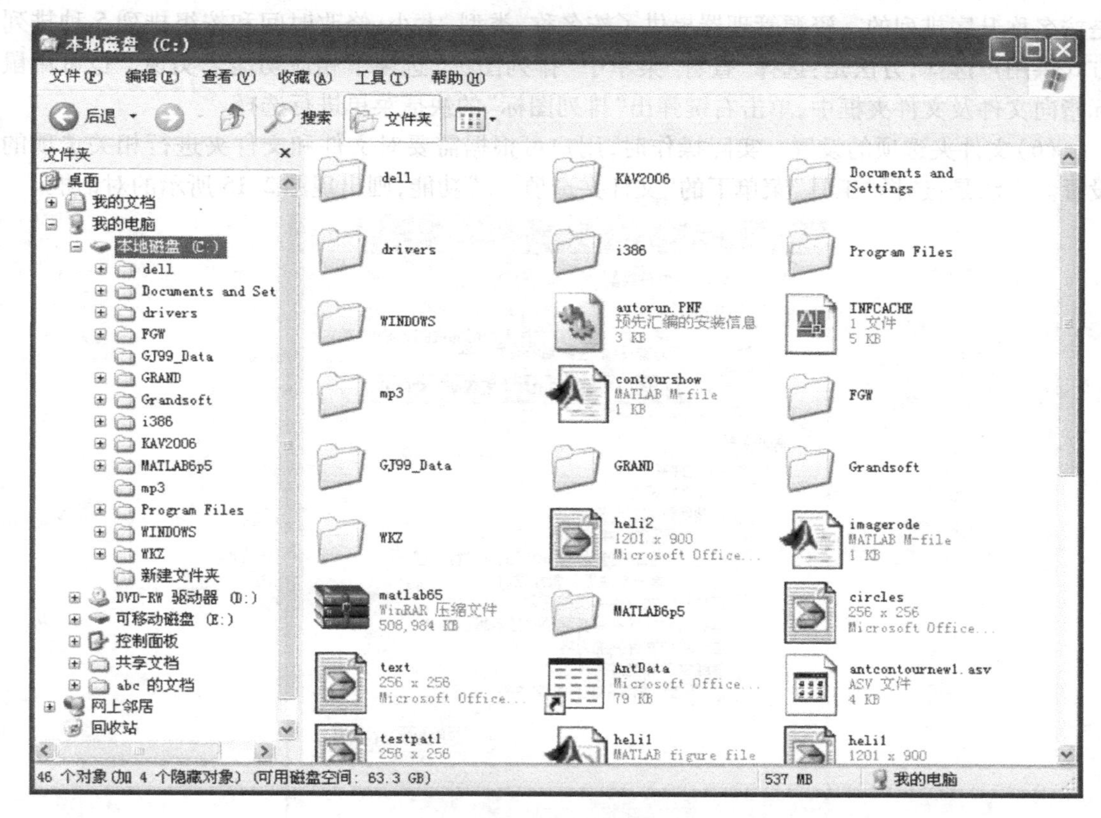

图2.14　资源管理器窗口

(1)文件夹的标注含义　如果一个文件夹中含有下一层子文件夹，则其图标左边有一个方框，方框中有一个“+”或“-”符号，“+”表示有下级子文件夹但未展开，“-”表示有下级子文件夹已经展开。如果一个文件夹中没有子文件夹则其图标左边无方框。

(2)文件夹的展开与折叠显示　单击文件夹图标左边的“+”则展开该文件夹的下一级子文件夹,同时“+”自动变成“-”,再次单击则将该文件夹折叠,同时“-”自动变成“+”。也可以用双击文件夹名字或其图标来展开与折叠其下一级文件夹。

(3)选择当前文件夹　单击某文件夹名或其图标后,则将其设置为当前文件夹,同时其名称呈深色显示,且其图标呈打开状态,标题栏中显示出当前文件夹的名称。当前文件夹决定了资源管理器窗口右边的文件及文件夹列表框中的显示内容。用户可单击其他文件夹来更改当前文件夹,从而达到在文件及文件夹列表框中显示不同文件夹内容的目的。

(4)文件及文件夹框的显示方式　资源管理器窗口右边是文件及文件夹列表框,用来显示左边文件夹框中当前文件夹中的文件夹和文件名。不管使用何种显示和排序方式,系统都是按“文件夹在前、文件在后”进行显示。

在窗口中文件和文件夹的显示方式有“图标”“缩略图”“列表”“详细信息”和“平铺”等几种方式。用鼠标单击“查看”菜单,可打开显示方式选择项。“图标”“平铺”方式和“缩略图”将按从左到右、从上到下的多行方式显示;“列表”按从上到下、从左到右的多列方式显示;“详细信息”则显示出名称、大小、类型、修改日期和时间,每行只显示一项信息。

(5)文件和文件夹的排序方式　对于文件及文件夹列表框中对象的显示顺序,系统默认是按名称升序排列的。资源管理器提供了按名称、类型、大小、修改时间和按组排列5种排列方式供用户选择,方法是:选择“查看”菜单中“排列图标”选项下相应功能来实现。也可用鼠标指向文件及文件夹框中,单击右键弹出“排列图标”的快捷菜单进行选择。

(6)文件夹选项的设置　实际操作时,用户可根据需要对文件和文件夹进行相关选项的设置。方法是:选择“工具”菜单下的“文件夹选项...”功能,则出现图2.15所示的对话框。

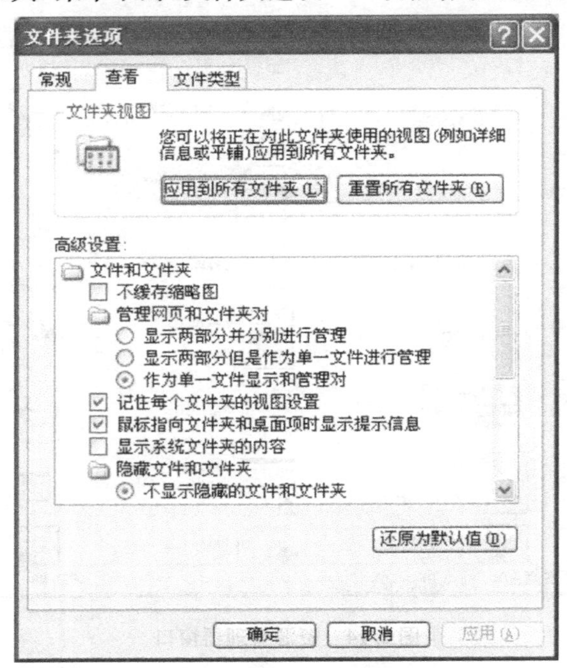

图2.15　“文件夹选项”对话框

"常规"标签对话框中,用户可对任务、浏览文件夹和打开项目的方式进行设置;"查看"标签对话框中,可进行文件和文件夹显示情况的设置;"文件类型"标签对话框中,可显示已注册的文件类型,也可编辑某类已注册的文件类型及添加新的文件类型。

2.3.3 文件管理

资源管理器的功能主要是对文件及文件夹的管理,这里主要介绍文件及文件夹的基本概念。

(1)文件　文件是存储在外部介质上一组相关信息的集合,是用文件名来存取的。一般来说文件名分为文件名和扩展名两个部分,如××××××××.×××。

在 Windows XP 系统中文件名的长度可以有255个字符。在文件名中字符可以是字母、数字、汉字及一些特殊的符号,在文件名中字母不区分大小写,并且在文件名中不能出现的特殊符号有:,/,\,<,>,|,",*,?。*和?是通配符,主要是在搜索和显示时使用。"?"代表任意的一个字符,"*"代表任意多个字符。

(2)文件类型　在操作系统中,文件的扩展名一般表示文件的类型。常见的扩展名及其表示的意义如表2.5所示。

表2.5　文件扩展名及其意义

文件类型	扩展名	说　明
可执行程序	.EXE,COM	可执行程序文件
Office 文件文档	DOC,XLS,PPT	Word,Excel,PowerPoint 文档
图像文件	BMP,JPG,GIF	表示不同格式的图像文件
音频文件	WAV,AVI,MP4	表示不同格式的声音文件
网页文件	HTM,ASP	网页文件

(3)文件夹　文件夹也称目录,用于在磁盘上分类存放大量的文件。一个磁盘上的文件成千上万,为了有效地管理和使用文件,用户通常在磁盘上创建文件夹,在文件夹下再创建子文件夹,也就是将磁盘上所有文件组织成树状结构,然后将文件分门别类地存放在不同的文件夹中。

2.3.4 资源管理器的基本功能

资源管理器的主要功能是对文件和文件夹的管理,由于采用树形结构来组织计算机中的本地资源和网络资源,使得操作起来非常方便。

1)文件及文件夹的选定

对文件和文件夹进行复制、删除、发送等操作时,先要告诉系统需对哪些对象(主要指文件或文件夹)进行操作,这个过程称为选定。Windows XP 系统按照"先选定后操作"的原则来进行工作。因此,选定操作对象是一个非常重要的过程。

对于文件夹列表框，单击某文件夹则被选定，也就是指当前文件夹，一次只能选定一个操作对象。对于文件及文件夹列表框，则可选定若干个操作对象。所以，以下方法对于文件及文件夹列表框中的操作对象有效。

(1)单个对象的选定　如果只对某一个对象进行操作，可直接单击，该对象则被选定。

(2)连续多个对象的选定　先单击选定连续部分的第一个(或最后一个)对象，然后用Shift+单击最后一个(或第一个)对象或用Shift+光标移动键，则可选定连续的多个操作对象。

(3)不连续多个对象的选定　可先按连续选定多个对象的方法选定其中连续的若干个对象，然后依次用Ctrl+单击选定其他多个对象。

(4)全选　选择“编辑”菜单下的“全部选定”功能或按“Ctrl+A”，则将当前文件夹下的所有对象全部选定。

(5)反向选择　如果不选择的对象较少，而选择的对象较多，则可以先选定不选择的对象，再选择“编辑”菜单下的“反向选择”，则除刚才选定以外的所有对象均被选中。

(6)取消选定对象　当选定对象不再需要时，可取消已选定的对象。方法是：单击文件夹列表框或文件及文件夹列表框中的任一位置即可。其实，单击某一对象即重新选定时，也将取消原来选定的对象。若用Ctrl+单击某个已选定的对象，则取消该对象。

2)文件及文件夹的移动/复制

选定对象的目的是为了对其进行相关的操作，复制、移动、删除、更名是其中常用的几种操作。“复制/移动”是指将选定对象从原位置复制/移动到目标位置的过程，有多种方法可实现。

(1)使用鼠标

同盘复制：Ctrl+拖动到目标位置。

同盘移动：直接拖动到目标位置。

异盘复制：直接拖动到目标位置。

异盘移动：Shift+拖动到目标位置。

(2)使用快捷菜单或剪贴板　对于复制/移动选定对象，可用鼠标指向选定对象后单击右键，或单击“编辑”菜单，选择其中的“复制/剪切”功能，然后单击目标文件夹，单击右键或单击“编辑”菜单，选择“粘贴”功能实现。

另外，也可利用标准工具栏上的“剪切”“复制”和“粘贴”按钮或组合键“Ctrl+X”“Ctrl+C”和“Ctrl+V”来完成剪切、复制、粘贴操作，从而达到复制/移动选定对象的目的。

3)文件及文件夹的删除与恢复删除

先选定对象，然后可选择按Del键、单击标准工具栏上“删除”按钮、拖动选定对象到“回收站”以及选择“文件”菜单或用右键单击选择快捷菜单中的“删除”功能，在出现的删除对话框中单击“是”按钮等几种方法实现删除功能。删除了的文件和文件夹一般均置于“回收站”中。

对于当前操作删除的对象，可单击标准工具栏上的“撤销”按钮恢复，或打开“回收站”，找到要恢复的文件及文件夹单击右键，选择“还原”即可。

由于“回收站”是硬盘中的一块区域，所以“回收站”中只能存放硬盘中删除的文件及文件夹。除硬盘外的文件及文件夹无论执行的是哪一种删除操作，都将直接被删除，不能恢复，因此，除硬盘外的文件及文件夹在删除时一定要慎重。

4）文件及文件夹的创建

用户可根据需要在某一文件夹中创建一个新的文件或文件夹，还可为可执行程序文件建立快捷方式以方便运行。

（1）创建新文件夹　创建新文件夹的步骤：

①在文件夹框中单击选定所属文件夹；

②选择“文件”菜单（也可用右键单击文件及文件夹框中空白处时弹出的菜单）下的“新建”功能，弹出图2.16所示的菜单；

③单击选择“文件夹”功能，则在其文件及文件夹框中出现新建文件夹；

④输入新文件夹的名字，按Enter键或单击其他任一位置即可。

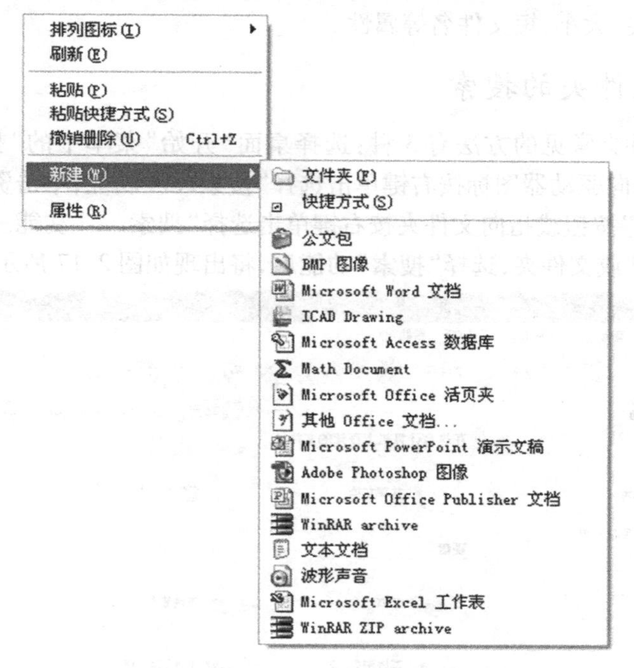

图2.16　新建文件夹窗口

（2）创建新的空文件　创建新的空文件的过程与上述方法类似，只是在弹出的菜单中应选择该文件的类型。空文件建立后，没有任何内容，如果要编辑，可双击它则系统自动调用相应的应用程序并打开该空文件。

（3）创建文件夹的快捷方式　为文件创建快捷方式的目的是便于打开文件或运行程序。文件的快捷方式可建立在任意文件夹中，一般用来建立在桌面和“开始”菜单的各个文件夹中。

5)文件及文件夹名称的更名

用户可更改文件或文件夹的名称。方法是:单击选中文件或文件夹;再按键盘上的F2键、右击其名字或选择“文件”菜单下的“重命名”功能;输入新名字后按Enter键或用鼠标单击名字外任一处完成。

6)文件及文件夹的属性

对于文件和文件夹,系统对其定义了一定的属性,包括“只读”“隐藏”两种。

“只读”是指用户只能显示查看,不能进行修改、删除等变动操作;“隐藏”是指存在但一般不显示(是否显示可通过图2.15中的“文件夹选项”对话框进行设置)。

对于文件及文件夹的上述两种属性,用户可查看,也可进行相应的设置与修改。方法是:先选定,选择“文件”菜单下的“属性”功能(或单击鼠标右键,选择“属性”按钮),则出现“常规”标签对话框,根据情况进行设置(打勾表示有效,否则无效)。同时,还可查看到其长文件名、类型、所属文件夹、大小、短文件名等属性。

7)文件及文件夹的搜索

查找文件及文件夹常见的方法有3种:选择桌面“开始”菜单中的“搜索...”功能;打开“我的电脑”窗口,指向驱动器图标按右键单击选择“搜索...”功能;单击资源管理器窗口中标准工具栏上的“搜索”按钮或指向文件夹按右键单击选择“搜索...”功能。

如果要搜索文件或文件夹,选择“搜索”功能后,将出现如图2.17所示的对话框。

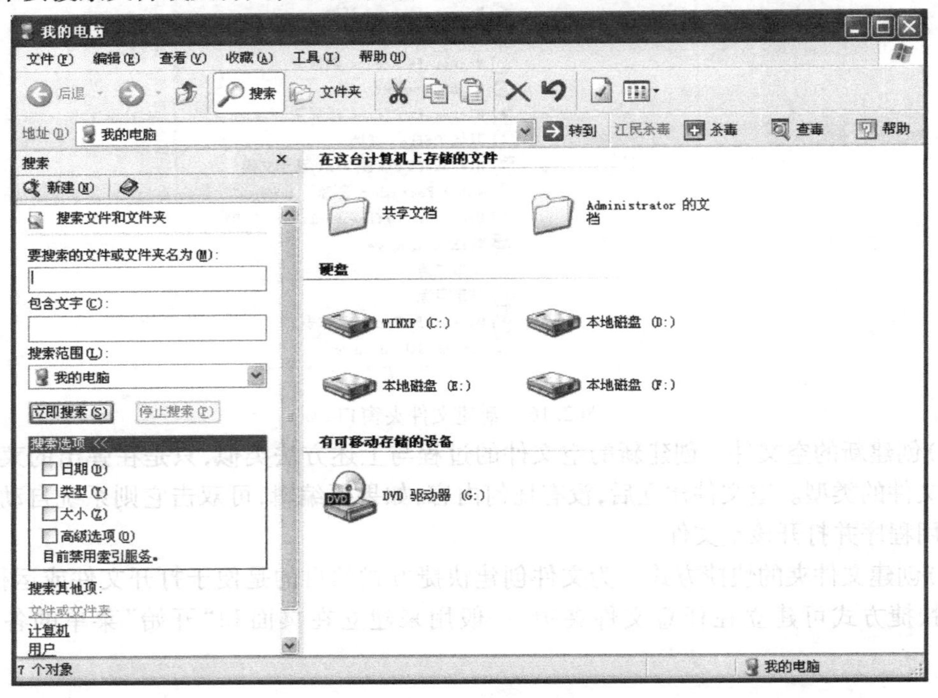

图2.17 “搜索”对话框

在“全部或部分文件名”方框处可输入搜索的内容,在方框中可输入带通配符?和 * 的文件或文件夹名,如“ * . DOC”等,也可以是用逗号间隔的多个条件;“文件中的一个字或词组”框处可输入文字信息,如“计算机”,则找到的所有文件内容中均有“计算机”一词;“在这里寻找”框处确定从某个位置下搜索,可输入或从其下拉表框中选择,单击“搜索”按钮,则在右边就显示出搜索到的所有文件及文件夹。

如果在搜索时,不知道文件及文件夹的名字,则可以使用其他搜索选项来完成。

在资源管理器窗口中除了能完成上述功能外,还可以对磁盘进行格式化、发送等,这里就不再叙述。

2.4 剪贴板的功能与特点

剪贴板是 Windows XP 系统中一个非常实用的重要工具,可以用来实现不同应用程序之间数据共享和传递。

2.4.1 什么是剪贴板

剪贴板是 Windows XP 系统中一段连续的可随存放信息多少而变化的内存空间,用来临时存放交换信息。它好像是信息的中转站,可用于不同磁盘或文件夹之间的文件(或文件夹)的移动及复制,也可用于不同的 Windows 应用程序之间信息的交换。

在 Windows 系统中,剪贴板可存放文字、图形、声音、文件、文件夹等信息,其工作过程是:将选定的内容或对象通过“复制”或“剪切”到剪贴板中暂时存放,当需要时“粘贴”到目标位置。

剪贴板的特点是每次只能存放最新剪切或复制的信息,新的信息将会无条件地覆盖旧的信息。剪贴板中的内容一般将保存到 Windows XP 系统结束为止。

2.4.2 剪贴板的应用

用户可以通过单击“开始”按钮,选择“运行”命令,在“运行”对话框中输入剪贴板查看器的名字 clipbrd. exe 后就可以打开剪贴板查看器,并且剪贴板查看器的内容还可以作为文件来保存,保存后的扩展名为. clp。

用户使用剪贴板时,常用“剪切”“复制”和“粘贴”3 种操作。

1)“剪切”操作

当要将选定内容或对象移动到其他位置或应用程序中时,可执行“剪切”操作,则将选定内容或对象移动到剪贴板中。

“剪切”功能一般在应用程序的“编辑”菜单中,鼠标指向选定内容或对象单击右键后弹出的快捷菜单中也有“剪切”功能,有些工具栏上也有“剪切”按钮。

2)“复制”操作

“复制”操作与“剪切”操作非常类似,也可用相同的方法找到“复制”功能。“复制”与“剪切”不同之处在于,“复制”是将选定的内容或对象复制一份到剪贴板中。

3)“粘贴”操作

“粘贴”操作是将剪贴板中的内容复制一份到当前位置或插入到应用程序的光标开始的位置。应用程序的“编辑”菜单、鼠标指向当前位置空白处单击右键弹出的快捷菜单中均会有“粘贴”功能,工具栏上也有“粘贴”按钮。

将选定内容及对象复制或剪切到剪贴板的目的一般是为了供“粘贴”操作使用。如果不选定内容或对象,则不能执行“剪切”及“复制”操作;如果剪贴板中当前没有内容或对象,也不能执行“粘贴”操作。剪贴板中的内容可供用户反复“粘贴”使用。

另外,在实际使用时,也经常使用组合键“Ctrl + X”“Ctrl + C”和“Ctrl + V”来分别完成“剪切”“复制”“粘贴”功能。

4)复制当前屏幕、活动窗口及对话框

在 Windows 系统中,可以把整个屏幕、活动窗口或活动对话框内容作为图形方式复制到剪贴板中,称为屏幕硬拷贝。

屏幕硬拷贝的方法是:先用鼠标将屏幕、活动窗口或活动对话框调整到所需的状态,再按键盘上的 Print Screen 键,则将整个屏幕的静态内容作为一个图形复制到剪贴板中;按 Alt + Print Screen 键,则将活动窗口或活动对话框的静态内容作为一个图形复制到剪贴板中。

用户可在应用程序中执行“粘贴”操作将该图形从剪贴板中复制出来使用,也可通过“画图”等图形编辑软件进行再处理后使用。

2.5 命令提示符

2.5.1 命令提示符窗口的打开

Windows XP 的命令提示符窗口打开的方法是:单击“开始”→“程序”→“附件”→“单击命令提示符”,这样就出现图 2.18 所示的窗口。

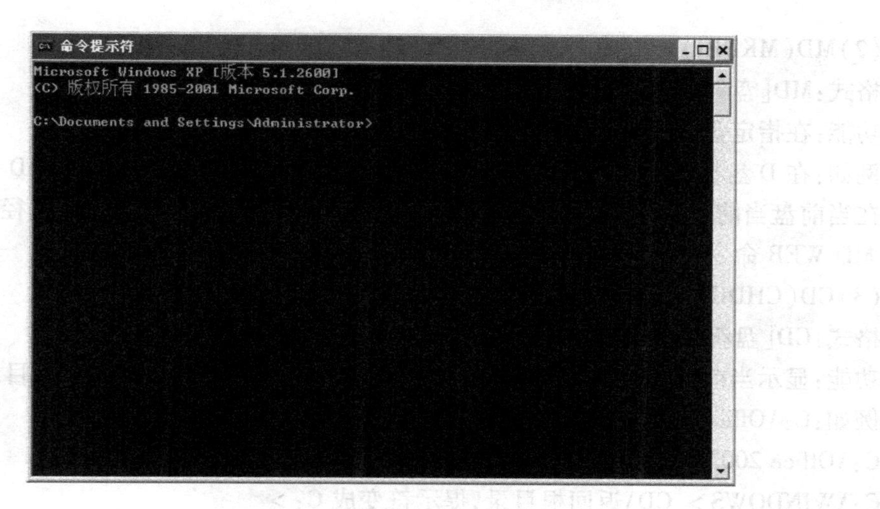

图 2.18 “命令提示符”窗口

2.5.2 关闭命令提示符窗口

关闭命令提示符窗口常见的方法有两种：一是键入命令“Exit”后按 Enter；二是双击图 2.18窗口左上角的控制按钮或单击右上角的关闭按钮。

命令提示符窗口有两种工作方式：一是窗口工作方式，如图 2.18 所示；另一种是全屏幕方式（窗口不可见），这两种工作方式之间用户可用 Alt + Enter 键进行转换。

2.5.3 命令提示符下常用命令的介绍

命令提示符下有许多命令可以使用，下面仅介绍几个常用的主要命令，供参考和使用。

(1) DIR——显示文件及目录内容

格式：DIR[盘符][路径][目录或文件表][/p][/w][/a][/s]。

功能：列出指定磁盘、路径中满足条件的所有文件及子目录内容。显示内容包括：文件主名、扩展名、大小、日期和时间，并显示出文件大小总和及磁盘的剩余空间。

说明：

①/P 分页显示，选用本参数后，显示满屏幕就暂停并给出提示，按任意键继续显示；

②/W 宽行显示，选用本参数后，每行显示 5 个文件及目录的主文件名和扩展名信息；

③/A 表示将隐含文件及目录（即 Windows 的隐藏文件和文件夹）也显示出来；

④/S 表示搜索指定目录及其下所有子目录中满足条件的所有文件；

⑤文件名、扩展名中可以使用通配符“ * ”和“?”；

⑥省略全部可选项，含义是列出当前目录下的全部文件及目录的内容。

例如：显示当前盘当前目录下的所有文件及目录，则用 DIR

显示 C 盘 Windows 目录下 B 开头的所有文件及目录，则用 DIR C:\WINDOWS\B * · *

C 盘 doc 目录下所有扩展名为 TXT 的文件及目录，则用 DIR C:\DOC\ * · TXT

显示 A 盘当前目录下的 ZGL 子目录中的所有文件及目录，则用 DIR A:ZGL\ * · *

(2)MD(MKDIR)——建立子目录

格式:MD[盘符][路径][子目录]。

功能:在指定盘符及路径下建立一个新的子目录。

例如:在 D 盘根目录下建立一个 ZGL 子目录(使用的绝对路径),则用 MD D:\ZGL

在当前盘当前目录下的 WEB 目录建立一个新的子目录(使用的相对路径),在当前目录下用 MD WEB 命令。

(3)CD(CHDIR)——显示及改变当前目录

格式:CD[盘符][路径]。

功能:显示当前目录及路径或改变当前目录为指定路径中的最后一个子目录。

例如:C:\Office 2003 > CD 或 CD. 显示当前目录,提示符不变。

C:\Office 2003 > CD · ·返回上一级目录,提示符变成 C: >

C:\WINDOWS > CD\返回根目录,提示符变成 C: >

C:\WINDOWS > CD\DOS 提示符变成 C:\DOS >

(4)RD(RMDIR)——删除子目录

格式:RD[盘符][路径][子目录]。

功能:删除指定盘符及路径下的一个子目录。

说明:要删除的子目录内容必须为空(其文件和子目录均已删除,只有两个特殊的目录项“·”和“· ·”);不能删除根目录和当前目录;一次只能删除一个子目录。

2.6 画图应用程序

画图程序是 Windows XP 系统附件中提供的一个图形处理应用程序。启动画图应用程序的方法是:通过“开始”→“程序”→“附件”→“画图”实现。画图窗口如图 2.19 所示。

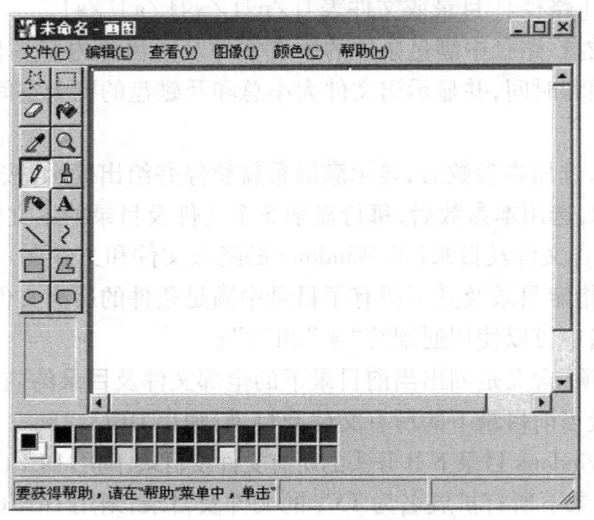

图 2.19 画图窗口

2.6.1　窗口组成及作用

画图应用程序的窗口除标题栏、菜单栏等窗口基本元素外，还有其特殊的工具箱、颜料盒和工作区等。

（1）工具箱　画图软件的工具箱是用来绘制图形的各种工具的一个集合，各个工具的作用如表2.6所示，工具箱是否显示可用“查看”菜单下的“工具箱”功能来设置。

表2.6　画图工具的作用

工　具	在工作区中的作用
任意形状裁剪	拖动选择任意形状区域
选定	对角拖动选定矩形区域
橡皮/颜色橡皮	拖动将所有颜色擦除成背景色，用右键拖动则擦除或当前颜色
用颜色填充	单击将封闭区域填充为当前颜色，用右键单击则填充为背景色
取色	单击将工作区中单击处颜色取作当前颜色，用右键单击则取作背景色
放大	单击则以当前处为中心，放大成选定的比例，再单击又还原为原来大小
铅笔	拖动画1条由走过痕迹连成的任意形状的当前色曲线（用右键则为背景色），用拖动则画水平或垂直直线
刷子	拖动画1幅由走过痕迹连成的任意形状的当前色图画（用右键则为背景色）
喷枪	根据拖动速度快慢产生由当前色组成的喷雾效果（用右键则为背景色）
文字	用来输入文字字符，可设置其大小、字体、粗斜体等
直线	拖动画1条由起点到终点的当前色直线（用右键则为背景色），用拖动则画水平、垂直或45°角的直线
曲线	先拖动画1条当前色直线（用右键则为背景色），再单击（可拖动调整形状）确定该直线弯曲的1个弧，再单击确定第2个弧后结束
矩形	拖动画1个空心或用背景色填充而边框线为当前色的矩形（用右键则边框线为背景色、填充为前景色），或无边框线用当前色填充的矩形（用右键则填充为背景色），拖动则画正方形
圆角矩形	与“矩形”工具类似，画的矩形为圆角形，拖动则画圆角正方形
椭圆	与“矩形”工具类似，画的是椭圆，拖动则画圆
多边形	拖动画一直线段，再单击若干个点，双击结束则组成一个封闭的多边形（用右键则为背景色），也存在“矩形”工具中的选择空心、背景色填充或当前色3种填充方式。单击时按键则线段呈水平、垂直或45°角

（2）当前工具选项　当前工具选项位于工具箱底部，是工具箱的一部分。其作用是为某些工具提供操作大小等选项，供用户操作时根据情况选择，选择时用鼠标单击则从多项中选定当前项。

（3）颜料盒　颜料盒中提供了常用的28种颜色，颜料盒的左端有一区域，用来显示当前色及背景色(图 2.19)。当前色是当前使用工具来绘图的颜色(一般是指用鼠标左键操作时);背景色是图形背景的颜色(又称底色),当选定图形移动位置时,原位置处的当前背景色即显示出来。颜料盒是否显示可用"查看"菜单来设置。

选择当前色的方法是用鼠标左键单击颜料盒中所需颜色框,则其颜色变为当前色,选择当前背景色的方法是用右键单击颜料盒中所需颜色框。

(4)工作区　工作区是用户绘制和编辑图形的区域。用户操作的最终结果都在工作区中体现出来。工作区初始的底色是白色,像一张白纸一样,供用户在上面绘制和编辑图形。

2.6.2　画图应用程序的使用

(1)绘图过程

①单击颜料盒选择所需颜色为前景色,用右键单击选择当前的背景色;

②从工具箱中单击选择所需要工具,根据需要单击所需当前工具选项,选中的工具按钮呈凹状显示;

③在工作区中用当前工具、前景色或背景色绘制图形,一般是拖动鼠标实现。

重复上述过程,直至绘出所需图形为止。前两步顺序任意,也可先选择工具及当前工具选项后选择颜色,有些工具如"选定"等,并不一定要选择颜色。

可根据需要绘制出直线、曲线、椭圆、圆、矩形、正方形、多边形,还可输入文字信息,用颜色填充工具可更改已填充颜色,用刷子工具可作画,用喷枪可产生喷雾效果等。

(2)图形操作　当需要对图形的某一部分进行移动、复制、删除、保存等操作时,应先选定后操作。

①选定区域　单击"选定"或"任意形状裁剪"工具,在工作区中拖动则画出 1 个矩形或任意形状区域,呈虚线框显示,在虚线框外任意处单击则可取消已有选定;

②移动　鼠标指向选定区域拖动到目标位置释放即可;

③复制　鼠标指向选定区域拖动,也可选择"编辑"菜单→"复制"→"编辑"→"粘贴"操作,再拖动到目的地;

进行上述的移动与复制时,应注意"当前工具选项"框中透明与不透明方式的区别,操作时一般是选择透明方式。

④清除　对于选定区域按 Del 键或选择"编辑"菜单下的"剪切"功能来删除,也可用"橡皮/颜色橡皮"工具来擦除部分区域,还可选择"图像"菜单下的"清除图像"功能来清除全部图形内容;

⑤撤销　如果操作有误,可选择"编辑"菜单下的"撤销"功能来取消刚才的操作,恢复到前一次操作的状态。

(3)图片的显示方式

①更改图片显示大小　选择"图像"菜单→"属性..."功能,在对话框中单击选择单位,输入所需宽度和高度,单击"确定"按钮,则可更改图片的显示大小;

②缩放图片　选择"查看"菜单→"缩放"功能,选择"常规尺寸""大尺寸"或"自定义"并做相应设置;

③翻转或旋转图片　先选定区域,再选择"图像"菜单→"翻转/旋转..."功能,在对话框

中单击所需的选项做相应设置；

④拉伸或扭曲图片　选择“图像”菜单→“拉伸/扭曲...”功能，在对话框中单击拉伸或扭曲的有关选项，然后键入幅度。

2.6.3 图片的文档处理

绘制好的图片应保存起来，以便于需要时使用。

(1)图片存盘　图片存盘包括保存、另存为和部分保存3种方式。保存好的文件扩展名一般为BMP。

对于绘制好的图片，应选择“文件”菜单下的“保存”功能保存起来。如果该文件未保存过，或者想使用另外的文件名存盘，则应选择“文件”菜单下的“另存为...”功能，在对话框中选择文件夹，输入文件名后，单击“确定”按钮。若只想将图片的一部分保存起来，应先选定区域，再选择“编辑”菜单下的“复制到...”功能来存盘。

(2)打开已有图片文件　对于已有图片文件，常用的打开方法有以下两种：

一是选择“文件”→“打开...”功能打开，适用于对该文件图片内容再编辑时使用；另一种是当前正在处理一个图片时，需要某图片文件的内容来进行组合的情形，方法是选择“编辑”菜单下的“粘贴来源...”功能来打开文件，此时一般将“当前工具选项”设置为透明方式，这样将不破坏原来编辑图片的内容。

2.7 控制面板

在Windows XP系统中，控制面板是一个经常使用的应用程序，主要用来对系统进行操作环境的设置，同时，也用来进行软硬件资源的管理。用户可根据需要设置显示器、系统、字体、输入法、添加/删除应用程序、进行系统管理等以适应需要。

启动控制面板的方法很多，常用的有：

①选择“开始”菜单→“设置”→“控制面板”功能项或在资源管理器中单击“控制面板”文件夹。

②双击桌面上“我的电脑”图标后再双击“控制面板”图标。

控制面板启动成功后，出现图2.20所示窗口。

控制面板有两种形式：经典视图和分类视图，可以相互切换，图2.20是经典视图形式。

2.7.1 显示器

双击图2.20控制面板窗口的“显示”图标，或用鼠标右键单击桌面的空白处后选择“属性”功能，则打开如图2.5所示的有5个标签的“显示属性”对话框。

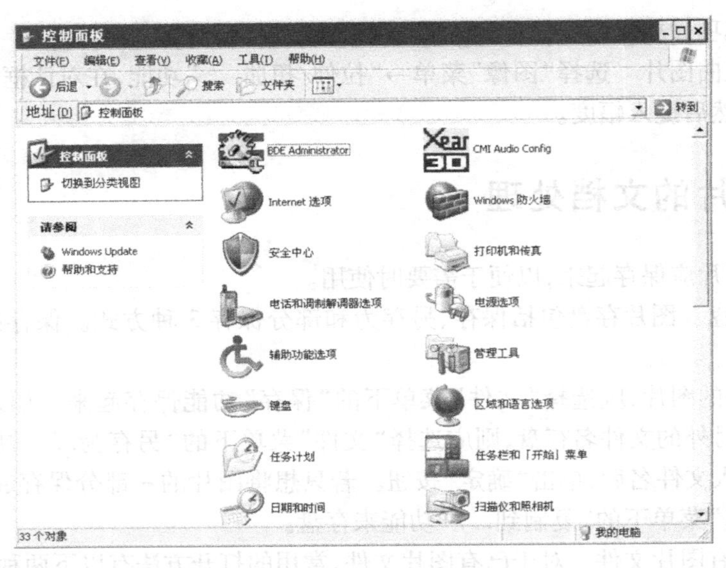

图 2.20　控制面板窗口

1)“主题”标签

主题是帮助用户进行个性化设置的元素。主题可以进行改变或删除等操作。

2)“桌面”标签

“桌面”标签可用来设置用户喜欢的墙纸或图案作为桌面的背景,并且还可以自定义桌面。

(1)选择墙纸　选择墙纸的方法是:在“背景”框中单击选中所需墙纸,再从“位置”下拉表中选择排列方式(居中、平铺、拉伸)。“墙纸”框中选择“无”则没有墙纸。

居中是将单个墙纸置于桌面中央;平铺是用多个墙纸平铺排满桌面;拉伸是将墙纸放大到整桌面。只有小于桌面的墙纸才存在平铺和拉伸排列方式。

(2)选择图案　当无墙纸时,可再选择图案。选择图案的方法是:单击“浏览”按钮进入其对话框,再单击选择所需图案后单击“确定”按钮,则返回图 2.5。

在墙纸和图案的选择过程中,可随时通过图 2.5 中显示器的预览效果来帮助选择。

3)“屏幕保护程序”标签

屏幕保护程序的作用是当用户在指定的时间内未使用计算机,则系统自动调用内容为图片或图案的保护程序,覆盖用户操作内容。

选择“屏幕保护程序”标签后,可设置屏幕保护程序、保护等待时间和显示器的节能特征。

(1)选择屏幕保护程序　选择方法:先在“屏幕保护程序”下拉列表框中选择保护程序,然后设置等待时间,可单击“预览”按钮来查看效果。还可以单击“设置...”按钮做进一步的设置。

(2)显示器的节能特征　单击“电源...”按钮,可对处于屏幕保护状态下的显示器的节能情况进行设置。

4)“外观”标签

在“外观”标签中,用户可选择自己喜欢的外观方案,每一种“方案”又可设置其相应的项目(如桌面、菜单、窗口、活动标题栏等)及项目大小、颜色等,每一项目又可设置其对应的字体、大小、颜色等。当某些部分为灰色显示时则表示不可用。用户设置好的外观方案还可进行保存,也可删除某些外观方案。

5)“设置”标签

“设置”标签用来设置显示器基本性能,可设置显示器的颜色及屏幕分辨率,还可根据需要进行高级设置。颜色、分辨率的设置情况因显卡类型的不同而有所区别。

2.7.2　添加/删除程序

Windows XP 系统提供了较为丰富实用的应用程序,用户还可以添加和删除其他应用程序,对于未安装或因误操作而破坏的应用程序也可再安装。方法是使用控制面板中的“添加或删除程序”功能来完成。

1)安装/卸装应用程序

双击控制面板窗口的“添加/删除程序”图标,出现图 2.21 所示的“添加或删除程序”窗口。

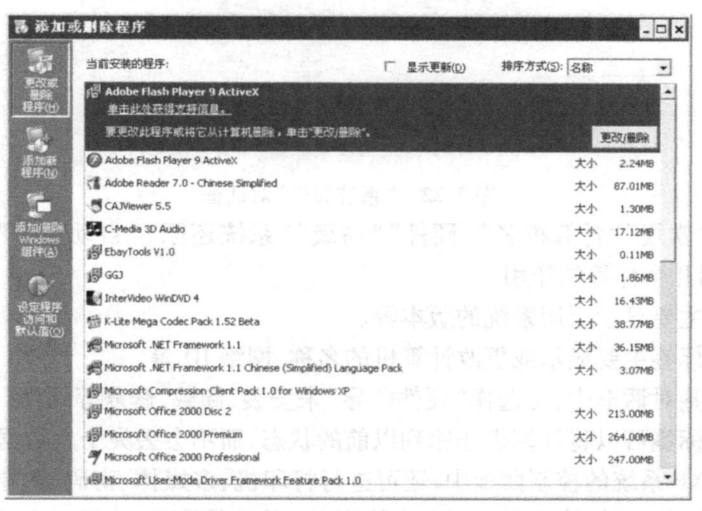

图 2.21　“添加或删除程序”窗口

单击“添加新程序”按钮后,在安装向导的引导下可安装新的应用程序;从列表框中单击选中某应用程序后,再单击“更改/删除”则可删除该应用程序。

2)添加和删除 Windows 组件

Windows XP 系统提供了相当丰富的组件,对于安装系统时因某些原因未安装的组件,可再进行安装。方法如下:双击控制面板窗口的“添加/删除程序”图标后,选择“添加/删除 Windows 组件”按钮则出现一对话框;在组件列表框中选中(打钩)或取消(不打钩)相应的组件,有些组件下可能还有若干组件,可单击“详细资料...”按钮再选择;单击“确定”按钮就可进行安装新组件或删除已安装好的组件。

2.7.3 系统管理

在控制面板中,还可以进行系统硬件资源的管理。双击控制面板窗口中的“系统”图标则进入“系统属性”对话框,如图 2.22 所示。

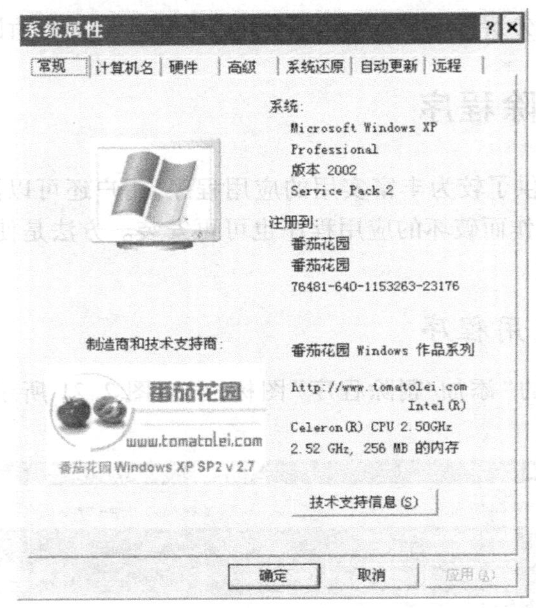

图 2.22 “系统属性”对话框

对话框中有“常规”“计算机名”“硬件”“高级”“系统还原”“自动更新”和“远程”7 项标签,下面简要介绍几个标签的作用。

“常规”标签主要显示所用系统的版本等。

“计算机名”标签主要显示或更改计算机的名称、网络 ID 等。

在“硬件”标签对话框中,可选择“硬件向导”来安装、卸载、修复等硬件。

“系统还原”标签可以将计算机还原到以前的状态,而不会丢失个人数据文件。

在 Windows XP 系统的控制面板中,还可进行打印机、多媒体、密码、调制解调器、声音、添加新硬件、网络、用户、邮件等管理。用户在使用时,可根据需要,选择相应的功能来解决出现的问题。

习 题 2

1. 单项选择题

(1)窗口中菜单命令项后跟有(   )符号时,选择该命令将拉出一个子菜单。

A. ...　　B. ▶

C. Ctrl　　D. Ctrl + X

(2)要弹出快捷菜单,可用鼠标的(   )操作。

A. 右键单击　　B. 左键单击

C. 双击　　D. 拖动

(3)剪贴板是(   )中的一块区域。

A. 硬盘　　B. 软盘

C. 内存　　D. 光盘

(4)如果将 D 盘根目录下的文件拖动到同盘某子目录内,则此时完成的是(   )。

A. 文件复制　　B. 文件移动

C. 文件粘贴　　D. 文件删除

(5)移动窗口的位置应利用鼠标拖动窗口的(   )。

A. 工作区　　B. 标题栏

C. 边框　　D. 菜单栏

(6)在资源管理器中,选定不连续文件的办法是用鼠标加(   )键。

A. Alt　　B. Del

C. Ctrl　　D. Space

(7)Windows XP 启动成功后,屏幕上显示的画面叫(   )。

A. 工作区　　B. 对话框

C. 桌面　　D. 窗口

(8)Windows XP 缺省环境中,在文档窗口之间切换的组合键是(   )。

A. Ctrl + Tab　　B. Ctrl + F6

C. Alt + Tab　　D. Alt + F6

(9)关于对话框描述错误的是(   )。

A. 选中标有“...”的菜单命令或按钮时将弹出一个对话框

B. 对话框是 Windows 和用户进行信息交流的一个界面

C. 对话框与窗口一样可以改变大小

D. 对话框与窗口一样可以被移动位置

(10)Windows XP 中,欲选定当前文件夹中的全部文件和文件夹对象,可使用的组合键是(   )。

A. Ctrl + V　　B. Ctrl + A

C. Ctrl + X　　D. Ctrl + D

2. 多项选择题

(1) Windows XP 的窗口基本操作有(　　)。
A. 移动窗口　　B. 改变窗口的大小
C. 滚动信息　　D. 关闭窗口
E. 收缩成图标

(2) 鼠标的拖动操作可以(　　)。
A. 移动窗口　　B. 移动图标
C. 打开窗口　　D. 关闭窗口
E. 改变窗口大小

(3) 可以对任务栏进行的操作有(　　)。
A. 剪切　　B. 改变位置
C. 隐藏　　D. 改变宽度
E. 展开

(4) 将应用程序图标打开成窗口的方法有(　　)。
A. 单击该图标　　B. 双击该图标
C. 右键单击该图标再选"打开"　　D. 指向该图标
E. 拖动该图标

(5) 可以在"附件"子菜单中找到的功能有(　　)。
A. 系统工具　　B. 娱乐
C. 画图　　D. 写字板
E. 游戏

(6) 在资源管理器中管理文件的工作主要包括(　　)。
A. 格式化磁盘　　B. 复制或移动文件
C. 文件更名　　D. 删除文件
E. 建立快捷方式

(7) 命令提示符的窗口显示的方式有(　　)。
A. 灰暗的　　B. 全屏幕显示方式
C. 窗口方式　　D. 活动的
E. EXIT

(8) 在 Windows XP 的窗口中,标题栏的右侧可能出现的按钮是(　　)。
A. 最大化　　B. 最小化
C. 还原　　D. 关闭
E. 隐藏

(9) 关于 Windows XP,下面说法正确的是(　　)。
A. 是一个文字处理系统　　B. 支持即插即用
C. 提供图形用户界面　　D. 是单用户单任务系统
E. 是单用户多任务系统

(10)在 Windows XP 中文件名可以使用的符号是(　　)。

A. #　　B. $

C. *　　D. @

E. ?

3. 判断题(正确的打"√",错误的打"×")

(1)被删除的文件肯定能在回收站中找到。　　(　　)

(2)在 Windows XP 环境中只能靠鼠标进行操作。　　(　　)

(3)快捷图标被删除后,其所指向的文件也被删除。　　(　　)

(4)用 Alt + PrintScreen 可以将活动窗口作为一张图片复制到剪贴板中。　　(　　)

(5)不活动窗口的标题栏是灰暗的。　　(　　)

(6)控制面板的作用是用来对用户操作环境进行设置。　　(　　)

4. 填空题

(1)在Windows XP 中允许用户同时打开＿＿＿＿＿＿＿＿个窗口,但任一时刻只有＿＿＿＿＿＿是活动窗口。

(2)在 Windows XP 中将整个屏幕内容复制到剪贴板上,应按＿＿＿＿＿＿键。

(3)回收站是＿＿＿＿＿＿中的区域。

第 3 章

文字处理 Word 2003

在当今信息社会中,文字处理的应用范围十分广泛,从文档编辑、排版印刷到各种日常事务处理、办公自动化等都涉及对文字信息的加工与处理。简单地说,文字处理就是利用计算机中的文字处理软件对文字信息进行录入、编辑、排版、文档管理、打印输出等加工处理技术。一个优秀的文字处理软件必须具有友好的用户界面、直观的屏幕效果、丰富强大的处理功能、方便快捷的操作方式以及易学易用等特点。

Microsoft Word 是微软公司发行的办公套装软件 Office 的最重要最常用的组成部分。目前,主要有 Microsoft Word 97、Word 2000、Word XP、Word 2003、Word 2007、Word 2010 等多种版本。Word 2003 中文版是 Windows 操作系统支持下的一个集编辑与打印为一体的文字处理系统,是目前最完美和应用最广泛的文字处理软件之一,它具有友好的图形界面,采用所见即所得的方式,使用户易学、易懂、易用,操作得心应手,是实现文字信息加工处理的有力工具。

3.1 Word 2003 的基本知识

3.1.1 Word 2003 的功能与特点

Word 2003 是一种运行在 Windows 平台上的文字处理应用程序,集文字处理、电子表格、传真、电子邮件、HTML 和 Web 网页制作等各种功能于一身,具有非常强大的文字处理功能。其主要功能如下:

(1)所见即所得　Word 操作界面友好直观,利用鼠标即可完成各种选择排版操作,其建立的文档显示的效果与打印输出的效果一致,在屏幕上一目了然。“所见即所得”已成为当前所有的文字处理软件最基本的功能之一。

(2)强大的编辑和多媒体混排功能　根据系统默认设置,可对输入文档自动排版,包括输入字符能在适当位置自动换行、自动调整字符间距、段落自动对齐以及修改文档时自动调整位置并保持对齐格式等。

可以编辑文本文字、图形、艺术字、声音、动画等信息,还可插入其他应用软件制作的信息,实现真正图文环绕混排功能。

(3)强大的制表功能　可以使用工具栏、菜单栏创建表格,还可手工绘制表格。表格处理灵活、方便、快捷,有几十种不同风格的表格样式供用户自动套用,还可为表格设置不同风格的边框和底纹。

(4)强大的模板与向导功能　Word 提供了大量且丰富的模板,使用户在编辑某一类型文档时,能很快建立相应的格式,而且 Word 允许用户自己定义模板,为用户建立特殊需要的文档提供了高效而快捷的方法。

(5)各种自动处理功能

①自动拼写检查　可以在录入文本内容的同时进行英文拼写检查,当键入了错误的或不可识别的单词时,会自动在该单词下以红色波浪线作标记;

②自动套用格式　在用户录入文本内容时,自动为文字设置格式;

③自动编写摘要　可以自动概括一篇文档的要点;

④自动创建样式和预览　使用样式可以方便地创建风格一致的文档。

(6)超强的兼容性　Word 可以支持许多格式的文档,也可以将 Word 编辑的文档以其他格式的文件保存,这为 Word 和其他软件的信息交换提供了极大的方便。用 Word 可以编辑邮件、信封、备忘录、报告、网页等。

3.1.2　Word 2003 的启动和退出

1)启动 Word 2003

启动 Word 2003,即进入 Word 2003 的主窗口,最常用的方法是:

(1)单击任务栏的"开始"菜单,指向"程序"选项,在级联菜单的"Microsoft Office"选项组中单击"Microsoft Office Word 2003"选项;

(2)单击任务栏的"开始"菜单,选择"运行"命令,在打开的运行窗口编辑框中键入"winword",回车或单击"确定"按钮;

(3)如果在 Windows 桌面上创建了中文 Word 2003 的快捷图标,则双击该图标即可进入中文 Word 2003 主窗口;

(4)对已经建立的 Word 文档,双击该 Word 文档名即可进入中文 Word 2003 并打开已建好的 Word 文档。

2)退出 Word 2003

Word 2003 使用完毕后,应退出后再进行其他操作,通常有以下方法:

(1)双击 Word 2003 系统窗口左上角的控制菜单图标;

(2)单击 Word 2003 系统窗口左上角的控制菜单图标,选择"关闭"功能;

(3)单击 Word 2003 系统窗口右上角的“关闭”按钮；

(4)单击“文件”下拉菜单中的“退出”命令；

(5)在 Word 窗口为活动窗口状态下，使用键盘组合键 Alt + F4。

在退出 Word 时，如果编辑的文档在修改后没有被保存，则会出现文件保存提示对话框，单击“是”按钮，保存当前编辑的文档并退出；单击“否”按钮，不保存编辑的文档并退出；单击“取消”按钮，重新回到 Word 工作环境。

3.1.3 Word 2003 的窗口界面

中文 Word 2003 启动成功后，进入如图 3.1 所示的窗口界面，Word 主窗口主要包括标题栏、菜单栏、工具栏、标尺、文档编辑区、滚动条和状态栏等。

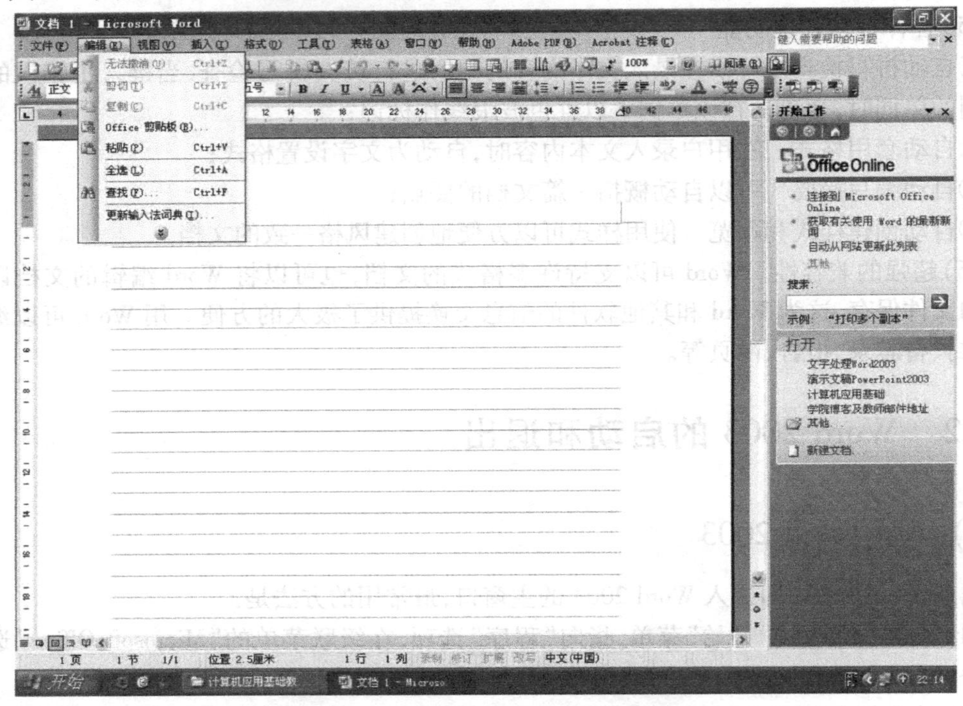

图 3.1 中文 Word 2003 主窗口

1)标题栏

标题栏位于 Word 窗口的最顶端，用于显示中文 Word 2003 系统名称(如 Microsoft Word)以及当前编辑文档的名称(如文档 1)。

标题栏左端的按钮是控制菜单图标，单击可弹出控制下拉菜单，双击可关闭 Word 主窗口。标题栏右端的按钮分别是最小化按钮、最大化按钮(或还原按钮)和关闭按钮，单击它们可执行相应操作。

2)菜单栏

菜单栏位于标题栏下方，通常包含 9 项下拉式系统命令菜单标题，从左至右依次是文件

(F)、编辑(E)、视图(V)、插入(I)、格式(O)、工具(T)、表格(A)、窗口(W)和帮助(H)。中文Word 2003 系统的绝大部分功能都可通过这些命令菜单来完成。

用鼠标单击菜单标题或按组合键 Alt + 菜单标题相应的字符,可打开其对应的下拉菜单,按 Esc 键或在下拉菜单之外单击鼠标左键,可关闭下拉菜单。在下拉菜单中给出了用于不同操作功能的多条命令和选项,选项后面带有省略号的命令可以打开一个相应的对话框,而后面带有实心右向箭头的命令表示带有次级菜单。

通常在计算机系统中安装有可嵌入 Word 软件的应用程序,如公式编辑器 MathType、阅读浏览器 Adobe Acrobat 等,在 Word 窗口菜单栏会出现下拉式系统命令菜单标题“MathType”或“Adobe PDF(B)”等,通过其下拉菜单命令执行相应功能操作。

3)常用工具栏

常用工具栏位于菜单栏的下方,提供了使用鼠标快速操作的常用命令按钮。常用工具栏习惯上称为工具栏,它是菜单栏中部分常用功能选项的一种快捷使用方式,例如新建、打开、保存、打印、剪切、复制、粘贴等。用户使用时只需单击相应按钮即可实现相应功能,大大方便了用户的操作,并提高了工作效率。操作过程中,使用各种工具栏按键与使用菜单中的选项功能是等效的,可任选其中一种来进行编辑排版工作。

4)格式工具栏

格式工具栏简称格式栏,位于常用工具栏下方。它也是菜单栏中部分常用的排版功能选项的一种快捷使用方式,提供了常用的格式编辑功能。例如文本的字体、字号、字形、颜色、段落对齐方式、编号及项目字符等,操作时只需单击相应按钮即可。

5)标尺

标尺是一种有刻度的工具尺,位于格式工具栏下方,帮助用户进行文档中段落缩进、调整页面的边距及改变表格的宽度等。标尺有水平标尺和垂直标尺之分,在“页面”视图下才可见垂直标尺。

6)文档编辑区

文档编辑区位于标尺下方的大空白处,是编辑文档内容的工作区域。用户在此区域进行文档的录入编辑、图片的插入、表格的制作等工作。鼠标在文档编辑区内以“I”形表示。

7)滚动条

滚动条位于文档编辑区右侧有一个垂直滚动条,位于文档编辑区的下方有一个水平滚动条。利用滚动条可快速查看文档的各部分内容。

8)状态栏

状态栏位于 Word 窗口底部,显示系统当前的某些状态,如插入点所在的页号、节数、行号和列号等相关信息。

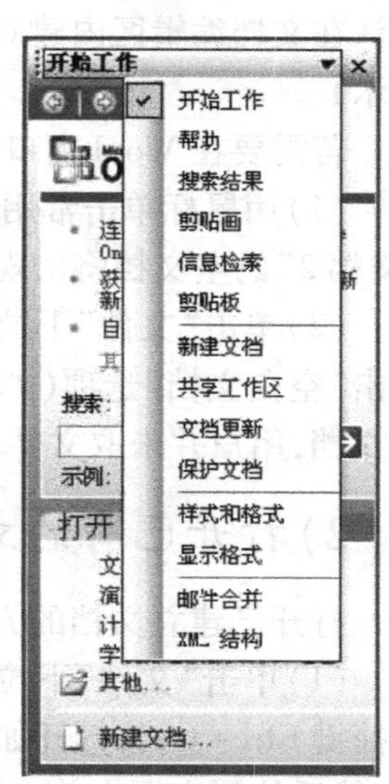

图3.2 任务窗格

9)任务窗格

任务窗格是 Word 2003 中新增的功能,显示了常用的任务,以方便用户的使用(如图 3.2 所示)。Word 2003 中包含有“开始工作”“帮助”“搜索结果”“剪贴板”“信息检索”“新建文档”等任务窗格。通过“视图”菜单中的“任务窗格”命令可以打开任务窗格,也会在执行相关任务时自动打开相应的任务窗格。在任务窗格显示的状态下,通过其最上面的标题按钮可以打开列表选择显示不同的任务窗格。

3.2 Word 2003 的基本操作

Word 作为强大的文字处理工具软件,要借助它高效地完成文字处理工作,首先必须对它的基本操作有所了解。Word 的操作从文档开始,其基本操作包括文档的管理、文本的输入、文本的编辑以及文档的视图等。

3.2.1 文档的管理

Word 2003 的文档管理是指对文档的整体处理功能,包含建立新文档、文档存盘、打开已有文档等操作。

1)创建新文档

不管是使用 Word 写信、打印通知,还是撰写书稿,都是从一个空白文档开始,然后经过文本输入、格式编辑、保存、打印等操作后才完成整个文档处理过程。进入 Word 2003 后,系统就默认在文档编辑区内建立了一个新的空白文档,等待用户向空白文档添加新的内容(如图 3.1 所示)。

若需要在 Word 窗口中建立一个新的文档,可采用如下的方法:

(1)用鼠标单击常用工具栏中的“新建空白文档”按钮或使用快捷键 Ctrl + N,一个名为“文档 2”的空文档将出现在 Word 窗口中;

(2)单击“文件”下拉菜单中的“新建”命令,在窗口右边出现一个“新建文档”任务窗格,单击“空白文档”选项(如图 3.3 所示),将创建一个名为“文档 2”的空白文档。对于新建的空白文档,用户并未取文件名,因此,系统当前文档的文件名为“文档 1”“文档 2”等。

2)打开已有的文档

打开已建立文档的方法是:

(1)单击“文件”下拉菜单中的“打开”命令,或单击常用工具栏上的“打开”按钮,或使用快捷键 Ctrl + O,将打开如图 3.4 所示的“打开”对话框,用户需指出要打开文档所在的盘符、路径,然后从列表框中单击选中,再单击“打开”命令按钮(在列表框中双击所需文件也可)。

(2)在“资源管理器”或“我的电脑”中选择要打开文档所在的盘符、路径,从列表框中双击文件名即可。

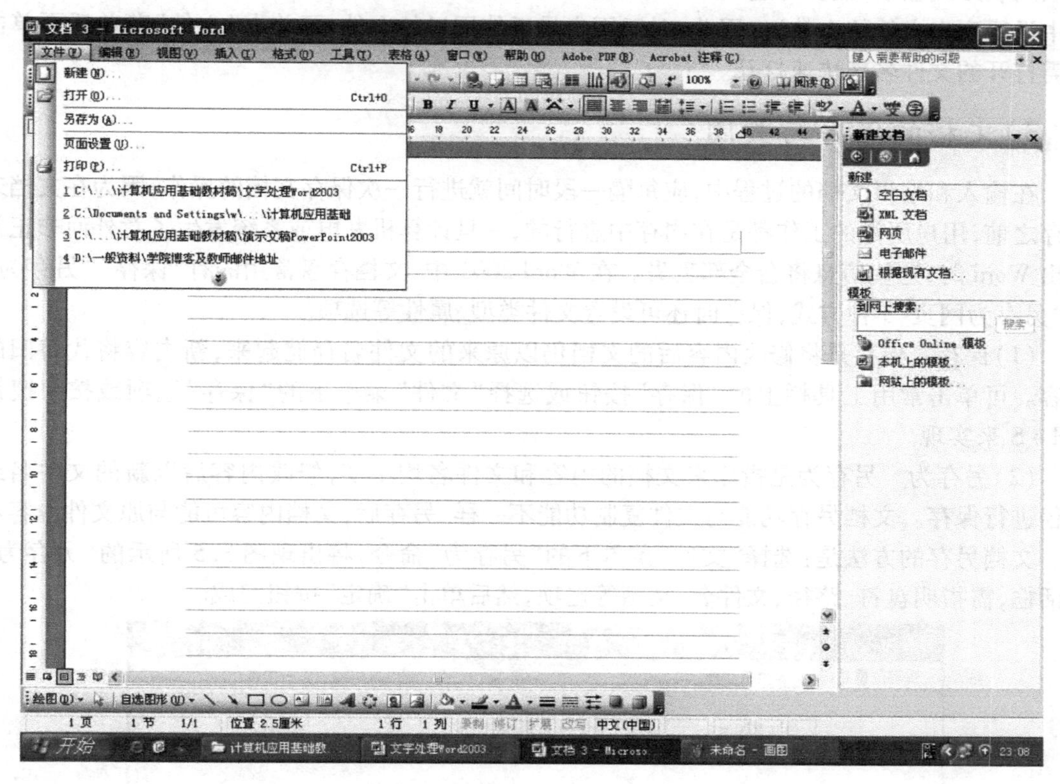

图 3.3　新建文档任务窗格

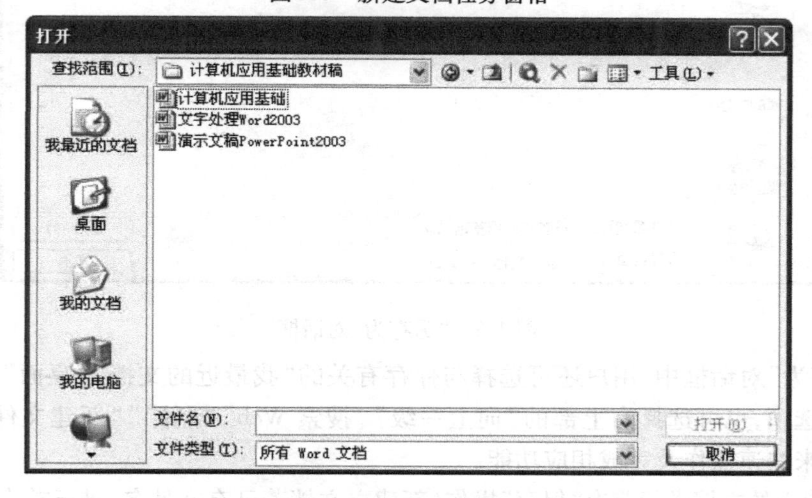

图 3.4　“打开”对话框

Word 2003 允许用户同时打开多个文档，每个文档将作为一个任务在屏幕底部的任务栏中显示出来。当前正在编辑的文档所在窗口为活动窗口，用户的操作只对活动窗口中的文档内容有效。用户可通过任务栏对文档窗口进行切换。

为了用户操作方便，系统会自动记住用户最近使用过的几个文档，并在“文件”菜单的底部以列表形式显示,最多可达9个(可通过“工具”菜单下的“选项”功能,在“常规”标签对话框中设置列出文件的个数)。因此,对于用户最近使用过的文件,可单击“文件”菜单后再单击所需打开的文件名来快速打开。

3)文档的保存与关闭

在输入和编辑文档的过程中,应每隔一段时间就进行一次保存文档的操作,因为在文档未保存之前,用户所做的工作都是在内存中进行的,一旦计算机断电或系统发生了意外而非正常退出Word时,这些信息将会全部丢失。在Word 2003中,文档存盘常用的有“保存”“另存为”和“另存为网页”3种方式,保存时还可设置文件类型、属性等选项。

(1)保存　保存是将修改内容后的文档仍以原来的文件名存储起来,新内容将代替旧的内容。可单击常用工具栏上的“保存”按钮或选择“文件”菜单下的“保存”选项或按快捷键Ctrl+S来实现。

(2)另存为　另存为是指原来文档的内容和文件名均不变,修改内容后以新的文件名或路径进行保存。文档另存功能与文件复制功能不一样,另存后,文档内容可能与原文件内容不同。文档另存的方法是:选择“文件”菜单下的“另存为”命令,将出现图3.5所示的“另存为”对话框,需指明盘符、路径、文件名、类型等选项,然后单击“确定”按钮完成。

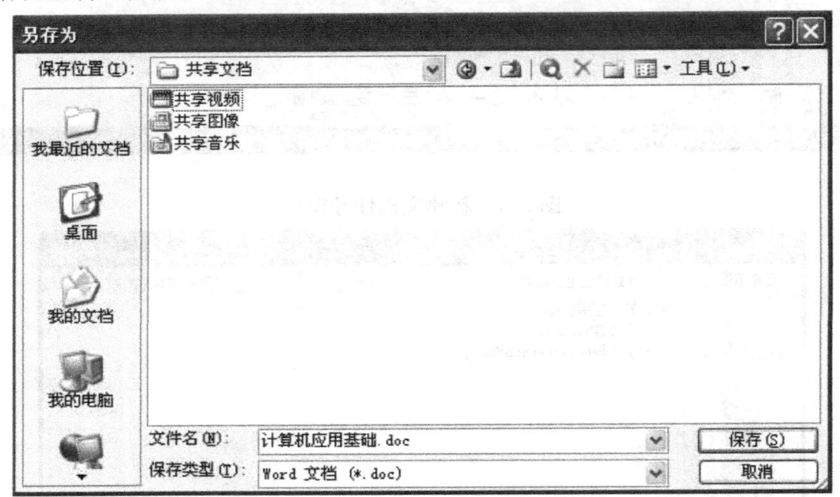

图3.5　“另存为”对话框

在“另存为”对话框中,用户还可选择与保存有关的“我最近的文档”“桌面”“我的文档”“我的电脑”选项,也可选择右上部的“向上一级”“搜索Web”“删除”“新建文件夹”“视图”“工具”按钮来快速操作及完成相应功能。

在对新建立的文档进行首次“保存”操作(新建立文档若已有文件名,进行首次“保存”时不会出现此对话框)或旧文件进行“另存为”操作时,均会出现图3.5所示的“另存为”对话框。文档另存后,之前编辑的文档内容不变并自动被关闭,当前打开的屏幕上的是另存后的新文档。

(3)另存为网页　如果用户希望创建的文档能在系统的IE浏览器中显示,则应选择“另存为网页”方式保存。方法是选择“文件”菜单下的“另存为网页”命令来实现。当然,另存时将图3.5中的“保存类型”设置为“网页”选项也能达到目的。

(4)设置文档类型及属性　Word 系统默认的文档类型是“Word 文档”,即扩展名为.doc。用户还可根据需要更改其类型,方法是:单击图3.5中“保存类型”处右边的下拉按钮,在弹出的下拉菜单中,单击选择所需文档类型。除Word文档外,网页(.htm或.html)、RTF格式(通用文件)是常用的文件类型。

在图3.5所示的“另存为”对话框中,单击“工具”按钮并选择“保存选项”功能,将出现图3.6所示的对话框,用户可设置是否快速保存、后台保存、自动保存及间隔时间等属性。

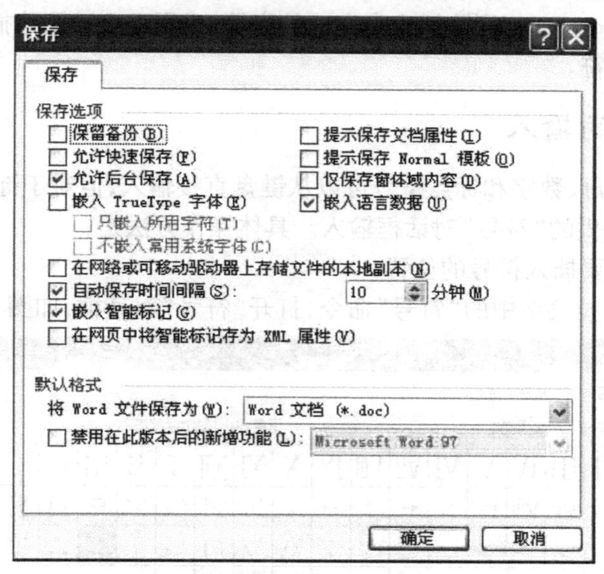

图3.6　“保存”对话框

3.2.2　文档的输入

建立了一个新文档后,就可以在不断闪烁的光标“I”(又称为插入点)处开始输入内容编辑文档了。Word中文本的输入包括汉字输入法的选择、普通文本的输入、特殊符号的输入等。

1)汉字输入法的选择

在文档编辑区输入文本之前,应先设置相应的文本输入方法,如拼音、五笔字型、智能ABC等。切换输入法的方法是:

(1)键盘操作　若想在各种输入法之间进行切换,可以按Ctrl+Shift键。每按一次Ctrl+Shift键,就在已经安装的输入法之间按顺序切换一次,左、右的Ctrl + Shift键切换顺序相反;若要在中、英文输入法之间进行切换,可以按Ctrl+空格键;若要在全角/半角之间进行切换,可以按Shift+空格键。

(2)选择输入法列表　单击输入法列表按钮(任务栏右端▣按钮),显示输入法列表,如图3.7所示。可以在输入法列表中单击所需的输入法输入文本。

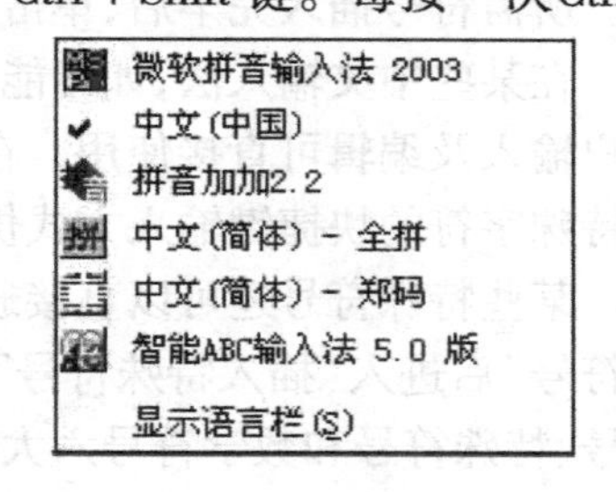

图3.7　输入法选择菜单

2)文本的输入

可以在插入点“I”处开始输入文本。输入文本时,插入点会自动向右移动,到达这一行末尾时,Word 2003 会根据页面大小自动换行,不必人工换行,并能避免标点符号位于行首。只有要开始一个新段落时才按回车键,并产生一个段落标记(控制字符是否显示由常用工具栏上的“显示/隐藏编辑标记”按钮控制,凹下时显示,凸出时不显示)。当输错一个汉字或字符时,可以用退格键(Backspace)删除插入点左边的字符,或用 Del 键删除插入点右边的字符,重新输入正确的文本字符。

3)特殊符号的输入

文本输入中的字母、数字和标点符号可以从键盘直接输入,但对于键盘上没有的一些特殊字符,可利用 Word 提供的“符号”对话框输入。具体操作方法是:

①将光标定位到要插入符号的位置;

②单击“插入”下拉菜单中的“符号”命令,打开“符号”对话框,如图 3.8 所示;

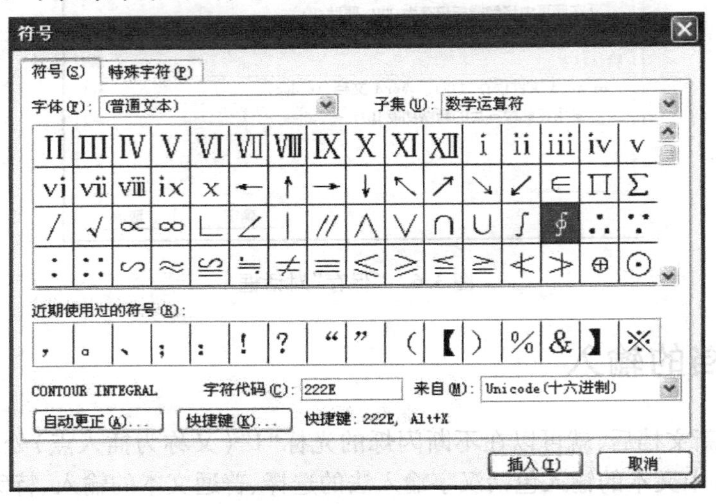

图 3.8 “符号”对话框

③在“符号”对话框中部显示了可供选择的符号,可以从“字体”下拉列表框中选择种类,从“子集”下拉列表中选择类型,便出现所需符号;

④当选择了某个符号之后,双击该符号或单击“插入”按钮即可在文本插入点插入该符号。所需符号插入完毕后,单击“关闭”按钮完成。

在某些中文输入法,如智能 ABC 中,将英文键盘上的特殊字符键定义成了中文特殊符号,用户输入及编辑可直接使用。在图 3.8 中的“特殊字符”标签对话框中,系统也提供了部分常用特殊字符的快捷键输入方式供使用。

某些特殊符号还可以直接通过“插入”下拉菜单中的“特殊符号”命令进行插入,单击“特殊符号”后进入“插入特殊符号”对话框,常用的特殊符号分为单位符号、数字序号、拼音、标点符号、特殊符号和数学符号六大类,通过选择相应的标签可选择所需要的特殊符号。

3.2.3 文档的编辑

文档的编辑是使用 Word 的基本功能,文档编辑操作是对文档中的文本内容进行插入、删除、移动、复制等,其目的是保证文本内容正确无误。

1)光标定位

当某文本内容需要修改时,应将光标定位到相应位置再进行处理。使用鼠标和键盘都能进行光标定位,方法如下:

(1)将鼠标指针移动到恰当的位置单击,若需处理的文本内容未显示出来,用鼠标操作水平及垂直滚动来实现。

(2)按键盘上的←,→,↑,↓方向键来上下左右移动光标进行定位。

(3)按键盘上的 Page Up,Page Down 或 Ctrl + Page Up,Ctrl + Page Down 键前后翻屏或前后翻页来显示相应信息并实现光标定位。

(4)按 Home,End 及 Ctrl + Home,Ctrl + End 键可分别将光标快速地移动到行首、行尾以及文档的首尾位置。

2)选定文本操作

在编辑文档时,Word 2003 一般采用"先选定后执行"的原则,即先选定要操作的文本内容,然后选择编排方式进行修改。选定文本内容(还可选定图形、表格、多媒体信息等)是 Word 系统经常使用的操作。

选定文本的常用方法是鼠标拖动法:首先,将鼠标指针移到要选定的首字符的前一位置,然后按下鼠标左键并拖动,直到目标位置后再释放鼠标,则需选定的文本都呈反色显示(一般变成黑底白字),如图 3.9 所示。

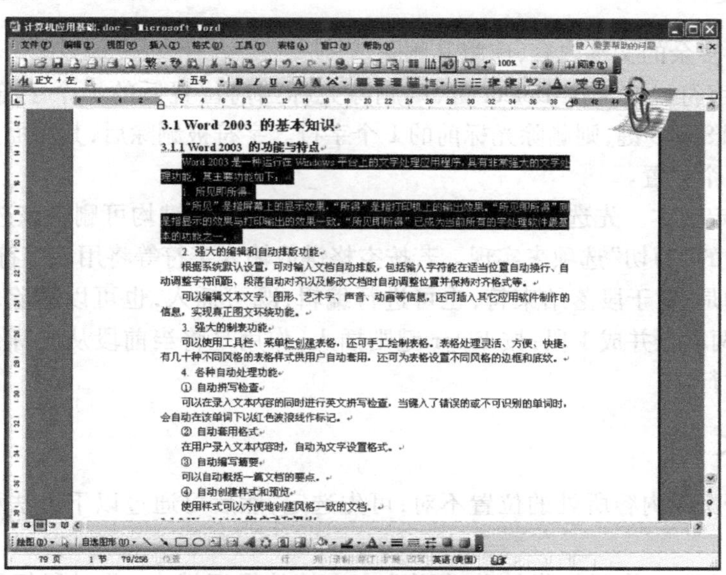

图 3.9 已选定文本示意图

在 Word 2003 中,可采用表 3.1 中的操作方法来选定所需文本内容;也可用键盘来选定文本,一般方法是:用 Shift + 光标移动键←,→,↑,↓选定文本或按 Ctrl + A 则选定全文。对不连续的多个文本内容的选定,可以在先选定一个文本内容基础上,按住 Ctrl 键的同时选定另外的文本内容。

对于选定后的内容,使用完毕或不用时,可用鼠标单击文档编辑区内任何地方,或者按任一光标移动键(←,→,↑,↓)都可取消选定。若选定其他内容则自动取消上一次已选定的内容。

表 3.1 用鼠标选定文本的常见方法

选定文本	操作方法
英文单词或中文词组	鼠标呈"I"形定位到该文本后双击或按住拖动后释放
连续若干文本	鼠标呈"I"形定位到该文本首位置,拖动到文本末位置后释放
选定一行文本	鼠标移于该行的最左边向右上方呈斜箭头时单击,或呈"I"形拖动
选定一个句子	鼠标定位后,按 Ctrl + 单击
选定一段文本	鼠标移于该段的最左边向右上方呈斜箭头时双击或拖动,也可将鼠标箭头置于该段任何地方呈"I"形时快速 3 击
选定若干行文本	鼠标移于该段的最左边向右上方呈斜箭头时,拖动到末位置后释放
列选(任一矩形状文本)	鼠标定位后,按 Alt + 鼠标拖动
全选	鼠标移于文本最左边向右上方呈斜箭头时 3 击或按 Ctrl + 单击,或按 Ctrl + A

3)删除文本

对于文档中多余的文本内容,应将其删除。

(1)删除单字符　按 1 次 Delete 键,则删除光标当前位置后的 1 个字符(1 个英文或汉字);按 1 次 BackSpace 键,则删除光标前的 1 个字符。字符被删除后,其后面文本内容将自动依次向前移动 1 个位置。

(2)删除选定文本　先选定文本,按 Delete 键、BackSpace 键均可删除该选定文本,也可单击常用工具栏中的"剪切"选项来实现。若按空格键或输入字符等将用该字符代替选定文本。

需要说明的是:对于段落结束符,也可进行编辑,既可插入,也可以删除。按 Delete 键删除,其作用是将两段合并成 1 段;按 Enter 键则插入,作用是将当前段从光标位置开始分为两段或插入 1 个空行。

4)移动文本

如果某部分文本内容所处的位置不对,可先选定,然后可通过以下方法移动操作来进行调整。

(1)快速移动法　将鼠标指针移动到选定文档编辑区域内(此时鼠标呈向左上方斜箭

头)，按住左钮拖动鼠标，牵引选定区域到指定位置后再释放鼠标即可。此方法一般用于短距离(当前显示部分)内的文本移动。

(2)剪切/粘贴法　先单击常用工具栏上的"剪切"按钮(或 Ctrl + X)将其置于剪贴板中，然后将光标定位到新的位置，再单击"粘贴"按钮(或 Ctrl + V)将它粘贴回来，从而达到移动的目的。

选定文本移动后，Word 2003 将会自动使用其后的文本内容来填补移走区域后留下的空白，并在新位置为其腾出空间，用来放置移动来的文本。

5)复制文本

如果某部分文本内容在其他位置仍需要，也可先选定，然后通过复制操作来实现。

(1)快速复制法　将鼠标指针移动到选定文本区域内，按 Ctrl + 拖动鼠标，牵引选定区域到目标位置后，再释放鼠标即可。此方法一般用于短距离内的文本复制。

(2)复制/粘贴法　先单击常用工具栏上的"复制"按钮(或 Ctrl + C)将其置于剪贴板中，然后将光标移到新的位置，再单击"粘贴"按钮(或 Ctrl + V)将它粘贴出来。

6)撤销与恢复

当用户进行插入、删除、剪切、复制、粘贴、设置字符及段落格式等操作时，Word 都将记录下其连续操作的过程。如果在编辑时出错或编辑后又改变了主意，可以单击常用工具栏上的"撤销"按钮(或 Ctrl + Z)来取消上一次的操作，也可以单击"恢复"按钮(或 Ctrl + Y)来恢复刚才的撤销操作。

不管是撤销或恢复，如果内存足够大，可撤销或恢复若干次操作。只有在撤销的基础上才能进行恢复操作。

7)插入与改写

在编辑文件时经常会遇到插入与改写操作，通过 Word 2003 窗口状态栏的右下角"改写"字样的深浅来指示当前是处于"插入"或"改写"状态。

(1)"插入"状态　"改写"字样颜色变淡时处于"插入"状态。用户当前输入的中英文字符将插入到光标当前的位置，同时，光标及其后的所有内容(当前段)均向后依次移动 1 个或几个位置。

(2)"改写"状态　"改写"字样颜色变深时处于"改写"状态。用户当前输入的中英文字将替换光标当前位置开始的字符，同时光标向后移动 1 个位置，但其后文本内容的位置不变。

插入与改写状态是通过按 Insert 键来相互转换的。系统默认状态为插入状态，当用户按一下 Insert 键则变成改写状态，再按一下则又变成插入状态；或通过鼠标双击状态栏右下角的"改写"来实现"插入"状态和"改写"状态的转换。

8)显示比例

用户编辑文档时，文档编辑区中的所有文档内容一般是按 100%(即实际大小)进行显示的。在操作过程中，用户可设置成所需的任何显示比例。操作方法是单击常用工具栏"显示比例"按钮右边的下拉按钮"▼"，从下拉列表中单击选择所需显示比例；可选择"视图"菜单下的“显示比例”功能来实现；也可以通过 Ctrl + 滚动鼠标滚轮实现显示比例的改变。

9）显示/隐藏状态

显示/隐藏状态是控制非显示或打印字符（统称为控制字符）在当前屏幕上是否显示出来的状态。常见的控制字符有空格、段落结束符、分页符、分节符等。改变显示/隐藏状态的方法是单击常用工具栏中的“显示/隐藏编辑标记”按钮进行转换。当该按钮呈“凸出”（正常）显示时为隐藏状态；当该按钮呈“凹进”（反白）显示时为显示状态。

3.2.4 文档的视图

当一个文档处理告一段落后，我们总是希望从不同的角度观察其效果。Word 2003 提供了多种在屏幕上观察文档效果的显示方式，称为视图。每种视图均可使用户在处理文档时把精力集中在不同方面，以提高工作效率。无论何种显示方式（打印预览、网页预览除外），都可对文档进行修改、编辑、按比例缩放、字符及段落格式等操作。

各视图之间可根据需要选择“视图”菜单下的相关选项进行切换。对于“普通视图”“Web版式视图”“页面视图”“大纲视图”和“阅读版式”5 种显示方式，可单击水平滚动条左边的相应按钮来进行快速切换。

（1）普通视图　普通视图是默认的文档视图，一般用于快速录入文本、图形及表格，并进行简单的排版。在普通视图中，可看到文档的大部分（包括部分图形）内容，但看不见页眉、页脚、页码等，也不能编辑这些内容，不能显示页边距、分栏效果等。

（2）页面视图　页面视图用于显示文档所有内容在整个页面的分布状况和整个文档在每一页上的位置，并可对其进行编辑操作，具有真正的“所见即所得”的显示效果。在页面视图中，屏幕看到的页面内容就是实际打印的真实效果（控制符除外）。

页面视图是一种使用得最多的视图方式。在页面视图中，可进行编辑排版、页眉、页脚、多栏版面，可处理文本框、图文框、报版样式栏或者检查文档的最后外观，并且可对文本、格式以及版面进行最后的修改，也可拖动鼠标来移动文本框及图文框项目。

（3）Web 版式视图　在 Web 版式视图中，可以创建能显示在屏幕上的 Web 页或文档，也可看到背景和为适应窗口大小而换行显示的文本，且图形位置与在 Web 浏览器中的位置完全一致。

（4）网页预览　网页预览显示了文档在 Web 浏览器中的外观。Word 先保存文档的副本，然后用默认浏览器打开文档。如果 Web 浏览器没有运行，Word 会自动启动它，你可以随时返回 Word 文档页面视图中。

文档内容按网页预览时，由于是文档的副本，所以不能进行编辑及排版操作。切换方法是选择“文件”菜单下的“网页预览”功能。

（5）大纲视图　大纲视图用于审阅和处理文档的结构。大纲视图为处理文稿的目录工作提供了一个方便的途径，其效果如图 3.10 所示。

大纲视图显示出了大纲工具栏，为用户调整文档的结构提供了方便。例如，移动标题以及下属标题与文本的位置、标题升级或降级，等等。用户使用大纲视图来组织文档结构时，可将章、节、目、条等标题格式依次定义为 1 级、2 级、3 级、4 级标题，处理和观察时只显示所需级别的标题,而不必显示出所有内容。用户操作时,移动标题则其所有子标题和从属正文也将自动随之移动。

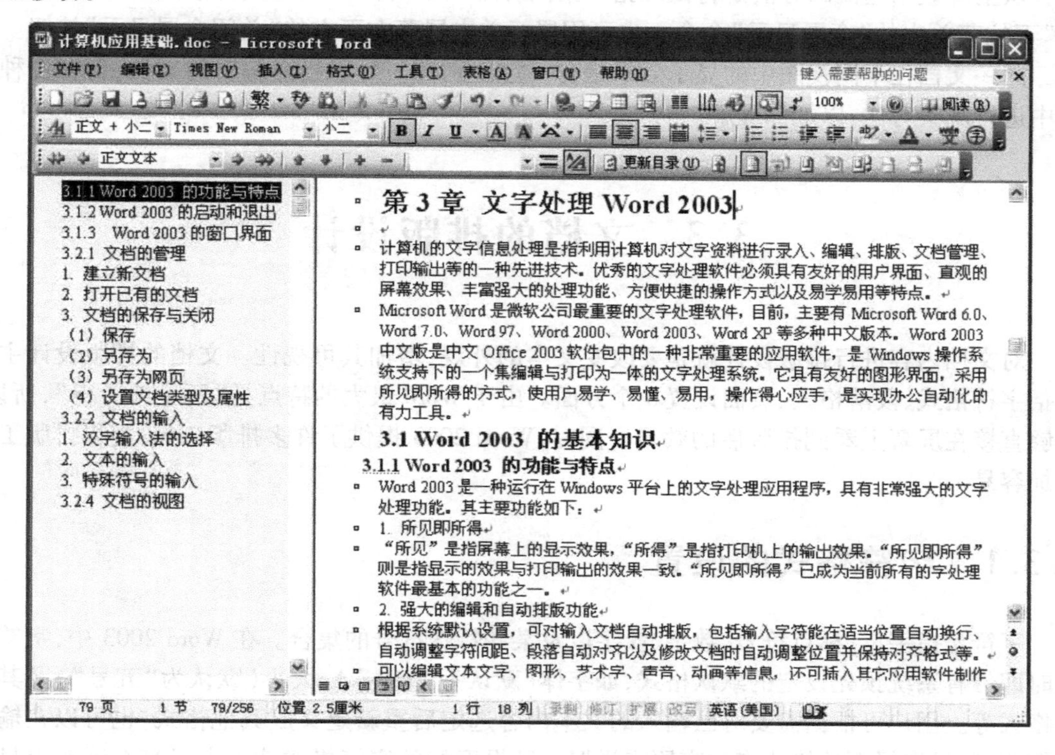

图3.10　大纲视图窗口

(6)文档结构图　文档结构图是一个独立的列表框,能够显示当前文档的标题列表(如图3.10所示)。使用文档结构图可以对整个文档进行浏览,同时还能跟踪你在文档中的位置。单击文档结构图中的标题后,Word就会跳转到文档中的相应标题,达到光标快速定位的目的,并将其显示在窗口的顶部,同时在文档结构中反色显示该标题。

切换到文档结构图的方法是单击“视图”菜单下的“文档结构图”命令,当再次单击则隐藏文档结构图。

在普通视图、Web版式视图、页面视图和大纲视图中均可使用文档结构图,将会给你的操作带来很大的方便。

(7)打印预览　打印预览用来显示文档的真实打印效果(没有控制字符),用户在打印之前可通过打印预览来查看文档全貌。打印预览与页面视图显示类似,但提供了打印预览工具栏,可用放大镜或按缩放比例显示一页或多页文档的外观。用户在打印前使用打印预览来查看真实打印结果是很有必要的。

切换到打印预览显示的方法是单击常用工具栏上的“打印预览”按钮或单击“文件”下拉菜单下的“打印预览”命令。

(8)全屏显示　全屏显示是将标题栏、菜单栏、工具栏、状态栏等隐藏起来,整个屏幕只显示文档内容。切换方法是选择“视图”菜单下的“全屏显示”命令。在全屏显示方式下,对文档内容的操作一般使用键盘的组合命令方式来完成,也可将鼠标指针指向屏幕顶部,自动显示出系统菜单后，操作菜单完成。

从全屏显示返回的方法是将鼠标指针指向屏幕顶部，自动显示出系统菜单后，再单击“视图”下拉菜单中的“全屏显示”命令。也可用鼠标单击屏幕右下方的“关闭全屏显示”按钮。

同一文档在不同视图中的显示效果是有一定区别的。对于当前编辑的文档，请在各种视图中进行观察对比，以加深理解。

3.3 文档的排版设计

对文档内容进行排版设计就是要改变文本的外观，增加其可视性。文档的排版设计主要包括字符格式、段落格式、页面设置3个方面。由于Word最大的特点是“所见即所得”，所以，能够直接在屏幕上看到排版后的效果。同时，Word 2003提供了许多排版工具，使得排版工作更加容易。

3.3.1 字符格式的设置

字符是指字母、标点符号、数字、汉字以及某些特殊符号的集合。在Word 2003中，字符输入时即带有系统预先设定的默认格式，如字体(默认为“宋体”)、大小(默认为“五号”)及其相关格式等。用户可根据需要对已输入的文本内容选定后重新定义成其他格式，也可以在输入字符前，通过选择新的格式来改变原来设置。已设置好的字符格式就决定了其在屏幕上显示和通过打印机打印时的外观效果。

1)设置字体、字形和字号

字体、字形和字号是文本内容最基本的表现形式。每一种字体以一组特定大小值及字号来体现。每种字体的字号有中文字号和英文磅值(1磅=1/72英寸)。

如果用户需要修改已输入文本内容的字体、字形及大小，有下述两种方法：

(1)使用格式栏

①选定要设置字符格式的文本内容；

②需设置字体，则单击格式栏上“字体”按钮右边的下拉按钮“▼”，从下拉列表中单击选择所需字体类型；

③需设置字号，则单击格式栏上“字号”按钮右边的下拉按钮“▼”，从下拉列表中单击选择所需大小型号；

④需设置字形，则单击格式栏中的“粗体”“斜体”或“下划线”按钮，呈凹状(反白)显示时有效，若再次单击呈凸出(正常)显示时则无效。

(2)使用“格式”菜单

①选定要设置字符格式的文本内容；

②单击“格式”下拉菜单中的“字体”命令，出现如图3.11所示的“字体”对话框；

③在“字体”“字形”和“字号”框中输入或用鼠标选择所需字体、字形、字号及磅值(可分

别设置中、英文的字体格式)；

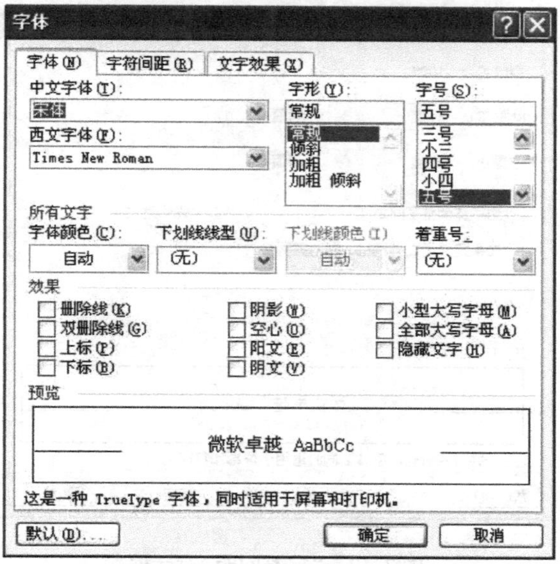

图 3.11 “字体”对话框

④单击“确定”按钮完成。

说明：

①中文字体类型对中英文均有效，而英文字体类型仅对英文有效，对中文无效；

②字号有中文格式(初号～八号共16种，字号越小字越大)和西文格式(5～72磅若干种，字号越大字越大，对汉字也有效)，两种字号对中英文都有效，常用的中文“五号”与英文的10.5磅大小相同；

③各种字符格式设置对选定的文本内容有效，若未选定则对将要输入的文本有效。

2)设置字符修饰效果

在 Word 2003 中，可以方便地设置文本内容的外观效果，如删除线、上下标、阴影、阳文、阴文等。设置方法为：

①选定要设置的文本内容；

②单击“格式”下拉菜单中的“字体”命令进入图 3.11 所示对话框；

③在效果框中根据需要进行设置。各选项为复选框，单击呈打勾状则设置有效，再次单击呈不打勾状则设置无效。部分相邻两项会冲突，如上标与下标、阳文与阴文等；

④设置完毕，单击“确定”按钮完成。

3)设置字符间距

对于文档中的文本内容，用户可以调整字符的间隔距离，包括间距、缩放、位置3个方面。调整方法如下：

①选定要调整间距的文本内容；

②进入图 3.11 对话框后，单击“字符间距”标签出现如图 3.12 所示的对话框；

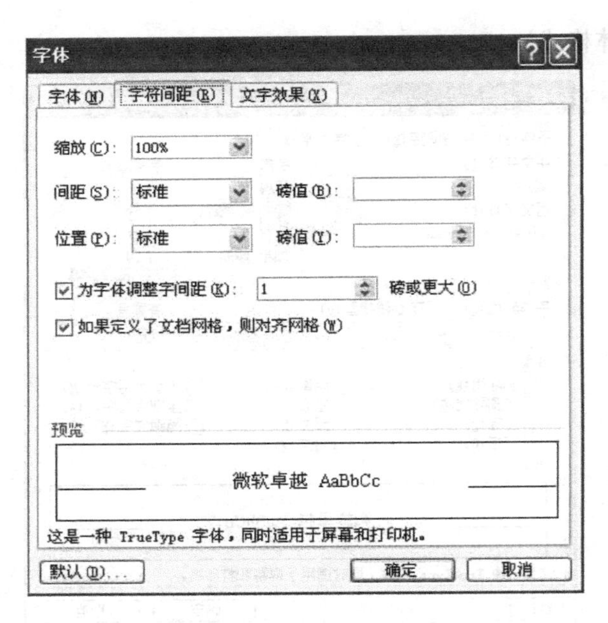

图 3.12 "字符间距"对话框

③单击间距框右边的下拉按钮"▼",可选择标准、加宽或紧缩方式,然后在磅值框中输入或选择加宽或紧缩的数值;

④单击缩放框右边的下拉按钮"▼",从中选择缩放比例(也可直接使用格式工具栏上的"字符缩放"按钮进行设置);

⑤单击位置框右边的下拉按钮"▼",可选择标准、提升或降低方式,然后在磅值框中输入或选择提升、降低的数值;

⑥根据需要选择"为字体调整字间距"及其磅值 2 项内容的值;

⑦参数设置完毕,单击"确定"按钮则设置有效,若单击"取消"按钮则放弃。

4)设置文本内容的颜色

对于文本内容,Word 系统默认是以自动方式(一般为白底黑字)来显示及打印输出的,用户可以设置文本内容的颜色,以增加视觉效果。设置方法如下:

①选择要着色的文本内容,并进入图 3.11 的"字体"对话框;

②单击"字体颜色"框下边的下拉按钮"▼",从提供的颜色表中用鼠标单击选择所需的颜色;

③设置好后,单击"确定"按钮完成。

选定文本内容后,也可单击格式栏"颜色"按钮右边的按钮"▼",从颜色列表中选择。若直接单击"颜色"按钮则使用当前颜色。

5)文本内容的其他修饰

(1)加下划线及着重号

在图 3.11 所示的"字体"对话框中有"下划线"选项,单击右边的下拉按钮"▼"将出现多种下划线供用户选择,对已经选定的文本可设置单下划线、双下划线、点划线、波浪线、着重号等修饰效果。对于下划线,也可直接使用格式栏中的"下划线"按钮进行设置,对于着重号也可通过"其他格式"工具栏进行设置。

(2)文字的动态效果

Word 2003 可对选定的文本内容加上动态显示效果。操作方法是:

①选定文本内容;

②选择"格式"菜单下的"字体"功能,进入"字体"对话框后单击"文字效果"标签,将出现图 3.13 所示的对话框;

③单击选择一种效果后,单击"确定"按钮完成。

图 3.13 "文字效果"对话框

(3)边框和底纹

在排版过程中,可对选定的文本内容加上边框和底纹,使用格式工具栏和使用菜单功能都可实现。

①使用格式栏 先选定文本内容,然后单击格式栏上的"字符边框"按钮或"字符底纹"按钮,呈反白显示时有效,再次单击呈正常显示时无效。若单击常用工具栏上的"表格和边框"按钮,将会弹出"表格和边框"工具栏,可设置边框线的粗细、类型、颜色,也可设置底纹的颜色。

②使用菜单栏 先选定文本内容,然后单击"格式"下拉菜单中的"边框和底纹"命令,则出现图 3.14 所示对话框。在该对话框中,可以设置边框类型、线型、颜色等。单击"底纹"标签可设置选定文本内容的底纹,可选择底纹的填充颜色、图案样式等。

在图 3.14 对话框中的"应用于"框中选择"文字"对选定的文本有效,若选择"段落"则对选定的所有段落或光标所在段落有效。

(4)特殊工具的使用

在文本编辑过程中,有时需要对某些文本作特别处理,如突出显示、合并字符等,可使用

Word 2003 提供的“其他格式”工具栏来实现。单击“视图”下拉菜单中的“工具栏”选项中的“其他格式”功能，则出现其工具栏，其功能从左到右分别是给选定文本加上突出显示、着重号、双删除线、拼音指南、合并字符、带圈字符以及单倍行距、1.5 倍行距、2 倍行距、分栏。

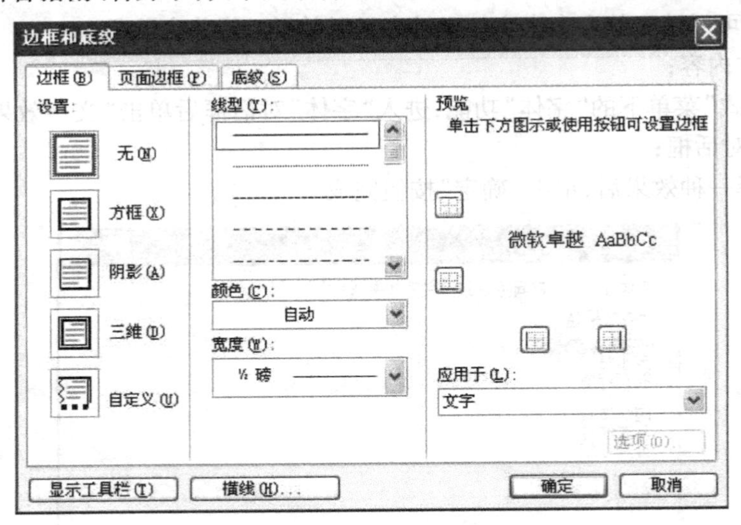

图 3.14 “边框和底纹”对话框

也可以通过“格式”下拉菜单中的“中文版式”来设置拼音指南、带圈字符、纵横混排、合并字符、双行合一。

3.3.2 段落格式的设置

在 Word 系统中，段落不仅仅指通常表示文章的一个自然段，其内容还可以是一个字、一句话、一行文本字符或表格、图形及其他符号，每个段落结尾均有一个段落结束标记“↵”（可隐藏不显示）。通过对段落进行格式设置，可以控制和改变段落的外观效果，增加文档的可读性。

对于段落格式设置的各项操作，对选定的若干段有效（某些只选定了哪怕 1 个字符，对整段都有效），如果不选定内容，则仅对光标所在的当前段落有效。

1）段落的缩进方式

段落缩进方式是 Word 系统提供的一种特殊的段落格式设置方式，常用来强调文档中的某些部分（如段落首行向右缩进两个字等）。缩进距离的单位可以是“字符”，也可以为“厘米”或“磅”，系统默认是“字符”。段落缩进可使用水平标尺来快速调整，也可通过“格式”下拉菜单中的“段落”对话框来进行设置。

（1）使用水平标尺　先选定要缩进的段落（不选定则指当前段），然后拖动水平标尺上方的“首行缩进”标记则设置段落的第 1 行第 1 个字符的起始位置；拖动水平标尺左边的“悬挂缩进”标记则设置段落第 1 行以外其他行的起始位置（常用于编排带编号和项目符号的文本）；拖动水平标尺左边的“左缩进”标记则设置选定段落的左缩进位置（首行缩进和悬挂缩进一起移动）。拖动水平标尺右边的“右缩进”标记则设置选定段落的右缩进位置。

采用水平标尺缩进段落一般不是很精确。

(2)使用“格式”菜单 先选定段落内容,单击“格式”下拉菜单中的“段落”命令则出现图3.15所示对话框。单击“缩进和间距”标签,在“缩进”框中输入所需的左缩进量、右缩进量,在“特殊格式”下拉列表中选择“首行缩进”,并在“度量值”框中输入其缩进量。缩进量也可用鼠标单击“递增/递减”按钮来调整,单击“确定”按钮完成。

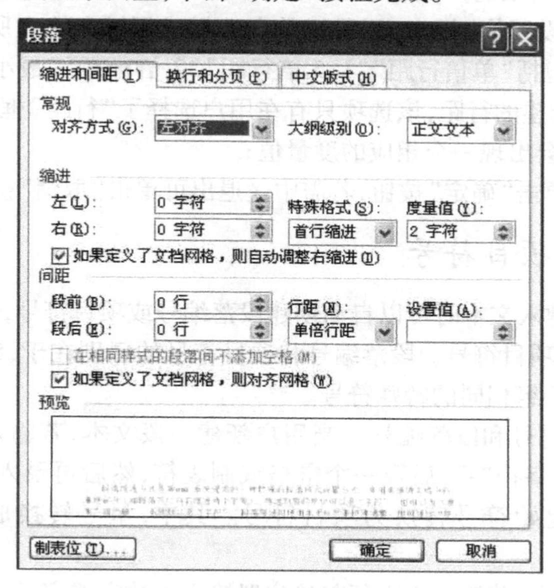

图3.15 “段落”对话框

操作说明:由于鼠标操作灵活方便,所以,一般使用鼠标操作水平标尺栏直接完成。在标尺栏上,左边的缩进游标被分割为上下两个小三角形:上边的小三角形是首行缩进标记,下三角形是悬挂缩进标记,下三角形底部的小方块是左缩进标记。移动上三角形时,下三角形不会移动;移动下三角形的下部分时,上三角形会跟着移动,而移动下三角形的上部时,上三角形不会移动。所以鼠标的指针位置非常重要,操作时应特别注意。

2)段落的对齐方式

在Word 2003系统中,用户可以根据需要设置文档的段落表达格式。段落对齐方式有两端对齐、居中、左对齐、右对齐和分散对齐5种供选择。使用格式工具栏和系统菜单都可以进行设置。

(1)使用格式工具栏 先选定要设置对齐方式的一个或多个段落,然后单击格式工具栏上的对应按钮呈反白显示时有效,再次单击呈正常显示时则无效。注意:在格式工具栏上只有“两端对齐”“居中”“右对齐”和“分散对齐”4个按钮,当全为正常显示时为左对齐。

(2)使用“格式”菜单 先选定若干段落后,单击“格式”下拉菜单中的“段落”命令,弹出图3.15所示对话框,用鼠标单击“对齐方式”处的下拉按钮“▼”,单击选择相应方式,设置好后单击“确定”按钮完成。

3)段落的间距

段落间距包括各行之间的间隔距离和各段之间的间隔距离两个方面。用户可以根据需要进行设置。Word 2003 默认间距的单位为“行”，也可设置为“厘米”或“磅”。设置的方法是：

①选定要调整行距的 1 个或多个段落（没有选定则当前段有效），并进入图 3.15 所示对话框；

②在“间距”框中的“段前”“段后”中，单击选择或用键盘输入所需的间距值。“段前”是段落的首行之前应空的间距量；“段后”是段落的末行之后应留的间距量；

③在“行距”框及“设置值”框中，用鼠标单击选择或用键盘输入所需的行距。“行距”是各行之间的间隔距离，包括“单倍行距”“1.5 倍行距”“2 倍行距”“最小值”“固定值”“多倍行距”；“设置值”是用户希望的行距，该选项只有在用户选择了“行距”框内的“最小设置”“固定值”或“多倍行距”时才会出现一个相应的度量值；

④参数设置完毕，单击“确定”按钮，若需中途退出可单击“取消”按钮放弃。

4）段落编号和项目符号

在 Word 2003 中，键入文本时可以自动创建段落编号或项目符号，也可以为已输入的文本添加或修改段落编号或项目符号。段落编号和项目符号的区别在于，编号是一组连续的数字或字母，而项目符号是一组相同的特殊符号。

（1）自动建立项目符号和段落编号　当用户新建一段文本，若输入文本行起始位置输入一个星号“ * ”或两个连字符“-”，后跟一个空格或制表符，然后再录入文本段落，当按回车键时，Word 2003 自动将起始符号转换为项目符号。其中，星号转换成“●”，两个连字符转换成“■”。

当用户新建一段文本，若输入文本行起始位置输入了数字或字母，如“1、”“A）”“（一）”等格式，且后跟一个空格或制表符后再输入文本内容，当段落结束按回车键后，Word 2003 会自动将起始数字或字母转换为编号，并在下一段落产生连续的同类型的编号。

如果要结束对项目符号或段落编号的设置，可在新开始的一段中按 Backspace 键。如果采用以上方法没有自动建立项目符号和段落编号，可选择“工具”下拉菜单中的“自动更正选项”命令，在“自动更正选项”标签中将“输入时自动设置”选项选中即可。

（2）设置项目符号与段落编号　对于已有的文本段落，可以方便地通过系统提供的“项目符号和编号”功能来自动进行转换。操作方法是：先选定需设置的若干段落，单击格式栏右边的“编号”按钮则自动转换成默认段落编号，单击格式栏右边的“项目符号”按钮则自动转换成默认项目符号。如果已设置，单击后则取消编号或项目符号。

选定要添加项目符号或段落编号的若干段落后，单击“格式”下拉菜单中的“项目符号和编号”命令将出现如图 3.16 所示的“项目符号和编号”对话框，单击“项目符号”标签选择一种项目符号，单击“确定”则添加或修改项目符号。在图 3.16 中单击“编号”标签选择一种编号，单击“确定”则添加或修改段落编号。如果对提供这些项目符号或段落编号不满意时，可选择其中一种后，单击“自定义”按钮，则出现图 3.17 所示的“自定义编号列表”对话框，可选择重新定义，并可对字体、对齐、缩进等方面进行设置。单击“确定”按钮后回到图 3.16 所示。

对已设置好编号和项目符号的文本，当用户插入或删除内容时，系统会自动地进行适当调整，而不必人工干预。

（3）多级编号　对于各级标题，可使用多级编号来清晰地表明各层次间的关系。要建立标题的多级编号，先在图 3.16 中单击“多级符号”标签，然后确定多级格式，输入文本内容，通过格式栏右边的“减少缩进量”和“增加缩进量”按钮来确定层次关系。

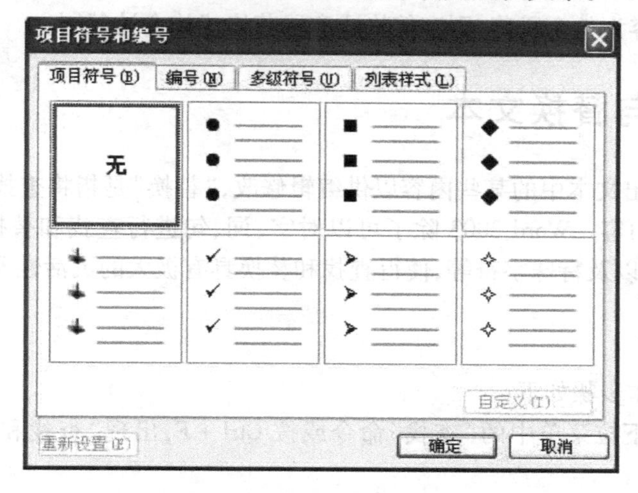

图 3.16 “项目符号和编号”对话框

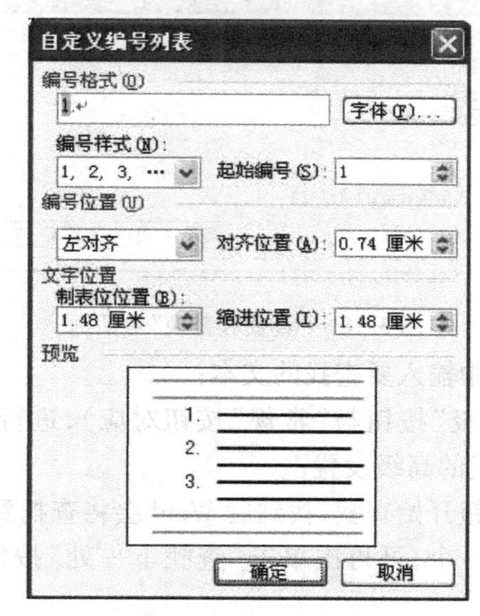

图 3.17 “自定义编号列表”对话框

5)格式刷的使用

用户在对文档进行编辑和排版过程中,经常出现不连续的部分具有相同的字符格式及段落格式的情形。鉴于这种情况,系统提供了“格式刷”功能,用来将某种选定的对象或文本的字符及段落格式复制(不复制内容)到另外的对象或文本中。

使用常用工具栏上的“格式刷”按钮来复制字符及段落格式的操作如下:

①选定所需格式的对象或文本,单击“格式刷”按钮后,鼠标即变成刷子状态;

②移动刷子到需要相同格式的对象或文本处,拖动鼠标覆盖一遍该对象或文本;

③如果需多次使用“格式刷”,则双击“格式刷”按钮,再依次拖动覆盖目标内容。使用结束后,按 Esc 键或再次单击“格式刷”按钮则关闭格式刷,恢复到正常编排状态。

使用“格式刷”时,如果拖动覆盖的目标内容只有段落的一部分,则仅复制字符格式;若拖动覆盖了的目标内容为整个段落,则字符格式和段落格式均会被复制。

3.3.3 查找与替换文本

“查找”是指找出文本中的某些内容以供编辑修改,“替换”是指将查找到的所有或部分内容替换成其他新的内容。Word 2003 除了可以对字、词、句进行查找和替换外,还可以查找或替换各种格式、图形以及特殊字符等,使得查找和替换具有极大的灵活性及准确性。

1)查找文本

查找文本的操作步骤如下:

①单击“编辑”下拉菜单中的“查找”命令或按 Ctrl + F,出现“查找和替换”对话框,如图3.18所示;

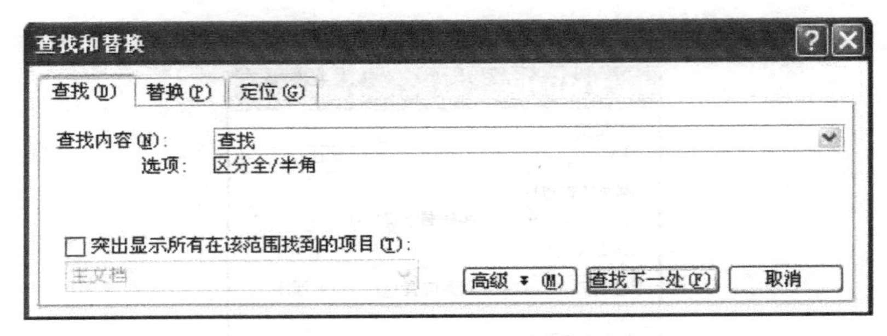

图 3.18 “查找和替换”对话框

②在“查找内容”文本框中输入要查找的文本;

③单击“高级”按钮(“高级”按钮与“常规”按钮对应),进行“搜索范围”“区分大小写”“区分全/半角”“格式”等查找的高级设置;

④单击“查找下一处”按钮开始查找,找到后 Word 会将查找到的内容呈黑底白字显示;

⑤如果还想继续查找下一个,可再次单击“查找下一处”按钮,Word 会逐一显示找到的内容。

2)替换文本

利用 Word 的查找功能仅能找出某个文本的位置,而替换功能可以在找出某个文本之后,用新的文本进行替代。替换操作的步骤如下:

①单击“编辑”下拉菜单中的“替换”命令或按 Ctrl + F,出现“查找和替换”对话框,选择“替换”标签,如图 3.19 所示;

②在“查找内容”框中键入要查找的文本内容,如图 3.19 中的“查找”;

③在“替换为”框中键入要替换为的文本内容,如图 3.19 中的“替换”;

④单击“全部替换”按钮则将“替换为”框中的文本自动替换整个文档中被查找到的文本,若只替换 1 个或几个则单击“查找下一处”按钮和“替换”按钮,逐一确认所需替换内容;

⑤完成后会出现一个状态信息框,替换完毕可再进行其他内容的替换;

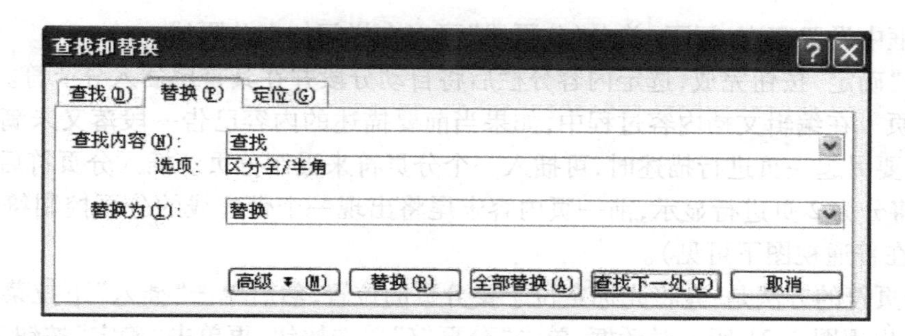

图 3.19 “替换”对话框

⑥单击“关闭”按钮(由“取消”按钮变成)或按 Esc 键则返回文档编辑中。

说明:

①替换操作与查找操作类似,单击“高级”按钮可进行高级设置。

②替换功能可进行文本格式的替换,当光标处于“查找内容”框时,单击“格式”或“特殊字符”按钮,则设置查找内容的格式;当光标处于“替换为”框时,单击“格式”或“特殊字符”按钮,则设置要替换内容的格式。

3.3.4 文档修饰功能

在 Word 2003 中对文档内容进行编排时,为了充分展示文档的整体效果,还可设置分栏、分节、页眉页脚、首字符下沉、背景等修饰效果。

1)分栏、分页、分节设置

(1)分栏 在编辑报纸、杂志内容时,经常需要对文章做各种复杂的分栏排版,使得版面更生动、更具可读性。设置分栏的方法是:

①选定要分栏的文本内容(不选则为当前节或全文);

②单击“格式”下拉菜单中的“分栏”命令,弹出图 3.20 所示对话框;

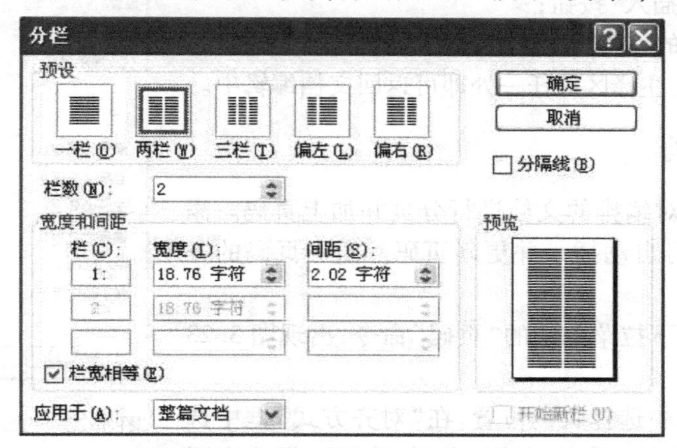

图 3.20 “分栏”对话框

③在“预设”框中选择要使用的分栏格式或在“栏数”框中设置栏数(最多 11 栏),在“宽

度和间距”框中设置宽度、间距,单击“分隔线”可以在栏间加上分隔线;

④单击“确定”按钮完成,选定内容分栏后将自动分段并在其首尾插入分节符。

(2)分页　在编辑文档内容过程中,如果当前要描述的内容已告一段落又未满一页,而其后的内容需要另起一页进行描述时,可插入一个分页符来强制分页。插入分页符后,其首尾内容分段,并将分为2页进行显示,前一页内容末尾将出现一个带虚线的分页控制符(虚线上有“分页符”,在普通视图下可见)。

插入分页符的方法是:先将光标定位于要分页的位置,然后单击“插入”下拉菜单中的“分隔符”命令,出现图3.21所示对话框,单击“分页符”单选按钮,再单击“确定”按钮完成。

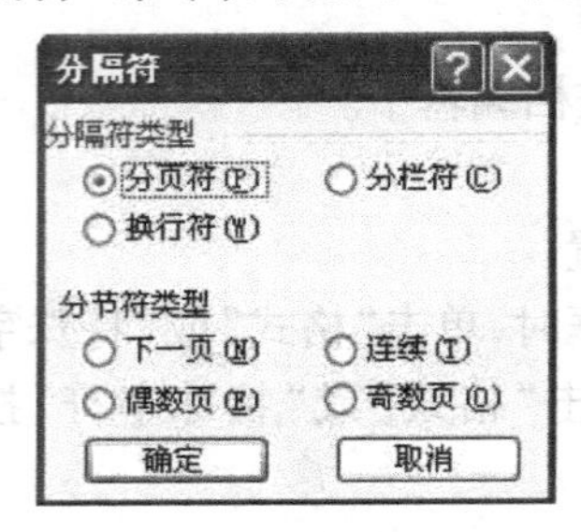

图3.21　“分隔符”对话框

(3)分节符　节是文档中可以独立设置某些页面格式选项的部分。一般地,系统默认一个文档为一节,当选定内容进行分栏、分页等独立格式设置后,将自动在其后插入分节符。分节符有“下一页”“连续”“偶数页”“奇数页”4种类型供选择。分节符在屏幕显示为虚线,虚线上有“分节符”字样。

用户可根据需要插入分节符,操作方法是:光标定位后,单击“插入”下拉菜单中的“分隔符”命令则弹出图3.21所示对话框,根据需要单击选择某类分节符,然后单击“确定”按钮完成。

对于插入的分页符、分栏符、分节符,也可删除,操作方法是:光标定位于分节符上按Del键。删除后将恢复到插入前的状态,插入时已分的段落则不会连段,若要连成一段,则应删除段落结束标记。

(4)脚注和尾注　在页面底端的注释称为脚注,在文章末尾的注释称为尾注。操作方法是:

①将光标定位在文本中要插入注释的位置;

②单击“插入”下拉菜单中的“引用”项中的“脚注和尾注”命令,弹出如图3.22所示对话框;

③在“位置”框中选择“脚注”或“尾注”,“格式”框中选择编号方式,单击“插入”按钮;

④在相应出现的编辑区中键入注释的内容;

⑤完成后,单击注释区外任一处即可返回文档编辑中。

图3.22　“脚注和尾注”对话框

2)添加页码

系统允许用户对编排的文档进行分页并加上页码。添加或删除页码时,可自动插入并更新页码。插入页码的方法是:

①单击“插入”下拉菜单中的“页码”命令,出现图3.23所示对话框;

②在“位置”框中选择页码位置,在“对齐方式”框中选择页码对齐方式(左侧、居中、右侧、内侧、外侧),根据实际情况,选择显示/隐藏文档的首页页码;

③如要改变页码格式,单击“格式”按钮,将出现“页码格式”对话框,可设置页码风格(数

字、字母、罗马数字、汉字等)、起始页码;

④单击"确定"按钮使设置有效,或者单击"取消"按钮则无效。

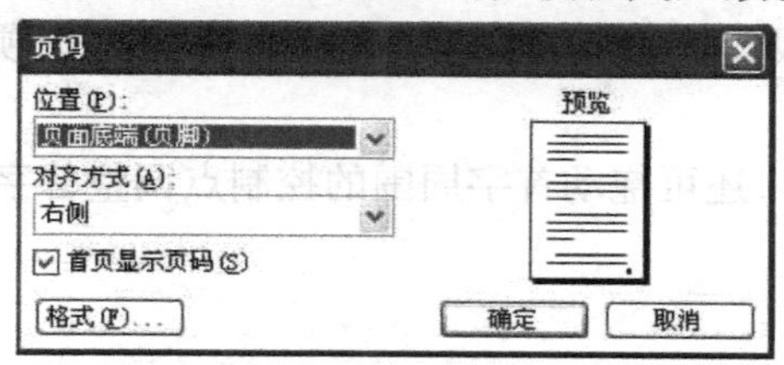

图3.23 "页码"对话框

3)设置页眉和页脚

页眉和页脚是指文档中每页顶部或底部所显示的描述性内容。页眉和页脚的功能是用来设置某一部分或整个文档中每页顶部或每页底部的文本。选择该命令后,将进入如图3.24所示有"页眉和页脚"工具栏的界面,利用工具栏可以快速加入当前时间域、日期域、页码域,可在文档的页眉和页脚间移动,并可显示或隐藏文档文本。

设置页眉和页脚的方法如下:

①单击"视图"下拉菜单中的"页眉和页脚"命令,出现图3.24所示的有"页眉和页脚"工具栏的工作界面(鼠标指向各按钮将突出显示其功能说明);

图3.24 "页眉和页脚"工具栏

②输入页眉或页脚(单击"在页眉和页脚间切换"按钮切换)的文本内容,并设置页眉或页脚内容的格式,方法与正文的字体、居中等格式设置完全相同;

③根据格式的需要,单击"插入页码"按钮则插入一个以域表达的页码;或单击"插入页数"按钮、"插入日期"按钮、"插入时间"按钮等插入相应的页数、日期、时间,单击"设置页码格式"按钮可对要插入的页码格式进行设置;

④单击"页面设置"按钮则进入其页面设置对话框,可设置首页是否不同、奇偶页是否不同等方面的内容;

⑤页眉和页脚设置好后,单击"关闭"按钮即可返回文档中。

4)首字下沉

首字下沉的作用是将当前光标所在段落的第一行第一个字符的字号增大,产生"下沉"的效果(其实是插入一个"文本框"),这种效果在报刊及杂志中经常见到。

设置首字符下沉的操作方法是:

①将光标定位到要设置首字符下沉的段落中(若设置下沉的是段落首个英文单词或中文词组,则需选定相应字符);

②单击"格式"下拉菜单中的"首字下沉"命令,出现图3.25所示的对话框;

图3.25 "首字下沉"对话框

③在“位置”框设置下沉的方式,在“字体”框下拉列表中选择首字的字体,在“下沉行数”框中设置首字下沉的行数,默认设置为3,在“距正文”框中设置首字距正文之间的距离;

④单击“确定”按钮完成设置,单击选择“位置”框的“无”选项则可取消以前已设置好的首字符下沉。

在返回文档编辑状态后,还可拖动首字周围的控制点调整首字的“下沉”量。

5)文档背景

在 Word 系统中,文本内容一般是白底黑字效果。系统允许用户更改这种单一的色调,使用系统提供的“背景”功能可以为文档内容设置丰富多彩的背景。

设置文档内容背景的操作方法是:单击“格式”下拉菜单中的“背景”命令,将弹出其下级选项表,选择一种颜色或进行填充效果、水印设置。

文档背景只是改变编排的状态,并不打印输出。当设置了文档背景后,系统自动切换到普通视图状态,在页面视图及打印预览中则不会显示背景。若要打印背景,应在“打印”对话框中进行设置。

3.3.5 页面设置

当创建一个新文档时,不需要做任何设置就可以在 Word 主窗口的文档编辑区开始输入文本。Word 系统预先定义了一个 Normal 模板,其版面设计适用于大多数文档。当对某个文档的版面有特殊要求时,Word 也允许用户修改版面的设置,称为“页面设置”,如对页边距、纸张大小及方向的调整等。

在 Word 2003 中,页边距、纸张大小和页面方向等的预设置,是以整个文档或某一节等为对象,一经设置即影响整个文档或相应节的页面。

1)设置页边距

页边距是指文本内容与纸张的四周边缘间隔的距离,有上下左右之分。Word 2003 对页边距的默认值为:左、右边距 3.17 cm,上、下边距 2.54 cm。用户可根据实际需要设置当前文档内容的页边距,设置页边距的常用方法有两种:

(1)利用标尺设置页边距　在页面视图方式下,选定要设置页边距的文本,用鼠标拖动水平标尺上的左、右页边距标记(↔),将页边距调整到适当的位置即可改变左、右页边距;用鼠标拖动垂直标尺上的上、下页边距标记(↕),将页边距调整到适当的位置即可改变上、下页边距。

(2)利用“页面设置”命令设置页边距　利用“页面设置”命令设置页边距操作步骤如下:

①单击“文件”下拉菜单中的“页面设置”命令,选择“页边距”标签,出现图 3.26 所示对话框;

②在“上”“下”“左”“右”文本框中键入或用鼠标单击“递增/递减”按钮来选择所需数值;

③在“方向”框中单击选择“纵向”(垂直)或“横向”(水平)方向;

④选择“应用于”框下拉列表中的应用范围,单击“确定”按钮完成操作。

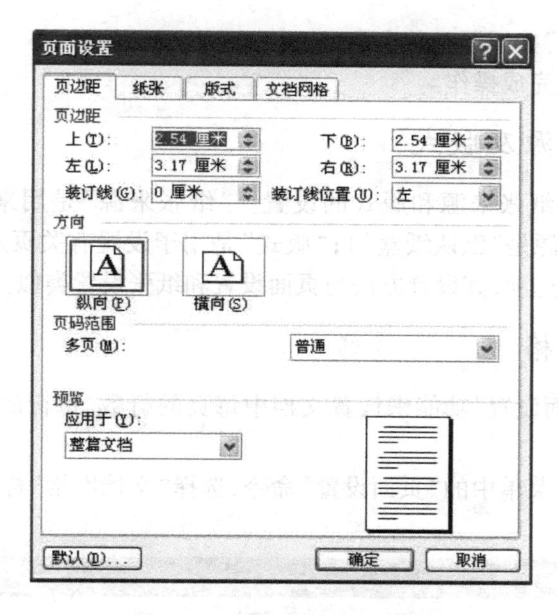

图3.26 “页面设置”对话框

2)设置纸张大小

页面设置的另一功能是对纸张大小(Word 系统默认纸型为 A4 纸(210 mm×297 mm))进行设置,操作方法如下:

①单击“文件”下拉菜单中的“页面设置”命令,选择“纸张”标签,出现图 3.27 所示对话框;

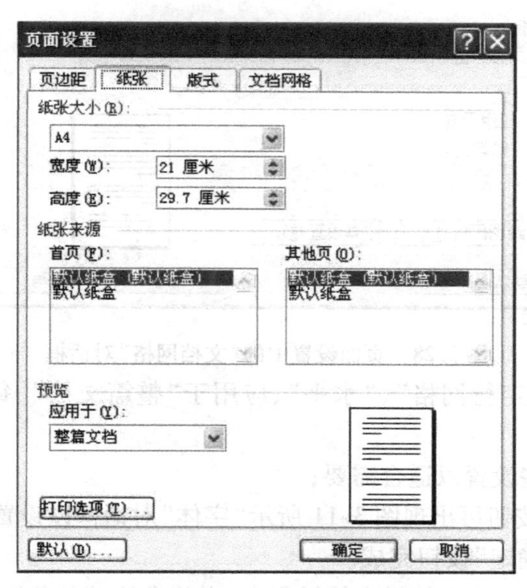

图3.27 页面设置中的“纸张”对话框

②单击“纸张大小”列表框的下拉按钮“▼”选择纸张类型;

③当在“纸张大小”下拉列表中选择“自定义”选项后,可直接在“宽度”“高度”框键入或

用鼠标操作“递增/递减”按钮调整其大小；

④单击“确定”按钮完成操作。

3）设置纸张来源及版式

页面设置功能还有纸张来源和版式的设置。“纸张来源”是用来设置打印纸张的来源（Word 系统默认纸张来源是“默认纸盒”）；“版式”是用于设置有关页眉与页脚、分节符、垂直对齐方式以及行号等的选项，其设置方法与页面设置和纸张设置类似。

4）设置文档网格

用户还可利用“页面设置”功能来设置文档中每页的行数、每行的字符数以及栏数、字体等，操作方法如下：

①单击“文件”下拉菜单中的“页面设置”命令，选择“文档网格”标签，出现图 3.28 所示对话框；

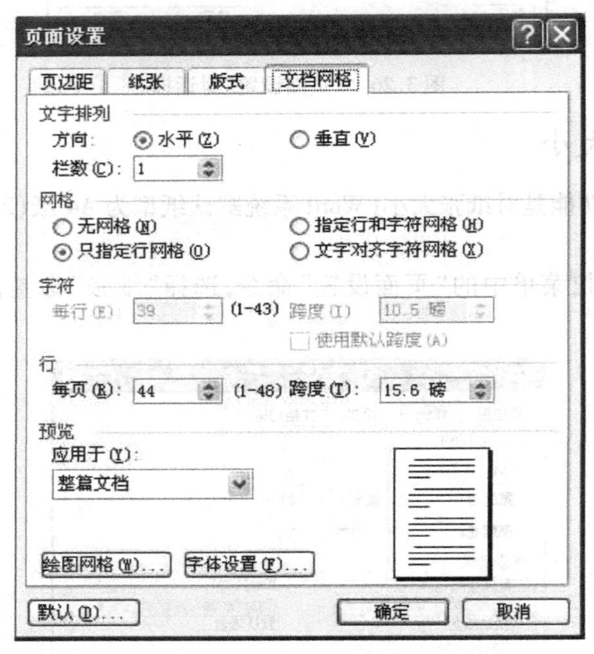

图 3.28　页面设置中的“文档网格”对话框

②系统默认是“只指定行网格”、“水平”、应用于“整篇文档”、每页的行数、栏数等选项内容；

③可调整与修改这些设置以适合需要；

④单击“字体设置”按钮可出现图 3.11 所示“字体”对话框以设置文档的字型；

⑤设置好后，单击“确定”按钮完成。

用户在使用中文 Word 2003 编辑文档过程中，应养成随时存盘的习惯，以免出现异常情况时而做无用功。一般地，文档编排告一段落后就应存一次盘。

3.3.6 Word 样式与模板

1) Word 样式

(1)样式的概念 样式是以组的方式命名和保存的字符及段落格式的集合,如字体、字号、字型、对齐、缩进、行距等。当应用一种样式到选定的文本内容时,Word 2003 立即使用该样式的所有格式来描述选定的文本。

Word 系统的样式有字符样式和段落样式两种。字符样式用于控制字符的表现形式,如文字的字体、字号、颜色、磅值、粗体等格式;段落样式用于控制段落的总体外观,如对齐方式、缩进、行距、边框等格式。

使用样式编排文档内容具有以下优点:减少文档编排时间,提高工作效率,有助于确保文档内容格式的一致性,对文档内容进行编辑修改更为容易。

(2)样式的使用 Word 2003 中已存储了大量的标准样式。单击"格式"下拉菜单中的"样式和格式"命令,可查看和使用系统提供的所有样式,如图 3.29 所示。在"显示"下拉列表框中选择"使用中的格式"可以显示出当前文档所使用的格式。

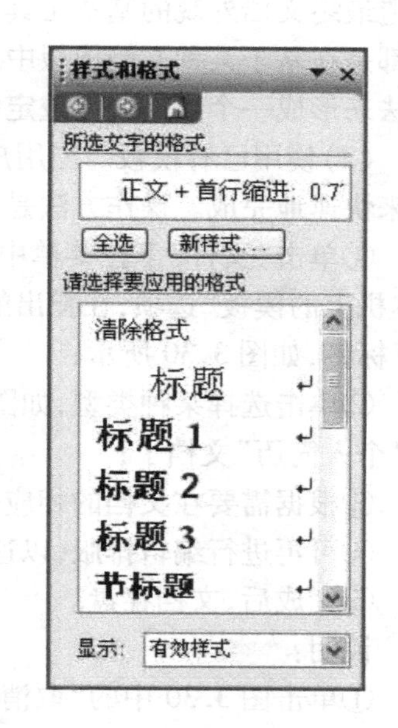

图 3.29 "样式和格式"任务窗格

当用户初始进入 Word 2003 时,系统提供的标准样式是"正文"样式。若使用已有的样式,其操作方法是:先选定字符内容或段落(若不选则指当前段落),单击格式栏左边的"样式"列表框,再单击所需样式项。也可通过图 3.29 所示任务窗格来选择。如果用户对某部分内容的格式不满意,还可对字符、段落格式进行重新设置。

(3)建立样式 用户若想建立自己的样式,可使用格式栏来简单快速地建立段落样式。操作方法是:先选定已设置好格式的段落;单击格式栏左边的"样式"框;输入新的样式名字,接回车键即可。这种方法只能建立段落样式。

也可在图 3.29 任务窗格中,单击"新样式"按钮,在弹出的"新建样式"对话框中建立字符样式和段落样式。

(4)修改和删除已有样式 编辑操作时,若要改变文本的外观设置,只要修改应用于该文本的样式格式,即可使应用该样式的全部文本都随着样式的更新而更新。修改的方法是:先选定要修改设置的段落(段落样式)或字符(字符样式),进入图 3.29 任务窗格;单击"所选文字的格式"列表框的"▼"按钮选择"修改样式"选项,设置更改的格式并返回完成。

要删除已有的样式,进入图 3.29 任务窗格后,从"请选择要应用的格式"列表框中单击选择"清除格式"选项即可。这时,带有此样式的段落自动应用"正文"样式。系统提供的有些样式是不允许删除的,如"标题 1"至"标题 9""正文"等样式。

2) Word 模板

(1)模板的概念　日常生活中,经常需要处理书信、介绍信、传真、申请书、周计划、月计划等工作,事先各有其不同的形式,称为具有不同类型的模板。模板是一种特殊的文档,是提供塑造最终文档外观的基本工具和文本内容。模板是文档的一种模式(用 Word 2003 编排的文档都是在基于某种文档模板中完成的)。文档模板是创建文档的工具,提供一种省时省力的方法来形成一个最终文档或定制一个特殊类型的文档。

(2)使用已有模板　当用户需建立一个特殊的新文档时,可使用 Word 2003 提供的相应模板来快速地完成。操作方法是:

①单击"文件"下拉菜单中的"新建"命令,出现"新建文档"任务窗格,单击"模板"中的"本机上的模板"选项,在弹出的"模板"对话框中,根据需要单击某类型的标签,比如"其他文档"标签,如图 3.30 所示;

②单击选择某种类型,如图 3.30 中的"典雅型简历"图标,单击"确定"按钮就能快速地建立"个人简历"文档了;

③根据需要在文档的相应位置输入有关的文本内容;

④可再进行编辑排版,以达到你认为满意的效果;

⑤完成后,文档存盘。

说明:

①单击图 3.30 中的"取消"按钮则不使用模板。

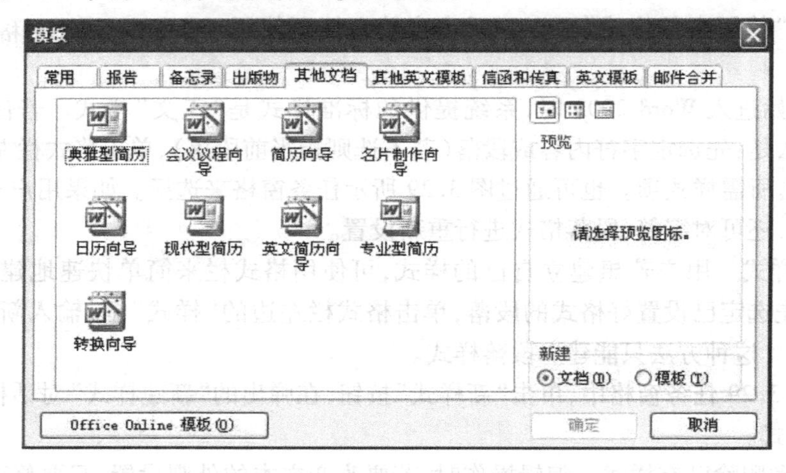

图 3.30　"模板"对话框

②若单击常用工具栏上的"新建空白文档"按钮则不会出现"新建文档"任务窗格,系统使用默认标准模板 Normal,即没有任何内容的空白文档。

③用户还可以建立自己的模板,其方法是:先删除用户文档中多余内容,再单击"文件"下拉菜单中的"另存为"命令,在出现的对话框中选择"保存类型"为"文档模板",在系统专门用来存放模板文件的目录中,输入文件名存盘即可。

Word 2003 为用户提供了许多中文、英文模板,一般存放于 Office 系统目录下的 template 目录中,模板文件的扩展名为.dot,用户可在资源管理器中查看。

3.4　文档的打印

对用户编辑排版的文档,在很多时候需要将最终结果打印到纸张上。凡是Windows系统中安装好的打印机,Word 2003均支持。文档内容编排完毕并设置好页面格式后,就可单击常用工具栏上的“打印”按钮或单击“文件”下拉菜单中的“打印”命令进行打印文档内容了。打印前,应打开打印机电源,装上相应的纸张。

3.4.1　打印预览文档

当用户对文档编辑排版后,就可进行打印了。为了在打印之前再查看编辑排版之后的文档整体效果,以便及时修改,可以先使用Word提供的“打印预览”功能。启动“打印预览”的方法是:单击常用工具栏上的“打印预览”按钮,或单击“文件”下拉菜单中的“打印预览”命令,均可打开“打印预览”窗口,如图3.31所示。若预览不满意,则再进行编辑排版处理,直到满意为止。

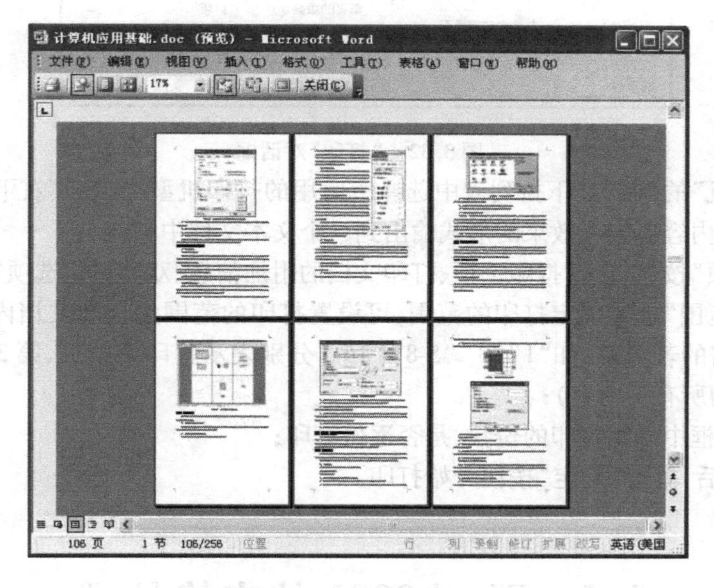

图3.31　“打印预览”窗口

“打印预览”窗口与“编辑”窗口不同,原来的常用工具栏、格式工具栏消失,被打印工具栏替代。单击打印工具栏中的命令按钮,用户可以预览排版效果。为了能够看清文档中某些细节或整体布局,可单击打印工具栏中的“显示比例”下拉列表中的显示比例以放大或缩小显示。

3.4.2 打印文档

当用户对编辑排版的文档经过“打印预览”满意后，就可以开始打印了。打印文档内容通常有两种方法。

(1)利用工具栏进行打印　利用工具栏打印文档的操作方法是：单击常用工具栏上的“打印”按钮(系统将使用打印对话框中的默认值进行打印)来实现。

(2)利用系统菜单进行打印　利用 Word 系统菜单打印文档的操作方法是：

①单击“文件”下拉菜单中的“打印”命令，出现图 3.32 所示的“打印”对话框；

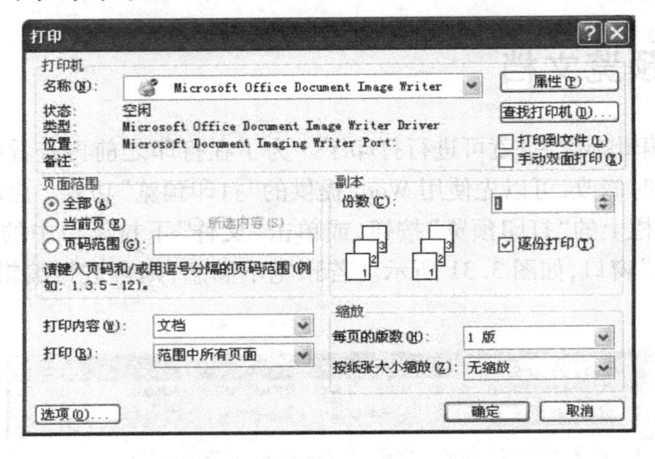

图 3.32　“打印”对话框

②在“打印机”的“名称”下拉列表中选择所使用的打印机型号，在其右下角设置是否“打印到文件”(打印内容以实际效果的形式输出到一个文本文件中)；

③单击“选项”按钮，设置打印选项、打印文档的附加信息、双面打印选项等；

④在“页面范围”框中确定打印的范围，可设置打印的范围为全部文档内容、光标所在的当前页、指定所需的若干页(如“1”“3”“5-8”“15-”分别表示打印第 1 页、第 3 页、第 5 ~ 8 页、第 15 页至最后的所有页内容)；

⑤在“副本”框中确定打印的份数、是否逐份打印；

⑥设置完成后，单击“确定”按钮开始打印。

3.5 Word 2003 的表格处理

表格是一种对数据信息简明扼要的表现方式，因其结构严谨、效果直观而被广泛采用。Word 2003 对表格的处理在数据表达方面具有强大的功能，可以很方便、快速地向文档中插入表格，并进行各种文字和数据的输入和编辑。Word 2003 还提供了各种表格样式，供用户套用，并可根据表格提供的数据进行求和、排序、生成图表等。

3.5.1 创建表格

Word 系统的表格是由若干水平的行和若干垂直的列(栏)组成的二维表格,行和列交叉组成的每一个方格称为一个单元格。用户可以在单元格中插入文字、数据、图形等内容。

建立表格时,一般是先在要插入表格的位置生成一张空表,然后再输入内容。

1)创建表格

创建一张空的表格通常有以下4种方法。

(1)使用工具栏 操作步骤如下:

①将光标定位于需要建立表格的位置;

②单击常用工具栏中的“插入表格”按钮,此时出现一个网格;

③沿网格向右拖动鼠标定义表格的列数,沿网格向下拖动鼠标定义表格的行数,如选取4行3列的网格,如图3.33所示;

④释放鼠标,Word 会在光标当前位置插入一个相应行数和列数的表格,系统将自动根据左右缩进值来平均分配各列单元格的宽度;

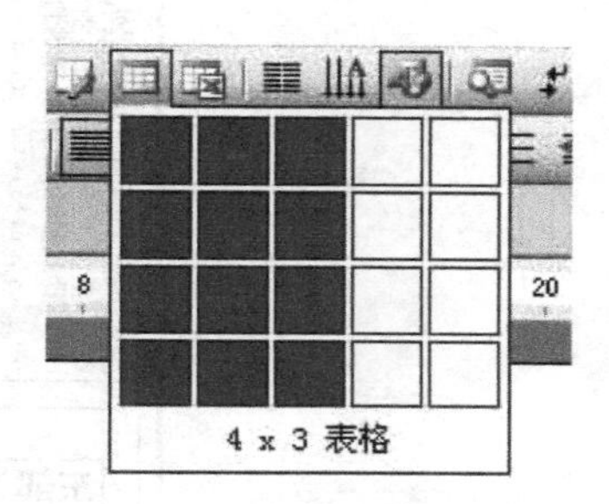

图3.33 “插入表格”工具栏

(2)使用“表格”菜单 操作步骤如下:

①将光标定位于需要建立表格位置;

②单击“表格”下拉菜单中的“插入”项下的“表格”命令,出现如图3.34所示的“插入表格”对话框;

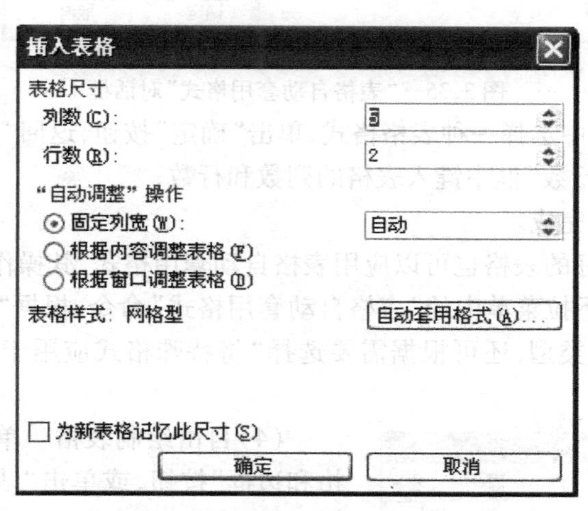

图3.34 “插入表格”对话框

③在“列数”框和“行数”框中键入或用鼠标选择所需表格的列数和行数(若键入或选择“固定列宽”的值则可定义其每列的宽度);

④单击“确定”按钮完成。

(3)使用表格自动套用格式　Word 2003 为用户提供了许多预先定义好格式的表格,有表格的边框、底纹、字体、颜色等,使用时只要选择其中一种,便能快速地建立和编排表格,称为表格的自动套用格式。自动套用格式后的表格还可根据需要再进行编辑处理。

使用表格自动套用格式建立表格的操作步骤如下:

①将光标定位于需要建立表格位置;

②单击"表格"下拉菜单中的"插入"项下的"表格"命令,在"插入表格"对话框中,单击"自动套用格式"按钮,出现如图 3.35 所示的"表格自动套用格式"对话框;

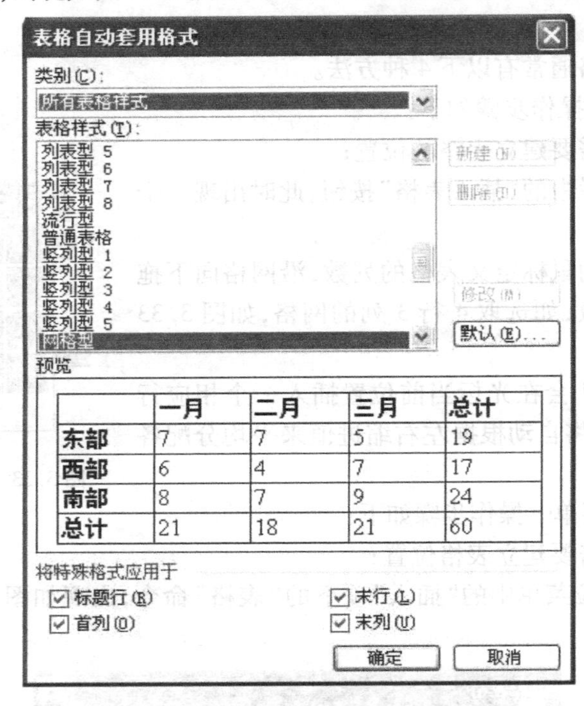

图 3.35　"表格自动套用格式"对话框

③在"表格样式"框中选择一种表格格式,单击"确定"按钮,返回"插入表格"对话框;

④在"列数"框和"行数"框中键入表格的列数和行数;

⑤单击"确定"按钮完成。

Word 2003 对已建好的表格也可以应用表格自动套用格式,其操作方法是:先将光标定位于表格中,单击"表格"下拉菜单中的"表格自动套用格式"命令,根据"预览"框中的情形单击套用"表格样式"框中的类型,还可根据需要选择"将特殊格式应用于"框中的参数,单击"确定"按钮完成套用。

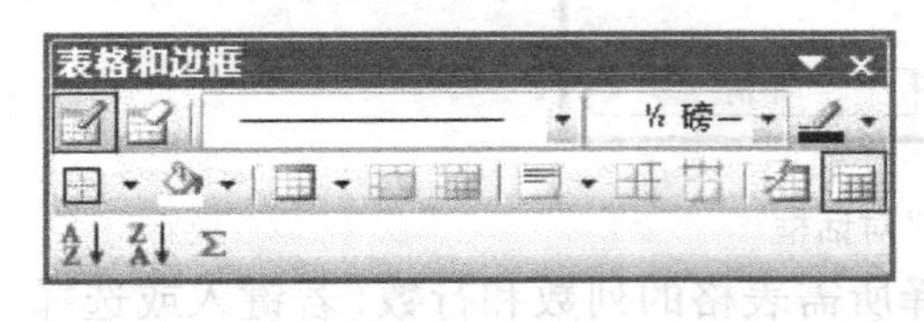

图 3.36　"表格和边框"工具栏

(4)自由绘制表格　单击常用工具栏上的"表格和边框"按钮,或单击"表格"下拉菜单中的"绘制表格"命令,均会出现如图 3.36 所示的"表格和边框"工具栏。选择"绘制表格"按钮可用手工方式自由绘制表格,使用"擦除"按钮则可擦除多余的线条。

2)输入数据

创建表格以后,可以向各个单元格输入数据。首先将光标移动或定位于要输入数据的单元格中,再输入数据。光标在各单元格之间的移动可用Tab键、Shift+Tab键或方向键等来完成。但当光标在表格最后一个单元格中时,不能按Tab键,否则会在表格的底部增加一空行。

如果输入的数据内容超过当前单元格右缩进时,对于英文(无空格),系统将自动增加该列的宽度(其他列宽自动调整);对于中文,自动增加1倍单元格所在行高度使文本仍在单元格中。用户调整该列宽度及缩进时,系统再自动调整单元格内容。

3)表格中文本或单元格的选定

在表格中选定文本类似于一般文本的选定,通常是通过拖动鼠标来选择一个字符、一段文本、一列或多列文本、一行或多行文本等。

另外,用Ctrl+单击选定当前单元格的内容;将鼠标指针指向单元格左下方呈向右上方实心粗箭头时单击选定单元格;当鼠标指针置于某列首单元格之上呈向下的实心粗箭头"⬇"时,单击则选定该列,拖动则可选定多列乃至整表;当鼠标指针置于某行首单元格的左边呈向右上的空心粗箭头时,单击则选定该行,拖动则可选定多行乃至整表;用Shift+单击选定从光标到单击处区域内的所有单元格;用Shift+方向键选定从当前光标到释放Shift键时的所有单元格;当鼠标指针置于表中时,表格左上角出现一个带四个方向箭头的空心框(表格控点),单击它可选定整表。

对选定单元格、整行、整列或整表,可先将光标定位在表格中某一单元格,单击"表格"下拉菜单中的"选择"命令,从中选择"单元格""行""列"或"表格"即可。

3.5.2 表格的编辑

对已建立的表格进行编辑,就是对表格的行与列进行调整,对现有表格添加或删除行与列,对表格的单元格进行拆分和合并,对表格添加边框和底纹,设置表格内容的对齐方式等操作。

1)调整行、列、单元格及整表

对于表格的行、列、单元格及整表,可根据实际需要调整其宽度和高度,常用的方法有以下3种。

(1)使用标尺　当光标处于表格中时,标尺显示有一定变化,标尺将变成由多个小部分组成,每行及每列就是一个部分。用户可使用水平和垂直标尺来分别调整单元格的宽度和高度。操作方法是:先选定单元格(不选则对当前行或列有效),然后将鼠标置于水平标尺栏上代表调整其列宽的粗横线上,当鼠标箭头呈水平双箭头形状时,拖动鼠标选定单元格的宽度(垂直标尺上呈垂直双箭头形状时,可调整行高)。

(2)直接使用表格线调整　鼠标拖动表格线来调整列宽或行高是相当方便的。操作方法是:首先选定要调整的单元格(若不选则指光标所在整行或整列),将鼠标置于表格中单元格右边的边框线上,则呈水平双箭头(中间有两条竖线)形状,再拖动即可调整该列单元格选定部分的列宽。将鼠标置于表格中单元格下边,边框线上呈垂直双箭头形状,再拖动可调整其行高。

注意:使用上述方法对某一列的部分单元格的列宽调整后,可能该列的各单元格宽度将错位,所以,使用这种方法调整时一般不选定为好,用来调整其整列的宽度。对于行高则不存在这种情况,选定与否均对整行有效。

(3)使用“表格”菜单 使用“表格”菜单功能可精确地进行调整。操作方法是:

①选定若干行、列或整表(也可选定部分单元格);

②单击“表格”下拉菜单中的“表格属性”命令,出现如图3.37所示对话框;

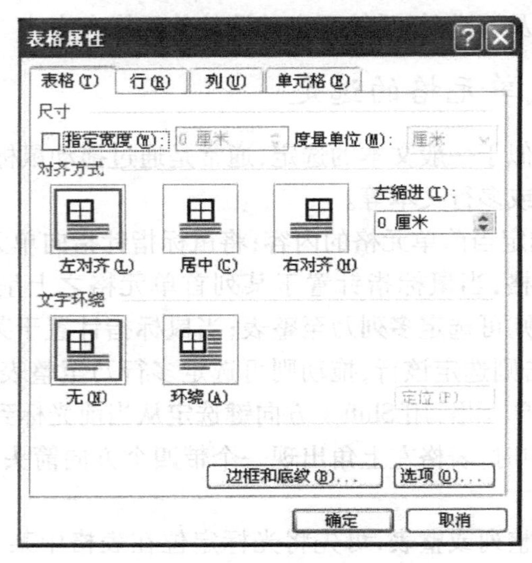

图3.37 “表格属性”对话框

③单击“行”标签,可设置行高的宽度及选择行高值、是否“允许跨页断行”等;

④单击“列”标签,可设置列的宽度及单位;

⑤单击“单元格”标签,可设置单元格的宽度及单位、单元格内容的垂直对齐方式;

⑥设置好后,单击“确定”按钮使设置生效。

2)添加行和列

添加行(列)的常用方法是先选定若干行(列),再单击常用工具栏上的“插入行”(“插入列”)按钮(原“插入表格”按钮)即可完成;若不选则在当前单元格中再添加一个小表格。添加新行(列)后,原有的行(列)自动向下(右)移动,为新行(列)让出位置。

选定多行(列)后,也可单击“表格”下拉菜单中的“插入”项下的“行(在上方)”“行(在下方)”“列(在左侧)”“列(在右侧)”命令来完成。

如果要在表格的最后插入一列,可先选定表格最后列之后的一列结束符,再单击工具栏上“插入列”来实现。若将光标置于某行末尾位置(最后单元格之后)后,按Tab键或回车键则在该行后添加一空行。新插入的行与前一行具有相同的格式。

另外,在实际进行表格操作时,可能会遇到添加单元格的情况,一般使用表格的“合并”功能或“表格和边框”工具栏上的“绘制表格”按钮来完成。

3)删除单元格、行、列及整表

(1)删除单元格、行、列及整表 删除单元格、行、列、整表的操作方法是:先选定,单击"表格"下拉菜单中的"删除"项下的"单元格""行""列""整表"命令实现。若选择"单元格"命令,将出现图3.38所示对话框,根据需要进行选择。

说明:

①选定若干行及整表是指包含每行最后一个单元格之后的结束标记。

②若选定的是若干单元格、行、列及整表,按Delete键则仅删除其内容,而不会删除选定的表格部分。

③"表格"菜单下的各项功能将自动根据用户操作过程的不同情形而进行改变,以适应用户当前操作需要。

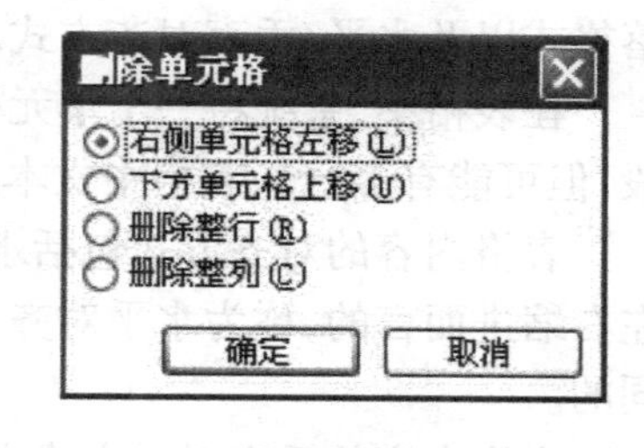

图3.38 "删除单元格"对话框

(2)使用剪贴板 选定若干整行、整列或一个整表后,也可单击常用工具栏上的"剪切"按钮或单击"编辑"下拉菜单中的"剪切"命令来删除(若仅选定若干非整行整列的单元格后,单击"剪切"按钮则只删除内容,不删除表格部分)。

4)移动、复制行和列

像对文本内容进行操作一样,对表格的行和列之间也可进行位置移动和复制,操作方法有两种:一种是先选定若干行或列,再单击工具栏上的"剪切"("复制")按钮,光标定位于目的行的第1个单元格内,单击"粘贴"按钮则完成选定行或列的移动(复制)操作,也可使用"编辑"下拉菜单来实现;另一种是先选定若干行或列,拖动鼠标将已选的行或列拖放到目的行的第1个单元格内则实现移动,若用Ctrl+拖动则进行复制。

5)拆分、合并单元格

Word 2003允许用户将表格中的若干个(一般为一个)单元格拆分成多个均匀宽度及高度的单元格,也可将若干个单元格合并成一个单元格。

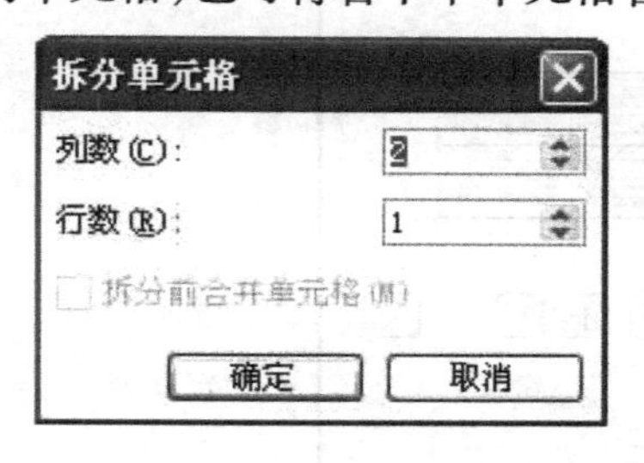

图3.39 "拆分单元格"对话框

(1)拆分单元格 拆分单元格的操作过程是:先选定需拆分的单元格(一个或多个),然后单击"表格和边框"工具栏中的"拆分单元格"按钮,或单击"表格"下拉菜单中的"拆分单元格"命令,将出现图3.39所示对话框,设置要拆分成的行数、列数及拆分前是否合并,再单击"确定"按钮即可完成。

(2)合并单元格 合并单元格的操作过程是:先选定需合并的多个单元格,然后单击"表格和边框"工具栏中的"合并单元格"按钮,或单击"表格"下拉菜单中的"合并单元格"命令即可完成,合并后该单元格可能被分成多段内容。

(3)拆分表格 要将1个表格拆分成2个表格,应先将光标定位于要拆分处(光标所在的行将作为第2个表格的首行),然后单击"表格"下拉菜单中的"拆分表格"功能即可完成。

关于表格的合并和拆分,也可直接通过"表格和边框"工具栏上的"绘制表格"和"擦除"

按钮来实现。

6)表格内容的格式设置

对于表格中的文本内容,可以进行字符格式和段落格式的设置,即可设置字体、字型、字号、颜色、间距、缩放等字符格式(应先选定后设置),还可以设置左右及首行缩进、行间距等段落格式以及水平/垂直对齐方式。

在表格中,系统将一个单元格看成若干段落(其实,绝大多数情况下,一个单元格只有一段,但可能有多行),表格中文本内容的段落格式设置一般是以单元格为单位进行的。

表格内容的对齐方式包括水平对齐、垂直对齐两种。以前文本内容的对齐方式是相对于左右缩进而言的,称为水平对齐;垂直对齐是表格中单元格内容相对于其高度而言,二者是不同的。

表格内容的垂直对齐方式有“居上”“居中”“居下”3 种,水平对齐方式有“两端对齐”“居中”“右对齐”3 种,组合起来是 9 种对齐方式。设置的方法是:先选定若干单元格(不选则对当前单元格有效),单击图 3.36“表格和边框”工具栏上的相应按钮,或单击右键,在出现的弹出菜单中选择“单元格对齐方式”的相应选项即可。

7)表格的边框和底纹设置

Word 2003 创建的表格系统默认是以实线、白底来显示的,也可设置底纹和不打印输出的暗线框。暗线框是否显示出来则由“表格”下拉菜单中的“显示虚框”决定(单击则显示,再单击则隐藏)。表格的边框和底纹的设置方法如下:

①选定要设置边框和底纹的内容(表格的一部分或全体);

②单击“格式”下拉菜单中的“边框和底纹”命令,出现如图 3.40 所示对话框;

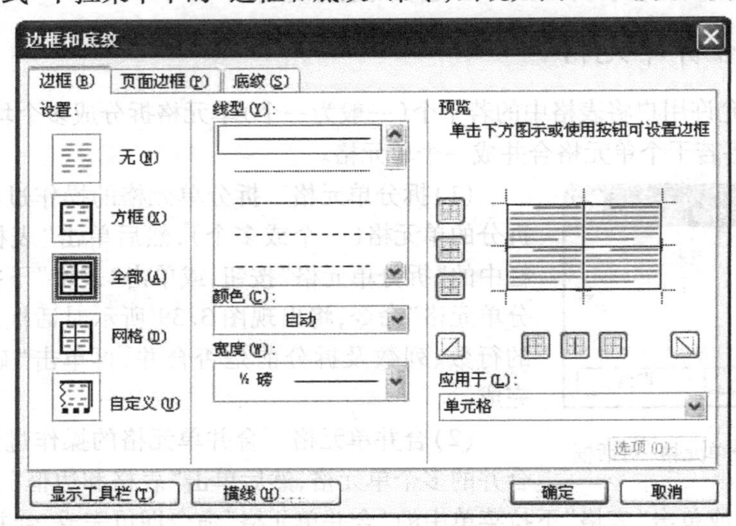

图 3.40 “边框和底纹”对话框

③单击“边框”标签,在“设置”框中选择类型,边框类型有“无”“方框”“全部”“网格”“自定义”供用户选择,各种类型的效果可通过“预览”框来查看,还可单击“预览”框中的线条按钮来进行局部设置;

④设定边框的线型、颜色、线条的宽度(即粗细)等;

⑤单击"底纹"标签,设置填充的颜色、图案等;

⑥设置完成后,单击"确定"按钮。

设置表格的边框和底纹时,如果不选定则对整个表格有效,也可使用"表格和边框"工具栏中的线型、线条粗细、边框颜色、边框类型、底纹颜色等按钮来设置。

8)表格属性

用户可根据需要设置表格的属性,光标定位于表格中,单击"表格"下拉菜单中的"表格属性"命令,选择"表格"标签则出现图3.37所示对话框。可设置整个表格的尺寸、对齐方式、文字环绕等。表格整体的对齐方式和文字环绕是相对于左右缩进而言的,对齐方式有"左对齐""居中""右对齐"3种格式。对齐方式的设置也可选定整表后,单击格式工具栏上的对齐方式按钮完成。

3.5.3 表格内数据的计算和排序

1)表格内数据的计算

Word 2003系统提供了对表格中的数值数据进行加、减、乘、除、平均值、最大值等计算的功能。表格中的单元格列号依次用A,B,C等字母表示,行号依次用1,2,3等数字表示。使用公式计算时,各单元格中的值用B2和D3等格式表示,称其为地址。

例如,要计算出表3.2中每位学生的平均成绩,可以按以下步骤操作:

表3.2

姓　名	英　语	计算机	高等数学	大学语文	平均成绩
张　驰	78	82	69	84	
肖玉梅	87	89	76	80	
任　雪	65	70	81	86	

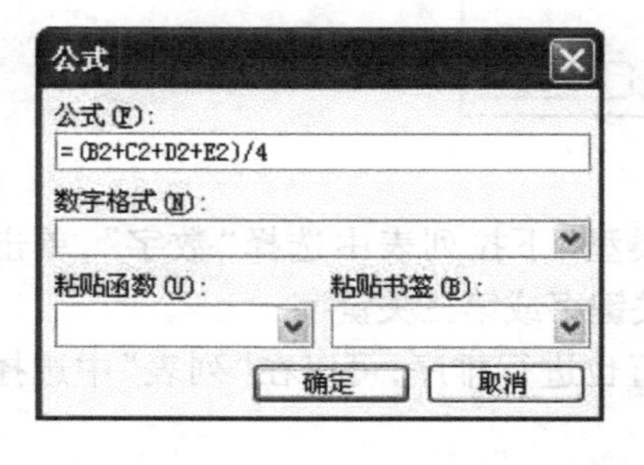

图3.41 "公式"对话框

①将光标定位于结果单元格中,如表中"张驰"的"平均成绩"单元格F2;

②单击"表格"下拉菜单中的"公式"命令,出现如图3.41所示的"公式"对话框;

③可以在"公式"框中输入公式,也可以从"粘贴函数"下拉列表中选择公式,如求表中"张驰"的"平均成绩",可在"公式"框中输入"=(B2+C2+D2+E2)/4",或在"粘贴函数"中选择"AVERAGE",再输入地址为"=AVERAGE(B2:E2)";

④单击"确定"按钮,即在单元格中显示出计算结果,如单元格F2中显示78.25。

另外,也可使用"表格和边框"工具栏中的"自动求和"按钮来计算。该按钮的功能原则上是按列求所有数字项的和,光标所在列没有数字项则按行求所有数字项的和。

对于表格中不同单元格的计算,可以通过上述方法多次单独编辑公式进行,也可以采用类似“复制”公式的方式进行,避免重复编辑公式。操作步骤为:对某单元格进行公式计算后,不要进行任何操作,立即进入需要复制公式的单元格按 F4 键即可。如张弛的平均成绩单元格 F2 公式计算后,不进行任何操作,立即将光标定位到肖玉梅平均成绩单元格 F3,按 F4 键即可计算肖玉梅的平均成绩。

若对单元格公式计算后,原参与计算的单元格数值有所变化,可在数值变化后,将光标定位到公式计算的单元格数值上使其显示灰色底纹后,按 F9 键加以刷新得到变化后的计算结果。如张弛的计算机成绩应为 86,修改后将光标定位在 F2 单元格使 78.25 变为灰色底纹,按 F9 键,立即显示为 79.25。

2)表格内数据的排序

Word 表格可根据某列或几列的内容进行升序或降序(按数值、文字、日期等)排列,并按排列顺序重新组织各行在表中的顺序。按某列排序时,该列称为主关键字;当该列内容有多个数据相同时,可再根据另一列来排序,称其为次关键字,依此类推。最多可选 3 个关键字来排序。

表格数据排序的一般操作方法是:

①将光标定位于表格任一单元格中;

②单击“表格”下拉菜单中的“排序”命令,出现图 3.42 所示的“排序”对话框;

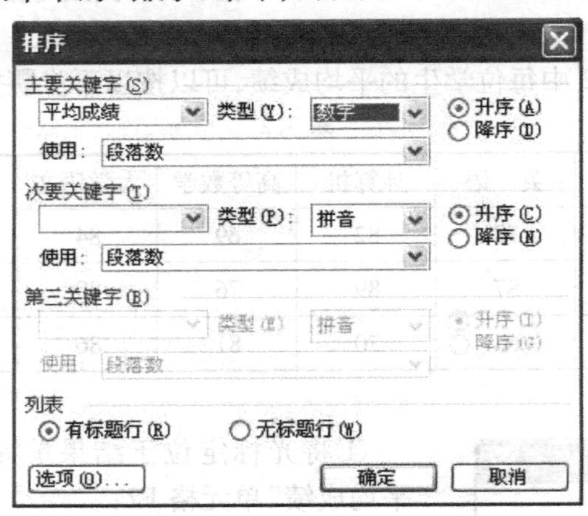

图 3.42 “排序”对话框

③在“主要关键字”下拉列表中选择主关键字,在“类型”下拉列表中选择“数字”,单击“升序”,根据需要再在“次要关键字”下拉列表中选择次关键字或第三关键字;

④通常情况,表格的第一行为标题行,为避免对标题行也进行排序,可以在“列表”中选择“有标题行”选项;

⑤单击“确定”按钮即可完成。

3.6 Word 2003 的图形处理

Word 2003 是一个优秀的文字处理软件,其主要原因之一就是能够在文档中处理图形,实现图文混排,美化文档的版面,从而制作图文并茂的文档。

Word 2003 图形处理功能包括插入文本框、插入剪辑画、插入图形文件、绘制图形、制作艺术字、使用公式编辑器、添加水印,等等。

3.6.1 文本框处理

文本框是一个可包含文本、图形或表格等内容的矩形方框,是实现图文混排及环绕的有力工具。使用鼠标可以方便地移动、复制文本框,并且可进行缩小、放大、删除等编辑操作。

1)插入文本框

插入一个文本框常用的有两种方法:

一是使用绘图工具栏:先选定内容,再单击"绘图"工具栏上的"文本框"或"竖排文本框"按钮;二是单击"插入"下拉菜单中的"文本框"项下的"横排"或"竖排"命令,则将选定内容以"文本框"形式置于文档内容中。如果不选定内容,则先插入一个空的文本框,然后再输入内容。

2)文本框的编辑

对文本框进行编辑操作包括大小调整、移动与复制、删除、加边框线及底纹、设置是否环绕等。

编辑时应先选中文本框。单击则选中该文本框,并有8个空心的控制点,若单击中间则认为是光标在文字中定位,选中文本框与光标定位于文本框中呈现的效果是不同的。当鼠标指针置于其任一控制点时,将呈现双向箭头形状,此时拖动即可调整它的大小;当鼠标指针置于选中文本框的四周边缘(非控制点)时,将呈现十字箭头,此时拖动即可移动文本框;移动时用Ctrl + 拖动则复制文本框;按 Delete 键则删除选中的文本框(包括其内容)。对于文本框的移动、复制及删除,也可通过剪贴板的"剪切""复制""粘贴"操作来实现。

选中文本框后,单击"格式"下拉菜单中的"边框和底纹"命令,则出现与段落处理相同的对话框,可设置边框和底纹等。

选中文本框后,可按鼠标右键选择弹出菜单中的"设置文本框格式"命令,或单击"格式"下拉菜单中的"文本框"命令,则出现"设置文本框格式"对话框,如图 3.43 所示。可设置文本框的环绕方式、大小、水平与垂直位置等。

对于文本的内容也可设置其字符及段落格式。光标定位于文本中,然后就可像一般文本的编辑一样进行处理,如插入、删除、设置字体、字号、大小、缩进、对齐,等等。

图3.43 “设置文本框格式”对话框

3.6.2 图形处理

1)插入图片

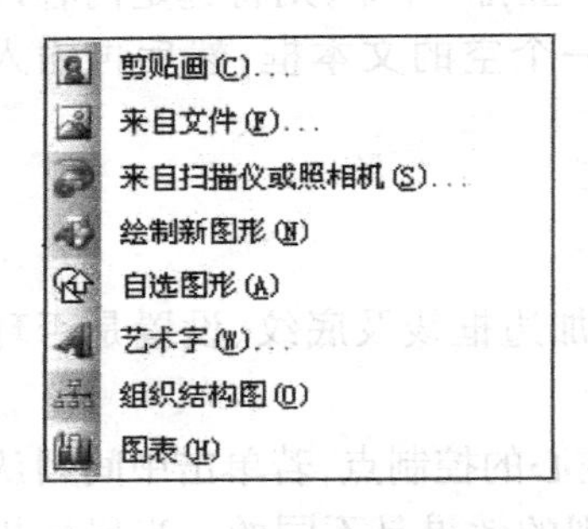

图3.44 插入“图片”菜单

(1)用户可在 Word 2003 编排的文档内容中插入事先绘制好的图片,也可插入其他绘图软件绘制的图片。操作方法如下:

①将光标定位(以确定起始位置),单击“插入”下拉菜单中的“图片”命令,出现如图3.44所示菜单;

②根据需要单击“剪贴画”“来自文件”“自选图形”等选项。若选择“剪贴画”项则弹出图3.45所示的“剪贴画”任务窗格;

③单击图片类别图标,再单击所需图画进行插入则将该图片插入所需位置。

另外,插入图片的方法还有:

(2)在 Windows 系列图形应用程序中,先将绘制好的图形复制或剪切到“剪贴板”上,再在 Word 2003 中粘贴出来。

(3)插入 Windows 系统及应用程序界面的相关图形:先进入所需界面,再按 Print Screen 键将当前屏幕上的所有内容作为图片拷贝到剪贴板中(此过程称为屏幕硬拷贝),或按 Alt + Print Screen 键将当前活动窗口作为图片拷贝到剪贴板中;然后进入 Word 2003,执行粘贴功能,或者在 Windows 的绘图软件(如画图)中粘贴出来后进行编辑剪裁成所需的图形,再复制、粘贴到 Word 文档中。

(4)使用“插入”下拉菜单中的“对象”命令,导入各种图形对象。

2)设置图形的格式

对于已插入的图形(插入了的图片称为图形),可进行缩放、移动、复制、裁剪、更改颜色、加边框、设置环绕方式等格式的设置。可单击图形选中后使用图3.46所示的“图片”工具栏进行设置。

通常情况,利用“设置图片格式”对话框来设置图形格式。其操作方法是:

①单击图形中任一位置选中该图形;

②按鼠标右键选择快捷菜单中的“设置图片格式”命令,或单击“格式”下拉菜单中的“图片”命令,进入如图3.47所示对话框;

③选择“颜色和线条”标签,设置图形填充颜色、填充效果、边框线的线型、颜色等;

④选择“大小”标签,设置图形的高度、宽度及缩放比例等;

图3.45 “剪贴画”任务窗格

图3.46 “图片”工具栏

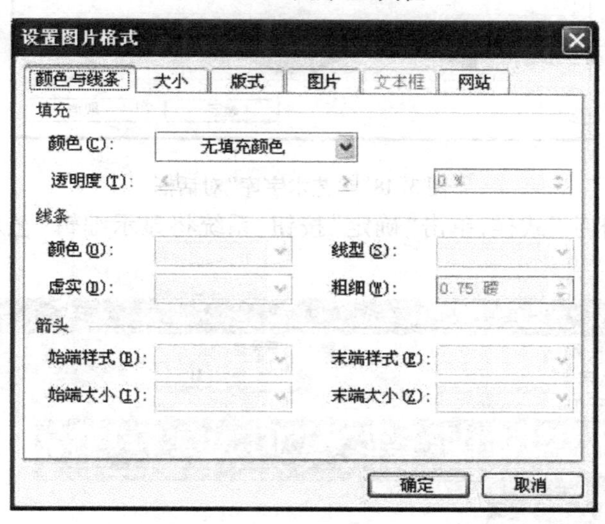

图3.47 “设置图片格式”对话框

⑤选择“版式”标签,设置图形的环绕方式;

⑥选择“图片”标签,设置图形的裁剪位置、图形的颜色、亮度、对比度等。

在Word 2003中插入的图形系统默认是浮动式的,浮动的图形可在页面上自由移动。对插入的图片进行移动的方法是:单击选中图形后,当鼠标指针置于图形中呈4个方向的箭头时,拖动图片到所需位置即可。对图形进行复制的方法是:先单击选中,再用Ctrl+拖动完成,也可通过“剪贴板”来实现。

3.6.3 插入艺术字

1)插入艺术字

在 Word 2003 中,可以制作文字的艺术效果,即艺术字。插入艺术字的操作步骤是:

①将光标定位在要插入艺术字的位置;

②单击“绘图”工具栏上的“插入艺术字”按钮,或单击“艺术字”工具栏上的“插入艺术字”按钮,或单击“插入”下拉菜单中的“图片”选项下的“艺术字”命令,均出现如图 3.48 所示的“艺术字库”对话框;

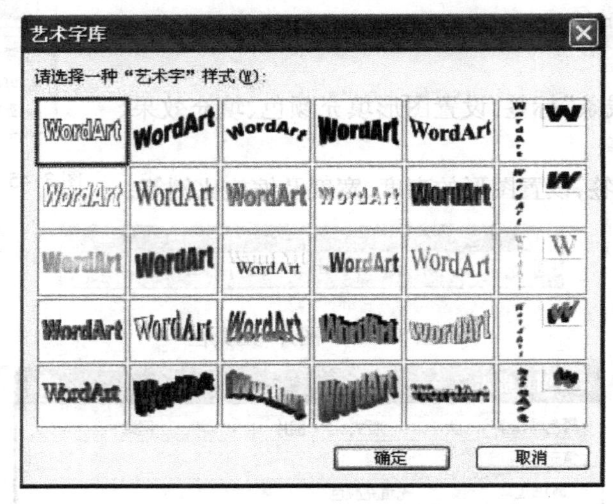

图 3.48 “艺术字库”对话框

③选择一种“艺术字”式样,单击“确定”按钮,系统将显示编辑“艺术字”文字对话框,如图 3.49 所示;

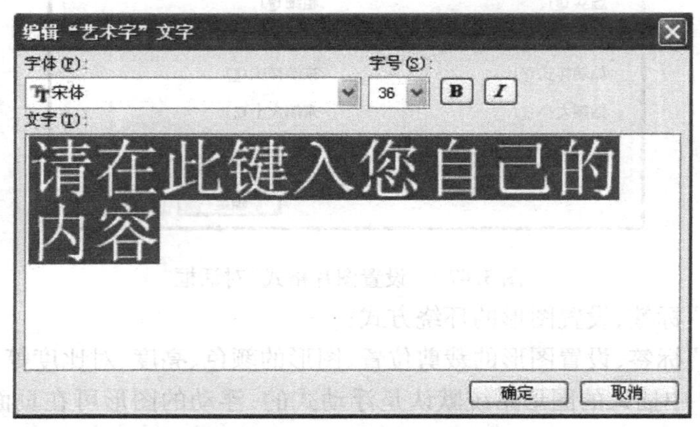

图 3.49 编辑“艺术字”文字对话框

④在此对话框中输入相应文字,设置字体、字号、粗斜体等;

⑤单击“确定”按钮完成。

2)编辑艺术字

已插入的艺术字,可以对其进行重新编辑。可单击选中后,利用"艺术字"工具栏上的相应按钮进行编辑,如编辑文字、更改艺术字库式样、设置艺术字格式、选择艺术字形状、自由旋转,等等。若仅编辑艺术字文字,还可双击选中直接进入图3.49所示对话框进行编辑。

已插入的艺术字,可进行缩放、移动、复制、设置与文本的环绕方式等操作,其操作方法与插入的图片相同。

另外,还可利用"绘图"工具栏上的"阴影样式"按钮设置阴影效果、"三维效果样式"按钮设置三维立体效果等。

3.6.4 绘制图形

Word 2003 文档中除了可插入图片、艺术字外,还可利用"绘图"工具栏来绘制图形。在 Word 2003 系统中提供了一套现成的基本图形,用户可方便地使用这些图形,并可对其进行组合、编辑、设置格式等。单击常用工具栏中的"绘图"按钮,出现如图 3.50 所示的"绘图"工具栏。

图 3.50 "绘图"工具栏

1)绘制图形

绘制自选图形的一般步骤是:先单击"绘图"工具栏上的"自选图形"按钮,选择所需类型及其下的所需图形,在文档中拖动鼠标即可。也可使用"绘图"工具栏上的"直线""箭头""矩形""椭圆"等工具来绘制其他图形。按 Shift + 拖动可使绘制图形的高度与宽度成正比。

在绘制好的图形中可以加上说明文字,文字还可设置各种字符及段落格式,图形移动时,文字将自动跟随移动。操作方法是:单击选中图形,按鼠标右键选择菜单中的"添加文字"命令,或单击"绘图"工具栏上的"文本框"再单击选中的图形,在图形中出现的文本框中输入文字即可。

2)编辑图形

已绘制好的图形,还可编辑设置图形的线型、边框、填充等格式,以及图形的旋转、叠放和组合。

(1)设置线型、虚框类型、箭头类型　对绘制好的图形设置线型、虚框类型、箭头类型的操作方法是:单击"绘图"工具栏上的相应按钮,从弹出的列表框中选择即可;也可单击"格式"下拉菜单中的"自选图形"命令或按右键选择"设置自选图形格式"进入图 3.51 所示对话框做进一步的设置。

(2)设置字体和线条颜色　对于绘制好的图形,可设置其线条颜色。若其中添加了文本内容,还可设置文本内容的颜色。设置方法是:单击选中对象后,单击"绘图"工具栏上的"线条颜色"或"字体颜色"按钮则设置为当前颜色;若单击其按钮下拉列表处,可选择其他的颜色。

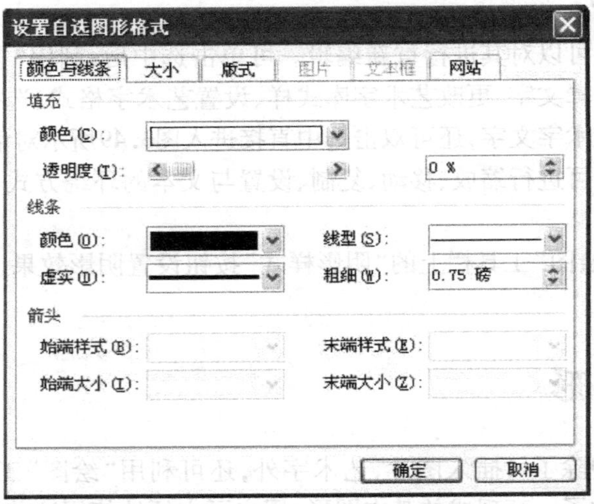

图 3.51 “设置自选图形格式”对话框

(3)设置填充图案　选中图形后，单击“绘图”工具栏上的“填充颜色”按钮则填充成当前颜色。若单击其按钮下拉列表处，可选择其他的颜色。也可选择“填充效果”选项则进入图 3.52所示对话框，可设置“渐变”“纹理”“图案”和“图片”4 种不同的填充效果。

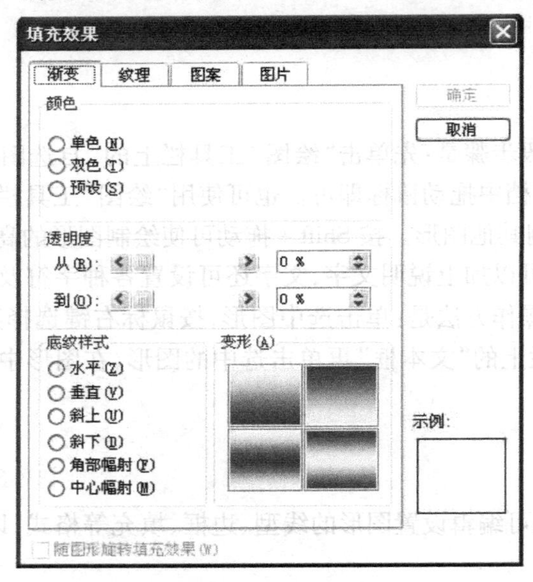

图 3.52 “填充效果”对话框

(4)图形的自由旋转　使用 Word 2003 的绘图功能绘制的图形，可按任意角度进行旋转。旋转的一般方法是：单击选中图形；再单击“绘图”工具栏上的“绘图”按钮，选择“旋转或翻转”下的“自由旋转”，则图形的 8 个空心控制点变成 4 个绿色圆圈的旋转点；拖动旋转点则按任意角度进行旋转。

需说明的是，“自由旋转”功能只对绘制图形有效，对添加的文字、插入的图片等无效。

绘制的图形对象除了可进行自由旋转外，还可进行“向右旋转 90 度”“向左旋转 90 度”

“水平翻转”“垂直翻转”。操作方法是：选中图形后，单击“绘图”工具栏上的“绘图”按钮中“旋转或翻转”功能下的相应命令项。

（5）图形的移动　对绘制好的单个图形或组合图形，可以通过改变其位置以达到预期的效果，有两种方法实现图形的移动：一种是选定图形后按住鼠标左键拖动到预期位置；另一种是选定图形后利用方向键实现上下左右4个方向的移动。

不管哪种方式实现图形移动，Word 系统默认上下移动定位间距是0.5行，左右移动定位间距是0.86个字符。根据绘图的需要，可以修改图形移动的定位间距，操作方法是：选择“绘图”工具栏上“绘图”下拉菜单中的“绘图网格”命令，进入图3.53所示的“绘图网格”对话框，修改网格设置中的水平间距（如0.01字符）和垂直间距（如0.01行），即可实现当前编辑文档中所有绘制图形的移动间距变化。

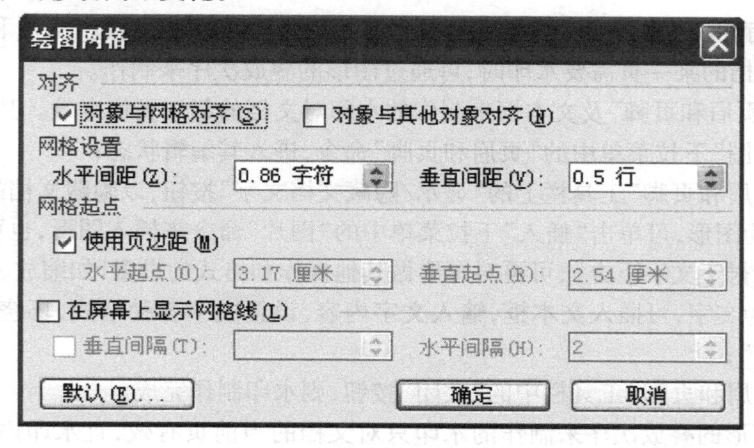

图3.53　“绘图网格”对话框

（6）图形的叠放次序　图形与图形、图形与文本之间的位置关系均是可以改变的，可将选定的图形对象置于顶层、底层、上移一层、下移一层，也可置于文字上方、文字下方。设置图形叠放次序的操作方法是：先选中图形后，单击“绘图”工具栏上的“绘图”按钮中“叠放次序”功能下的相应命令项，或单击鼠标右键从弹出菜单中选择“叠放次序”项下的相应命令项。

（7）对象组合与取消组合　将多个对象组合成为一个整体以便能像处理单个对象那样来处理这多个对象，也可将已组合了的对象取消组合以便于进行局部处理。

对象组合的操作方法是：先选定要组合的所有对象（Shift＋单击选定多个对象，或单击“绘图”工具栏中的“选择对象”按钮后拖动鼠标选定多个对象），再单击“绘图”工具栏上的“绘图”按钮选择“组合”命令；或单击鼠标右键从弹出菜单中选择“组合”项下的相应命令项即可将多个对象合成一个整体。组合后的操作对这个整体有效。

已组合的多个图形对象的整体，可与其他对象进行再组合。绘制的图形可与插入的图片、艺术字、文本框、公式等内容进行组合。

取消对象组合的方法与组合对象类似，选择“取消组合”命令即可。将已组合的若干整体对象还原成原来的多个独立对象，以便于进行单个或多个对象的编辑、缩放、填充颜色等设置的改变。

对于绘制的图形、艺术字还可根据需要，利用“绘图”工具栏来设置阴影及三维效果。对于插入的图片，可设置阴影，但不能设置三维效果。关于图形的阴影及三维效果的设置，请用户通过实际操作去领会。

Word 2003 绘制的图形也可进行缩放、复制、删除、环绕方式等的设置，操作方法与插入图片的设置操作相同。

3.6.5 水印处理

“水印”是指文档内容中一些若隐若现的文字或图案。用 Word 2003 编排的文档内容中，可以将插入的图片、文字等设置成水印来显示。

1)添加水印

添加水印有两种操作方法：当文档的每一页都需要水印时，可通过“页眉和页脚”和文本框来制作；当文档的某一页需要水印时，可通过图形的叠放次序来制作。

(1)通过“页眉和页脚”及文本框来制作的水印对文档的每一页均有效。其操作方法是：

①单击“视图”下拉菜单中的“页眉和页脚”命令，进入其编辑状态；

②单击“页眉和页脚”工具栏上的“显示/隐藏文档文字”按钮，以隐藏文档的内容；

③若水印为图形，可单击“插入”下拉菜单中的“图片”命令来插入图形，也可绘制图形，设置环绕方式为“衬于文字下方”，可再对图形做其他操作和格式的设置，如缩放、移动、填充等；

④若水印为文字，可插入文本框，输入文字内容，设置文字各种格式，环绕方式应设置为“衬于文字下方”；

⑤单击“页眉和页脚”工具栏中的“关闭”按钮，则水印制作完成。

(2)通过图形的叠放次序来制作的水印只对文档的当前页有效，且水印内容应为插入的图片，不能是文字、艺术字等。制作方法是：

①插入需要的图片；

②选中图片后，设置其环绕方式为“衬于文字下方”，单击“图片”工具栏上的“颜色”按钮中的“冲蚀”选项；

③单击“绘图”工具栏上的“绘图”按钮，选择“叠放次序”下的“置于底层”选项，则水印制作完成。

其实，对于绘制的图形来说，将其色彩设置较淡，置于文字下方，也可得到水印效果。

2)修改及复制水印

对已制作的水印如果不满意可以进行修改。对于图形叠放次序制作的水印，其修改与复制与一般图片的修改与复制一样；对通过“页眉和页脚”制作的水印，只需再次进入“视图”下拉菜单中“页眉和页脚”的设置状态，单击需要修改的水印图案、该水印图案四周将出现 8 个控点，此时便可修改与复制水印。

Word 2003 系统的图形处理功能很强，也有相应的一些操作技巧，练习时请仔细体会，以便更好地解决实际问题。

3.6.6 公式编辑器的使用

数学符号和数学公式的编辑是 Word 系统常用的一项功能。操作时，只要选择数学公式编辑器工具栏上的符号并输入数字和变量，就可方便地建立复杂的数学公式，系统将自动根据排版约定格式来调整大小、间距等。用户还可对建立好的公式进行相应的图形编辑操作。公式编辑器使用灵活方便，编辑各种类型的公式十分美观，并可将编辑的公式直接显示在屏幕上，它给科技文章的编辑处理带来了极大的方便。

1)创建公式的一般方法

①将光标定位于需要插入公式的位置；

②单击“插入”下拉菜单中的“对象”命令，将弹出“对象”对话框；

③选择“对象”对话框中“新建”标签，在对象类型列表中选择“MathType 5.0 Equation”项，单击“确定”按钮，则显示如图 3.54 所示的“公式”工具栏和菜单的公式编辑器窗口；

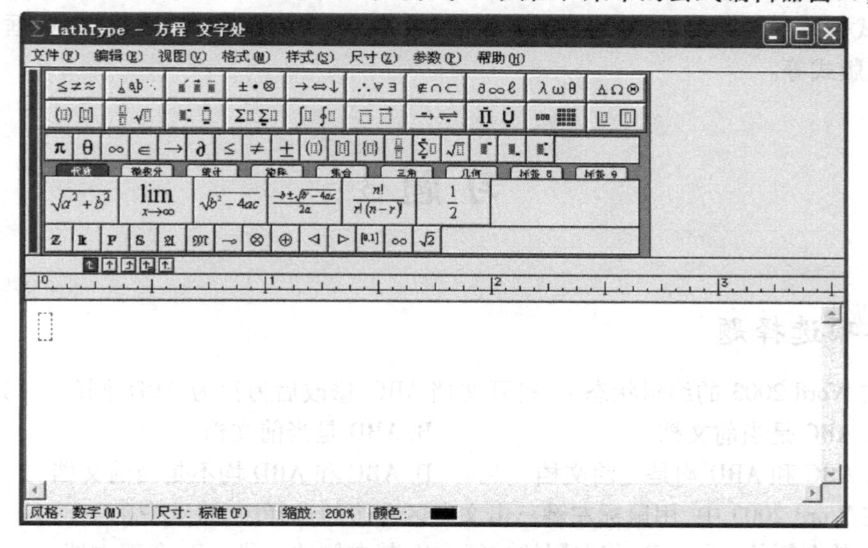

图 3.54 公式编辑器窗口

如果对象类型列表中没有“MathType 5.0 Equation”选项，说明系统没有安装目前最常用的 MathType 公式编辑器，此时可以选择 Office 自带的公式编辑器“Microsoft 公式 3.0”。

④通过键入数字或符号，并选择其工具栏上的相应符号或模板，创建公式(可在其编辑状态随时按 F1 获取帮助信息)；

⑤根据需要，反复选择工具栏中的符号和模板、输入数字或符号，直到建好所需要的公式为止；

⑥公式创建完毕，退出公式编辑器窗口，弹出对话框选择“是”保存公式到文档中并返回到 Word 2003 的编辑状态。

“公式”工具栏上各种符号和模板内容相当丰富，用户可根据所建立公式的需要进行选择。主要包括关系符号、运算符号、逻辑符号、集合符号、希腊字符等符号工具栏；围栏模板、分式和根式模板、上标和下标模板、积分模板、矩阵模板等模板工具栏；以及常用的特殊符号及代数、微积分、统计、三角、几何等常用表达式模板。

2)公式的编辑

公式创建以后,还可以进行编辑,包括公式本身内容的编辑和公式的大小、环绕等格式的编辑。

对公式内容的编辑,可双击公式进入如图3.54所示的公式编辑器窗口,即可对其进行再编辑。公式内容的编辑除增加和删除公式中的符号外,主要涉及公式大小、公式中特殊字符等的编辑。公式大小可以通过公式编辑器窗口的“尺寸”下拉菜单中的“自定义”命令来修改,在弹出的“定义尺寸”对话框中的“完全”编辑区键入相应的磅值即可,注意:小五号字对应9磅、五号字对应10.5磅、小四号字对应12磅、四号字对应14磅;对公式中的特殊字符的编辑,正体字符的输入可以先选择公式编辑器窗口的“样式”下拉菜单中的“文字”命令后再键入字符,也可以选择公式编辑器窗口的“样式”下拉菜单中的“其他”命令,在弹出的“其他风格”对话框中设置正斜体和字符的加粗等格式。

对公式格式的编辑,可先选定公式,单击word窗口“格式”下拉菜单中的“对象”命令或右键单击公式选择弹出菜单中的“设置对象格式”命令,进入“设置对象格式”对话框,可设置公式的大小、版式等。

习 题 3

1.单项选择题

(1)在Word 2003的编辑状态下,打开文档ABC,修改后另存为ABD,则(　　)。

A. ABC是当前文档　　B. ABD是当前文档

C. ABC和ABD均是当前文档　　D. ABC和ABD均不是当前文档

(2)在Word 2003中,用鼠标左键三击文本区左边的选择区,将选中(　　)。

A.其右侧的一句　B.其右侧的一行　C.其右侧的一段　D.全部文档

(3)在Word 2003编辑状态下,对已经输入的文字设置首字下沉,需要使用的菜单是(　　)。

A.编辑　B.视图　C.格式　D.工具

(4)在Word 2003文档中,每个段落都有自己的段落标记,段落标记的位置在(　　)。

A.段落的首部　　B.段落的结尾处

C.段落的中间位置　　D.段落中,但用户找不到的位置

(5)Word 2003文字处理软件属于(　　)。

A.管理软件　B.网络软件　C.应用软件　D.系统软件

(6)在Word 2003的表格操作中,当前插入点在表格中末行的最后一个单元格内,按Tab键后(　　)。

A.插入点所在的行加宽　　B.插入点所在的列加宽

C. 在插入点下一行增加一行　　D. 对表格不起作用

(7)目前的中文 Word 2003 的打印预览状态下,若要打印文件(　　)。

A. 必须退出预览状态后才可以打印　　B. 在打印预览状态也可以直接打印

C. 在打印预览状态下不能打印　　D. 只能在打印预览状态打印

(8)在 Word 2003 编辑状态下,选择了整个表格,然后按 Delete 键,则(　　)。

A. 整个表格被删除　　B. 表格中一行被删除

C. 表格中一列被删除　　D. 表格中的字符被删除

(9)在 Word 2003 编辑状态下,为文档设置页码,则可以使用(　　)。

A. "文件"菜单　　B. "编辑"菜单

C. "插入"菜单　　D. "格式"菜单

(10)在 Word 2003 中,编辑文本时,若取消文档中某部分文本的粗体格式,应(　　)。

A. 选中该部分,单击格式工具栏中粗体按钮

B. 直接单击格式工具栏中粗体按钮

C. 选中该部分文本,单击格式工具栏中非粗体按钮

D. 直接单击格式工具栏中非粗体按钮

2. 多项选择题

(1)下列操作中可以退出 Word 2003 主窗口的是(　　)。

A. 双击标题栏　　B. 选择"文件"菜单的"退出"选项

C. 按 Alt + F4 键　　D. 按 Ctrl + F4 键

E. 双击文本编辑窗口

(2)Word 2003 具有(　　)功能。

A. 自动拼写检查　　B. 制表

C. 编辑排版　　D. 所见即所得

E. 图文混排

(3)Word 2003 窗口中的"常用"工具栏和"格式"工具栏(　　)。

A. 可以取消　　B. 不可以取消

C. 可以竖放在窗口的一侧　　D. 可以水平放在窗口底端

E. 只能水平放在窗口顶端

(4)在 Word 2003 文档中,粘贴一幅保存在剪贴板上的图形,可选用的命令是(　　)。

A. Ctrl + A　　B. Ctrl + C

C. Ctrl + Z　　D. Ctrl + V

E. "编辑"菜单中的粘贴

(5)对中文 Word 2003 文档进行分栏操作,允许分为(　　)。

A. 两栏　　B. 三栏

C. 四栏　　D. 五栏

E. 六栏

(6)在 Word 2003 中,下列哪些操作会出现"另存为"对话框(　　)。

A. 新建文档第一次保存　　B. 打开已有文档修改后保存

C. 以其他名字保存　　　　D. 将 Word 2003 文档保存为其他文件格式

E. 新建文档第二次保存

(7)在 Word 2003 的文件菜单中的“文件”中具有对文件的(　　)功能。

A. 新建　　　　B. 打开

C. 删除　　　　D. 保存

E. 另存为

(8)Word 2003 常用工具栏中,具有(　　)图标按钮。

A. 新建　　　　B. 打开

C. 保存　　　　D. 居中

E. 项目符号

(9)在 Word 2003 的“格式”菜单的“段落”选项中,可完成(　　)的设置。

A. 行间距　　　　B. 字间距

C. 段落间距　　　　D. 左缩进

E. 右缩进

(10)在 Word 2003 文档中,正文段落的对齐方式有(　　)。

A. 两端对齐　　　　B. 居中

C. 左对齐　　　　D. 右对齐

E. 分散对齐

3. 判断题(正确的打“√”,错误的打“×”)

(1)“剪切”和“复制”命令只有在选定对象后才可以使用。　(　　)

(2)Word 2003 窗口中的菜单项含有 Word 2003 的所有功能菜单。　(　　)

(3)退出下拉式菜单,可在该菜单外的工作区外单击鼠标左键。　(　　)

(4)用“插入”菜单中的“符号”命令,可以插入特殊字符。　(　　)

(5)Word 2003 不需要汉字操作系统的支持。　(　　)

(6)在 Word 2003 的页面视图中看到的排版效果,就是打印输出时的实际效果。　(　　)

(7)在 Word 2003 编辑状态下,可以把同一个 Word 2003 文档在多个窗口中打开。
(　　)

(8)删除表格中的行,可先选定要删除的行,然后再按 Backspace(←)或 Delete 键。　(　　)

(9)复制格式设置的快速方法是使用常用工具栏中的“格式刷”按钮。　(　　)

(10)用 Word 2003 编辑文件时,如果保存的文件是新建的文件,则不管是执行“文件”菜单中的“保存”命令还是“另存为”命令,都将出现“另存为”对话框。　(　　)

4. 填空题

(1)Word 2003 正常运行的必要条件是有中文________环境。

(2)在 Word 2003 的“打印”对话框的“页码范围”栏里输入了打印页码 3-9,12,20,表示的是要求打印________。

(3)在 Word 2003 中,文件的缺省扩展名是________。

(4)在 Word 2003 中,显示页眉、页脚时,应选择 ________视图方式。

(5)为了让 Word 2003 文档中的图形被文字包围,可以设置该图形的 ____________ 方式。

5. 简答题

(1)简述在 Word 2003 编辑状态下,文本句、行、段、块、全文的选定方法。
(2)简述将两个 Word 2003 文档连接成一个文档的步骤。

第 4 章

电子表格 Excel 2003

在我们日常生活和工作中，必然会遇到各种各样的表格，例如，学生使用的课程表、教师使用的成绩表、销售经理使用的销售报表、仓库管理员使用的库存报表以及工作表和各种统计表等。当人们所要处理的表格越来越多、越来越复杂，而计算机的功能越来越强大时，人们自然而然就会想到如何利用计算机去有效地建立、管理和使用各种表格。Excel 就是一个基于 Microsoft Windows 操作系统下的电子表格软件。

电子表格软件 Excel 2003 是 Office 2003 软件中的成员之一。Excel 2003 是一种集电子表格、图表、数据库等处理于一体的办公软件。它以直观的表格形式供用户编辑操作，用户通过简单的操作快速制作出一张精美的表格，通过处理复杂的数据计算、分析和统计，完成多种多样的图和表的设计等功能。

4.1 Excel 2003 的基本知识

4.1.1 Excel 2003 的特点

(1)界面友好 Excel 2003 是在 Windows 环境下运行的 Microsoft 公司开发的 Office 2003 办公自动化软件包的组成部分，它充分继承了 Windows 的优秀风格，为广大用户提供了极为友好的窗口、工具栏、对话框、图标、菜单等界面。

(2)具有图表处理能力 Excel 2003 不仅可在选定的数据区域自动生成图表，也可利用绘图工具绘制图形。由数据自动生成图表嵌入在数据表中，当数据表的数据发生变化时，图表将作相应变化。

(3)具有数据库管理能力 Excel 2003 以数据库方式来管理表格中的数据，具有统计、排序、筛选、汇总、计算、检索等功能。

(4)具有函数与制图功能　Excel 2003 提供了丰富的函数,可进行复杂的报表统计和数据分析,并提供了制图功能,可将图、表、文字有机地结合起来表达信息。

(5)能与其他软件共享资源　Excel 2003 可通过 Windows 的剪贴板、对象链接及嵌入等动态数据交换技术同其他软件(如 Powerpoint 2003、字处理软件 Word 2003、电子邮件 E-mail 等)进行数据交换,以达到资源共享的目的。

4.1.2　Excel 2003 启动与退出

1)Excel 2003 的启动方法

Excel 2003 是一个应用程序,因此,其启动方法与一般应用程序的启动方法一样,通常有以下两种:

(1)利用 Windows 桌面的图标　可以双击图标、单击图标后按回车键或右击图标后选择"打开"。

(2)利用 Windows 任务栏上"开始"按钮　可以单击"程序"下的"Microsoft Office Excel 2003",也可以单击"运行",在打开对话框的文本框中输入"Excel",然后确定。

2)Excel 2003 的退出

Excel 2003 的退出方法与一般应用程序的退出方法一样,常用的方法有:

(1)双击 Excel 2003 窗口左上角的控制菜单图标。

(2)单击窗口最左上角的控制菜单,选择"关闭"功能。

(3)单击 Excel 2003 窗口中的"文件"菜单下的"退出"功能。

(4)单击窗口右上角的关闭按钮或按组合键 Alt + F4。

4.1.3　Excel 2003 窗口的组成

Excel 2003 程序窗口中,除了具备 Windows XP 的窗口共同具有的基本元素外,还有工具栏、编辑栏、地址栏、表名栏、行号、列号等。

Excel 2003 启动后的程序窗口如图 4.1 所示。

(1)标题栏　标题栏位于窗口的最上方,显示本应用程序的名称:Microsoft Excel。如果当前打开的文件窗口处于最大化,那么当前文件名称 Microsoft Excel-Book1 也会出现在标题栏上。

(2)菜单栏　位于标题栏的下方,菜单栏由菜单项组成,菜单显示了一系列 Excel 2003 的命令。用鼠标单击某个选项,就会出现一个下拉菜单,列出一组命令和菜单设置。Excel 2003 菜单栏提供的菜单项及其可以完成的命令如下:

- 文件　执行与文件有关的操作,包括文件的打开、保存、打印、打印预览等。
- 编辑　实现对已有表格的单元格的编辑、查找、替换、填充等以及对表格的删除、复制和移动。

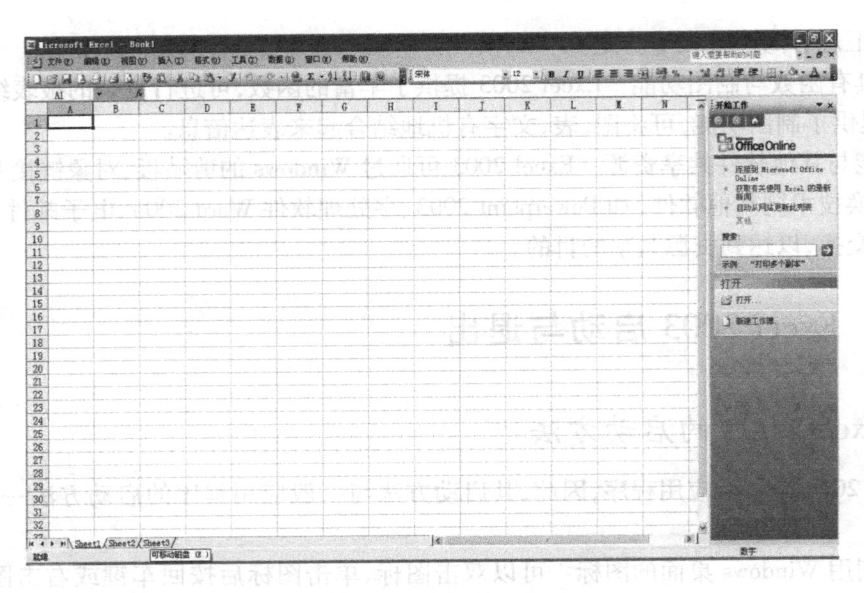

图 4.1　Excel 2003 的程序窗口

- 视图　对 Excel 2003 显示方式进行定义。
- 插入　在 Excel 2003 工作表中插入各种元素以及在工作簿中插入工作表。
- 格式　对工作表中的元素的显示格式进行设置。
- 工具　提供制作工作表的一些实用工具。
- 数据　提供对数据库的一些操作命令。
- 窗口　可以实现多工作簿的操作。
- 帮助　有关 Excel 2003 的联机帮助信息。

Excel 2003 的各种功能,可以通过上述 9 个菜单项中的命令来完成,也可以通过"快捷键"来实现。

(3)工具栏　工具栏一般位于菜单栏的下面。工具栏上提供了一些按钮,用鼠标单击按钮可以快速地执行一些常用命令。Excel 2003 中含有许多内置工具,可根据需要显示或隐藏。默认情况下,"常用"和"格式" 内置工具栏依次固定在菜单的下面,如图 4.2 所示。

图 4.2　Excel 2003 工具栏

若要添加或减少工具栏上的工具,可以从"视图"菜单中选"工具栏"子菜单,勾选或取消一些工具,甚至可以自定义工具栏上的工具。

(4)数据编辑栏　数据编辑栏位于工具栏的下方,它是输入和编辑单元格的值和公式的区域,可以显示出活动单元格中使用的常量或公式,由单元格名称框和公式栏组成。名称框用来显示单元格的名字或给区域命名。Excel 2003 对每个单元格按行和列取有一个唯一的名字,例如名称框中的 A1,当单元格进入公式编辑状态时,名称框就被函数列表框取代,如图4.3 所示。

在单元格中输入" = ",则在公式栏显示 3 个按钮,分别是:" × "" √ " 和" f_x " 按钮,用于对输入数据的确认、取消和插入函数。

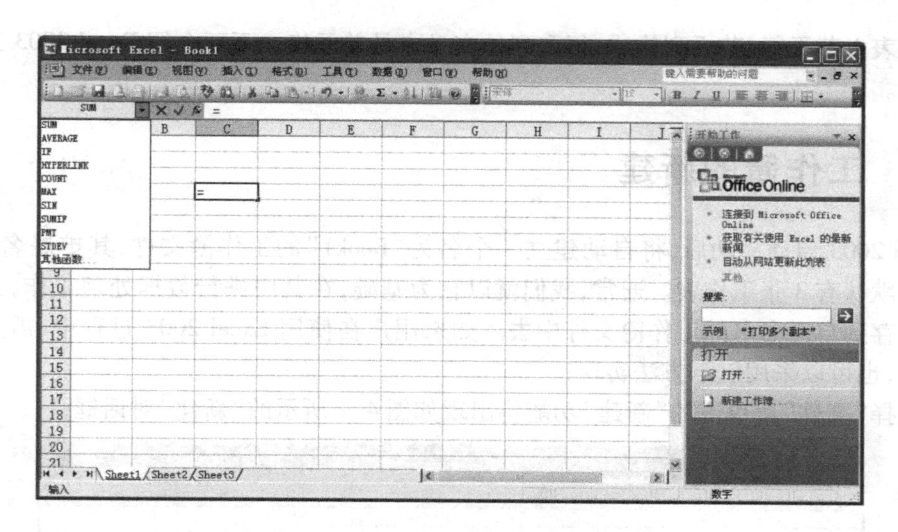

图 4.3 名称框和函数列表框

(5)表名栏　与 Word 不同的是 Excel 的工作簿文件可以由多个工作表(Sheet)组成,也就是说一个工作簿里可以有多个内容相互独立的工作表。在表名栏里列出了当前工作簿文件里所包含的所有工作表的名称。在缺省的情况下,一个工作簿文件由 3 个工作表组成,它们的缺省名为:Sheet1,Sheet2,Sheet3。工作表的名称和数量可以改变,但一个工作簿文件至少有一张工作表,最多有 255 张工作表。

(6)状态栏　显示当前的编辑状态的提示信息,如 Num Lock ,Ins 键的状态等。

(7)滚动条　滚动条有水平滚动条和垂直滚动条,利用鼠标滑动滚动条可以浏览超出窗口以外的内容,以便查看或编辑单元格的内容。

(8)行号　位于各行左侧的灰色编辑区:1,2,3,…是行号,最大的行号是 65536。单击行号可选定工作表中的整行单元格;如果用鼠标右击行号,将显示相应的快捷菜单;如果要增、减某一行的高度,可拖动该行号下端的边线。

(9)列号　位于各列上方的灰色字母区:A,B,C,…是列号,最大的列号是 256。单击列号可选定工作表的整列单元格;如果用鼠标右击列号,将显示相应的快捷菜单;如果要增、减某一列的宽度,可拖动该列号右端的边线。

(10)单元格　行与列的交叉部分为单元格(又称存储单元),是工作表存储数据的基本单位。为便于操作,给每个单元格一个编号,称为地址。在调用单元格时可使用相对地址,也可用绝对地址。如第 C 列、第 4 行所对应单元格的相对地址表示为“C4”,绝对地址表示为“$C $4”;在对单元格输入、编辑数据之前,应选取某单元格为活动单元格(即正在使用的单元格,呈黑体外框显示),且右下方有一个黑色的小方块,称为填充柄。

4.2 Excel 2003 工作簿的基本操作

在 Excel 2003 中,电子表格是以工作簿为单位存储的。一个工作簿由若干张工作表组成,一张工作表由若干行、若干列构成，行和列的交叉点是单元格。下面介绍 Excel 2003 工作簿的基本操作。

4.2.1 工作簿的新建

Excel 2003 启动成功后，将自动建立一个名为“Book1”的工作簿文件，其扩展名为. XLS，此工作簿默认有 3 张工作表。通常，我们就以它为基础，在其中进行数据处理工作，工作完毕再将它保存到自己命名的工作簿文件中去。如果用户在使用 Excel 2003 过程中，需要建立一个新文档，也可以采用以下方法实现：

①选择“文件”菜单下的“新建”功能将出现如图 4.4 所示的“新建”对话框；

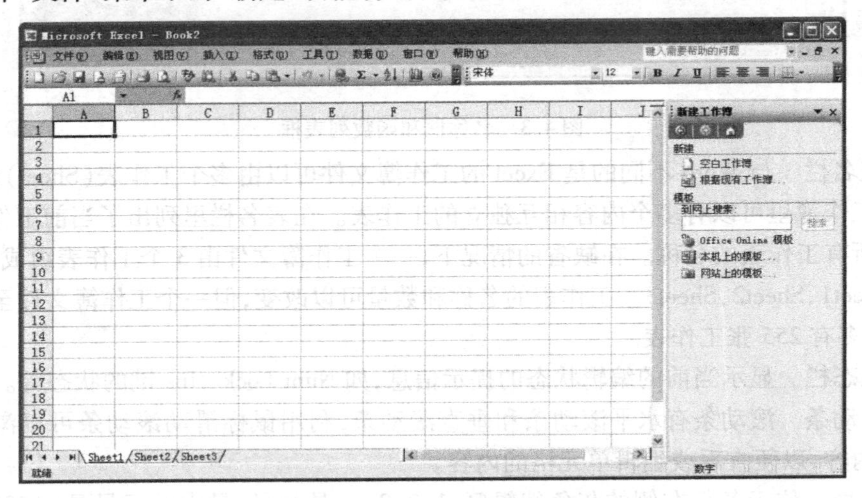

图 4.4 “新建”对话框

②在“新建”对话框中选择“本机上的模板…”后，出现图 4.5 所示的对话框；

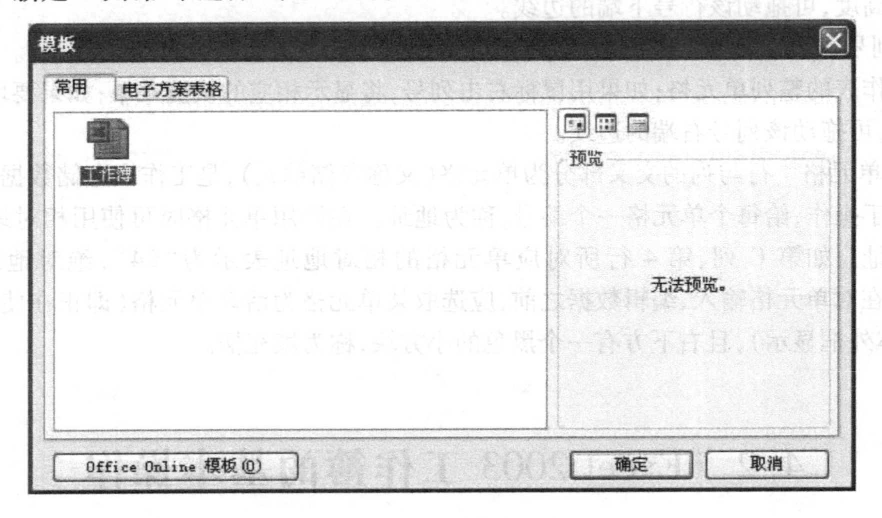

图 4.5 本机上的“模板”对话框

③单击“常用”标签，选择“工作簿”图标，单击“确定”按钮完成。

若需要创建基于模板的工作簿,单击“电子方案表格”标签(如图4.5所示),再单击所需模板图标即可。当然,单击工具栏上的“新建”按钮,也可以建立一个空白工作簿文档。

4.2.2 工作簿的打开

对于已建立好的Excel工作簿文档,也可采用下述方法来打开:

①选择“文件”菜单下的“打开”功能或单击工具栏中的“打开”按钮,将出现“打开”对话框;

②在文件名列表框中,选择该工作簿文档的路径并单击文件名称,单击“确定”按钮。

4.2.3 工作簿保存

第一次新建的工作簿文档存盘时,可直接选择“文件”菜单下的“保存”功能或单击“保存”按钮,系统将提示你为该文件输入一个名字(文件名全称)。若编辑一个已存在的文件,可选择“文件”菜单下的“保存”功能或单击工具栏上的“保存”按钮,将按原文件名保存。

编辑一个已经存在的工作簿,若想保存到其他的文件夹或以其他的文件名存盘,可选择“文件”菜单下的“另存为…”功能,选择一个新的文件夹或输入新的文件名。

4.3 Excel工作表的基本操作

4.3.1 工作表中内容的录入

在工作表中,输入的数据可分为常量和公式。常量可以是数值型数据或字符信息,其中数值型数据(如日期、数字等)可以参与各种运算;公式是以“=”号开头且由常量、函数及运算符、单元格地址、单元格名称组成的序列。

1)常量输入

(1)字符型数据的输入　字符型数据包括字符串、数字、特殊符号、汉字等。选中单元格后,再输入字符型数据(默认左对齐)。若字符型数据为数字时,应以单引号开头,如要输入学号2003001,实际应输入'2003001或输入="2003001";或单击“格式”菜单后选择单元格命令,在单元格对话框中选择数字标签下的文本选项来完成。若输入的字符超过单元格的宽度,Excel 2003有两种处理方法:溢出和截取。在相邻单元格为空时多出的内容就覆盖相邻单元格——溢出,在相邻单元格不为空时只显示一部分——截取。不管哪种方式,所有内容都全部保存在所选单元格中。

(2)数值型数据的输入　先选中单元格,再输入数值后,按回车键,或单击数据编辑框左边的“√”按钮,或通过其他方式把单元格指针移走即可(默认右对齐)。

值得注意的是:当输入的数据位数太长,以致一个单元格放不下时,数据将自动改为科学计数法表示,如在A1单元格中输入10000000000将在A1单元格显示为1E+10;当输入分数时,为避免与日期型数据的混淆,应在输入前单击“格式”菜单后选择单元格命令,在单元格对话框中选择数字标签下的分数选项来完成,如“4/5”,否则系统接受为“4月5日”;当输入负数时可以输入“-”或(),如要输入-123,可以输成-123,也可以输成(123),也就是说在Excel中可以用()来表示负号。

(3)输入日期和时间　当键入日期时,应使用“/”或“-”作为年、月、日的分隔符,如键入07/09/10,表示2007年9月10日;当键入时间时,应使用“:”来分隔小时、分、秒,如键入17:02:30,表示17点零2分30秒,用“·”来分隔秒和百分秒,如键入17:02:03·20,表示17点零2分30秒20百分秒;当同时需要键入日期和时间时,它们之间需用空格分隔,如键入07/10/02　20:02:30,表示2007年10月2日20时02分30秒。

(4)输入货币　当键入货币时,应先输入货币的数字,然后单击工具栏上的 ,或者单击“格式”菜单,选择“单元格”,在“单元格”对话框中单击“数字”,选择“货币”,在弹出的“货币”对话框中选择货币的符号,然后确定。值得注意的是,表示货币时,一般货币的大小是每三位数字用“,”来分隔,如在B2单元格中输入人民币“1234567”,则在B2单元格中将显示为“￥1,234,567.00”。

还有在Excel的同一个单元格中如若要换行,则必须按键盘上的Alt+Enter的组合键。因为在Excel中如按回车键将是光标下移一个单元格,所以,在Excel中就不能用回车键在一个单元格中换行。并且,在Excel中还可以同时给多个不连续的单元格输入同一个数据,方法是:按住键盘上的Ctrl键,然后逐一单击要输入相同数据的单元格,输入数据后按Ctrl+Enter组合键。

2)数据的填充输入

数据的填充是指一次同时在相邻单元格中复制有一定规律的多个不同的数据。它只能将所选单元格中的内容复制到上、下、左、右相邻的若干个单元格中。因此,在输入过程中,若一些单元格的内容之间有一定的增减、等比等规律(如表格中单元格的内容为1,4,7,10,13,16,…是一个递增序列),则可使用数据填充方式进行输入,以提高输入效率。

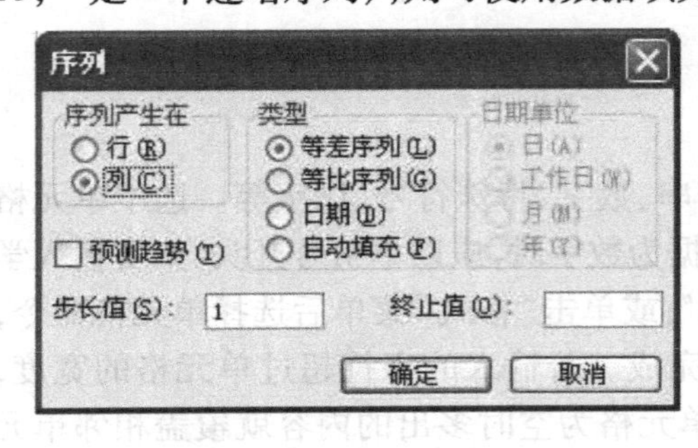

图4.6 “序列”对话框

(1)数据的序列输入　先单击选定起始单元格,输入数据(一般指数值型或日期型),如在B2单元格中输入1,然后选择“编辑”菜单下“填充”功能中的“序列”选项,则出现“序列”对话框(图4.6)。

在该对话框中选择相应的选项及输入相应的参数(如单击“列”选项,在“步长值”框内输入“3”,终止值为“50”,选择“等差序列”):单击“确定”按钮,系统将按要求在当前若干单元格中填入相应的数据(4,7,10,13,…将自动填入B3,B4,B5,B6,…单元格中),到终止值为止。若选择菜单功能之前,已连续选定了多个单元格,则仅填充选定的单元格。

(2)利用鼠标拖动填充柄输入序列　先选定一个或连续多个单元格(图4.7中A1和A2两个单元格),在此单元格的右下角有一个黑色小方块,就是填充柄,利用它可进行数据的输入。其操作方法是:首先,确定单元格输入起始数据(如图4.7中在A1和A2两个单元格中分别输入数字1和4),选中A1和A2,然后将鼠标指针指向填充柄,此时指针变为实心的十字形,拖动鼠标到目标单元格A5后松开鼠标,凡拖动时经过的单元格均被填充了数据(图4.8)。

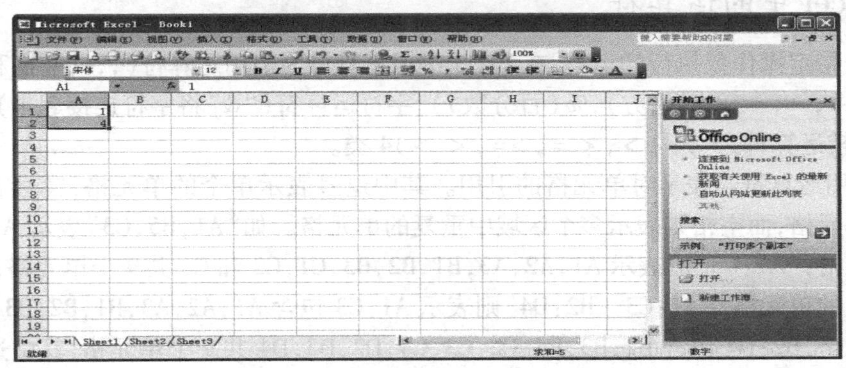

图4.7　数据的序列填充效果图

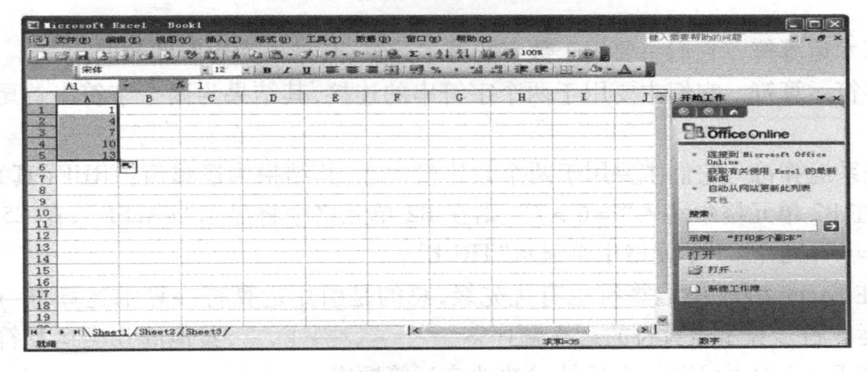

图4.8　数据的序列填充效果图

一般来说,这种方法可填充有规律的数值、日期、数字(中、英文等)字符型数据,系统默认按等差序列方式进行填充。图4.8是部分数据填充后的效果图。

(3)利用鼠标拖动填充柄复制公式　其方法是:首先,在单元格中正确输入公式(如在C1中输入"=A1+B1",D1中输入"=A1*B1"),选中C1和D1单元格,移动鼠标到单元格右下角的填充柄上,拖动到C3和D3为止,释放鼠标,则公式被一直复制到C3和D3单元格中,公式中参数的地址发生相应变化,结果也对应发生变化。

当然,也可使用剪贴板来进行数据及公式的复制。一般方法是:先选定一个或多个单元格,再单击常用工具栏上的"复制"按钮,然后需选定多个连续的单元格区域(其行列数应为选定单元格的倍数),单击常用工具栏上的"粘贴"按钮完成。

一般来说,采用公式输入的数据应为数值型或日期型数据,进行公式复制的数据也应为数值型或日期型。我们称这种参数可能会发生变化的复制为相对复制。

4.3.2 公式和函数的使用

公式类似于数学中的表达式,它是由等号、操作数、运算符所组成。

1)Excel 中的运算符

运算符指定操作数执行的运算,在 Excel 中运算符分为引用运算符(,,:,空格和负号)、算术运算符(+,-,*,/,^(乘方),%(百分数))、字符运算符("&"将字符连接起来)、关系运算符(又称比较运算符,=,<,>,<=,>=,< >)4 类。

(1)引用运算符　表示对单元格的引用。其中逗号表示单个的单元格,冒号表示连续区域的所有单元格,而空格则表示多个区域中重复的单元格。如"A1,B5,C3"表示 A1,B5 和 C3 共 3 个单元格;"A1:C3"则表示 A1,A2,A3,B1,B2,B3,C1,C2 和 C3 共 9 个单元格;"A1　C3"则没有重复的单元格;"A1:C3　B2:D4"则表示 A1:C3 包含 A1,A2,A3,B1,B2,B3,C1,C2,C3 共 9 个单元格,B2:D4 包含 B2,B3,B4,C2,C3,C4,D2,D3,D4 共 9 个单元格,其中这两个区域都包含 B2,B3,C2,C3 这 4 个单元格,所以"A1:C3　B2:D4"表示是 B2,B3,C2 和 C3 这 4 个单元格。

(2)算术运算符　它们主要用于数字的算术运算,其结果为数值型数据。

(3)字符运算符　它们主要用于两个字符串的连接,其结果为两个字符串首尾相连后的字符串。

(4)关系运算符　它们主要用于两个数比较大小,其结果为逻辑值:TRUE(真)和 FLASE(假)。如在 B2 单元格中输入"=6>7",则在 B2 单元格中将显示"FALSE";在 C5 单元格中输入"=6=6",则在 C5 单元格中将显示"TRUE"。

当然在 Excel 2003 中运算符也有优先级,总的是引用运算符→算术运算符→字符运算符→关系运算符。算术运算符的运算顺序%→^→*,/→+,-,其他的几类运算符间彼此不分先后。在 Excel 中也可以用小括号()来改变运算顺序。

2)操作数

操作数是直接参加运算的对象,它可以是数字、文字、单元格地址、函数或其他公式。

Excel 2003 系统中,允许使用公式对工作表中的数值进行计算。输入的公式必须以等号开始。其操作方法是:先选中需要输入公式的单元格,再在单元格内输入以"="开始的公式(如:=A2+C4 或 =12+23),然后单击"√"按钮或按回车键,即可在单元格内显示计算结果,但不显示公式内容。其中,A2 和 C4 是单元格地址,12 和 23 是具体的数。

3)函数

函数是 Excel 2003 预先定义好的公式,由于有些公式经常用到,所以 Excel 2003 把它定义成函数,供用户使用。例如,SUM 函数用来累加一串数值。

(1)Excel 2003 函数的格式

函数的一般格式为:函数名(参数表)

一个函数通常是由函数名和参数表组成,参数表用括号括起来,有些参数可以省略。参数可以是数、文字、逻辑值，也可为引用的单元格地址、数组等。如果一个函数含有多个参数，则参数之间可以用引用运算符分隔。如 SUM(A1,B3)结果是求单元格 A1 和 B3 内容之和，而 SUM(A1:B3)表示求单元格 A1,B1,A2,B2,A3,B3 6 个单元格内容的和，SUM (A1:B3,D8,E5)表示求 A1～B3 6 个与 D8 和 E5 共 8 个单元格内容之和。

(2)Excel 2003 的常用函数

Excel 2003 为用户提供了大量函数，它包括：财务函数、日期与时间函数、数学与三角函数、统计函数、查找与引用函数、数据库函数、逻辑函数及信息函数等。常用的函数有：

• 平方根函数

格式:SQRT(参数)

功能:求给定参数的算术平方根值。

• 求余函数

格式:MOD(A,B)

功能:求 A 整除 B 的余数(A,B 的值都应当是整数)。

• 绝对值函数

格式:ABS(参数)

功能:取给定参数的绝对值。

• 取整函数

格式:INT(参数)

功能:取不大于给定参数(为实数)的整数部分。

• 求最大值函数

格式:MAX(参数表)

功能:求各数值型数据的最大值。

• 求最小值函数

格式:MIN(参数表)

功能:求各数值型数据的最小值。

• 四舍五入函数

格式:ROUND(单元格,保留小数的位数)。

功能:对单元格内的数值进行四舍五入。

• 求和函数

格式:SUM(参数表)

功能:求各个参数数值之和。

• 条件函数

格式:IF(条件表达式,值 1,值 2)

功能:当条件表达式为真时，返回值 1，否则返回值 2。

• 计数函数

格式:COUNT(参数表)

功能:求各个参数中的数值数据的个数。

• 求平均值函数

格式:AVERAGE(参数表)

功能:求各个参数的平均值。

(3)函数的使用

①"自动求和"按钮 "自动求和"按钮实际上代表了工作表函数SUM(),用于累加求和。如果单击"自动求和"按钮,Excel 2003 将插入整个 SUM 函数,并提供一个建议的区域用于累加。例如要对 C1: F1 中的单元格累加,结果放在 G1 单元格中。操作方法是:

- 在 C1:F1 中输入用于累加的数字型数据;
- 选中单元格 G1;
- 单击"常用"工具栏中的"自动求和",于是 Excel 2003 在单元格插入完整的 SUM 函数,并在 G1 单元格和编辑栏中提供一个建议区域 C1:F1;
- 若系统建议区域不符合实际需要,用户可更正;
- 按回车、移动光标到其他单元格完成。

②"函数指南"按钮 "函数指南"按钮在"常用"工具栏上,位于"自动求和"按钮的右侧,利用它可以帮助我们输入函数。例如,想在单元格 E5 中求 A5:D5 的平均值,若用户记不住函数名,则可按以下操作:

- 在 A5:D5 中输入用于计算平均值的数值,并单击选中单元格 E5;
- 单击"函数指南"按钮,Excel 2003 显示"粘贴函数"对话框,选中"常用函数"中的 AVERAGE,单击 "确定"按钮,则将出现操作数所在区域对话框,如果系统预选区域不正确,可输入或用鼠标在工作表中拖动重新选定单元格区域;
- 单击"确定"按钮完成。

4.3.3 单元格的引用

1)在同一工作表中单元格的引用

在 Excel 2003 公式与函数中,也可引用单元格地址,以代表对应单元格中的内容。因此,引用单元格地址为公式和函数的运算提供了方便,也为单元格中数据的修改带来了灵活性。地址的形式不同,其运算结果也不同。

(1)相对引用 相对引用指的是直接用行、列号来表示单元格的名称。在公式被复制后,公式中参数的地址将发生相应变化。例如:在单元格 A1,A2,A3,A4,B1,B2,B3,B4 中分别输入0, 1,2,3,0,1,2, 3,选中单元格 C1 后输入" = A1 + B1"后按回车键,则单元格 C1 的值为0,再选中单元格 C1 向下拖动填充柄至 C4,这时可以看出 C2,C3 和 C4 的值与 C1 不同,选中 C3 在编辑栏上可以看到" = A3 + B3"。因此,相对引用与活动单元格的位置有关。在实际应用时,绝大多数时候引用的是相对地址。

(2)绝对引用 绝对引用指的是在行、列号前面加 $来表示单元格的名称。在公式和函数中,将它复制到其他单元格时其参数地址不发生变化。例如:在单元格 A1,A2,A3,A4,B1,B2,B3 和 B4 中分别输入 0,1,2,3,0,1,2,3,选中单元格 C1 后输入" = $A $1 + $B $1"按回车,则单元格 C1 的值为 0,再选中单元格 C1 向下拖动填充柄至 C4,这时可以看出 C2,C3,C4 的值与 C1 相同,选中 C3 在编辑栏可以看到" = $A $1 + $B $1"。因此,绝对引用不会随着活动单元格的改变而改变。

(3)混合引用　混合引用指的是行号或列号前面加 $来表示单元格的名称。如 A10 是相对引用，$A $10 是绝对引用，而 $A10 和 A $10 均是混合引用。在复制时公式和函数时相对的部分将随着活动单元格的改变而改变，而绝对的部分将不会随着活动单元格的改变而改变。

在公式运算与操作过程中，可根据需要使用不同地址。在同一个公式，3 种引用均可使用。比如，“ = A $10 + ($A10 + A11)/ $A $11”是一个正确的公式。

2)同一工作簿中不同工作表之间的引用

引用不同工作表之间的单元格称为内部引用。如在 Sheet1 工作表的 A3 单元格中引用 Sheet2 工作表的 B4 单元格，则应在 Sheet1 表的 A3 单元格内输入″= Sheet2！B4″。也可以用鼠标操作：选中 Sheet1 表的 A3；输入“ = ”，单击 Sheet2 工作表，选中 B4 确定。

3)不同工作簿中单元格的引用

引用不同工作簿中的单元格称为外部引用，如：在 Book1 工作簿的 Sheet1 工作表的 D1 单元格中需引用 Book2 工作簿的 Sheet2 工作表中的 C2 单元格，则应在 Book1 工作簿的 Sheet1 工作表的 D1 单元格内输入“ = [Book2]Sheet2！$C $2”。

4.3.4　工作表的编辑

工作表的编辑是指以单元格全部信息为基本单位进行的编辑处理。其中，包括对工作表中的单个单元格的内容进行修改，以及对单元格区域或整个工作表进行移动、复制、删除、查找、替换等编辑操作。

1)选择单元格或工作表

单元格是工作表中最基本的单位，在对工作表操作之前，必须选择某一个或一组单元格作为操作对象。选取单元格有以下几种情形：

(1)选定一个单元格　单击需要的单元格即可选定该单元格，选定的单元格被黑线框起来，表示它成为活动单元格，在地址框内显示出该单元格的地址。

(2)选定相邻一组单元格　将鼠标指针移到某一单元格上，拖动到目标单元格。拖过的单元格将呈高亮显示，表示该区域被选定。也可单击某一单元格后，用 Shift + 单击另一个单元格来选定两个单元格之间的一组单元格。

(3)选定整行或整列单元格　单击某行的行首(即行号)或某列的列首(即列号)即可选定该行或列中所有单元格。

(4)选定多个不连续的单元格区域　已选定一部分单元格后，按住 Ctrl + 逐一单击或拖动选定其他单元格。

(5)选择整个工作表　单击工作表左上角(行列号交叉处)的“全表选择框”，则整个工作表被选定。利用该项功能可对整表作全局性的设置，如改变整表内容的字体、字形、字号以及字符格式等。

2)单元格内容的修改

若单元格中数据较少,可重新输入数据修改其内容;若内容较多,可进入编辑状态进行修改。具体操作方法为:单击欲修改的单元格,则在“数据编辑”框内显示该单元格中的内容,同时在状态栏上显示编辑状态,再移动光标到欲修改的位置,即可修改有关内容。若双击则自动将光标定位于单元格中等待修改,当修改完后,单击“√”按钮或按回车键。

3)单元格的复制

选定需要复制的单元格或单元格区域,单击鼠标右键打开快捷菜单,选择“复制”功能,选定的单元格或单元格区域被闪烁的虚框框起来。

把鼠标移动到当前工作表的目标位置或打开其他工作表并选择目标位置,单击鼠标右键打开快捷菜单,选择“粘贴”功能即可。

若在同一工作表中进行复制,一旦选定了欲复制的单元格或单元格区域后,鼠标指针指向选定单元格底端呈45°空心箭头时,用Ctrl+拖动(空心箭头上方有“+”号出现)也可完成复制操作。使用常用工具栏或“编辑”菜单也可完成复制操作。

如果选定的部分或全部单元格中,使用相对或混合地址,复制后结果将会发生变化;如果使用的是绝对地址,则结果不会改变。

4)单元格的移动

要移动某个区域数据时,操作方法是:

①选定欲移动的单元格或单元格区域;

②鼠标指针指向选定单元格底端呈45°空心箭头时,直接拖动(空心箭头上方无“+”号)鼠标到目标位置,再松开鼠标;

③若目标位置有数据,则屏幕出现信息框,单击“确定”按钮则覆盖目标位置中的数据。

使用按鼠标右键弹出的快捷菜单、常用工具栏或“编辑”菜单也可完成复制操作。不管使用的是相对地址、绝对地址还是混合地址,移动后,其结果都不会发生改变。

5)插入(或删除)单元格

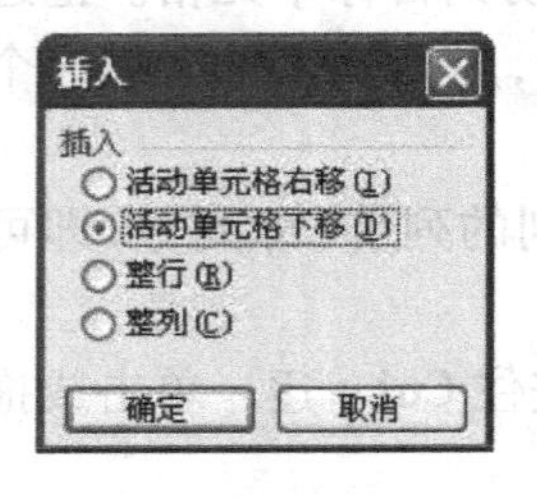

图4.9 “插入”对话框

在编辑工作表时,可方便地插入(或删除)单元格以及行、列、单元格区域。在进行插入(或删除)操作时,工作表中其他单元格将自动调整位置。其操作方法是:

①选定欲插入(或删除)的单元格或单元格区域;

②选择“插入”(或“编辑”)菜单中的“单元格”(或“删除”)功能,将出现“插入”(或“删除”)对话框,如图4.9所示;

③选择插入(或删除)方式,然后单击“确定”按钮。

6)查找(或替换)

Excel 2003工作表中,可查找(或替换)指定的数字、标点、日期或公式及任何字符。其操作方法是:

①选择“编辑”菜单下的“查找”(或“替换”)功能,屏幕显示“查找”(或“替换”)对话框(如图4.10所示),在“查找内容”正文框中,输入查找内容;

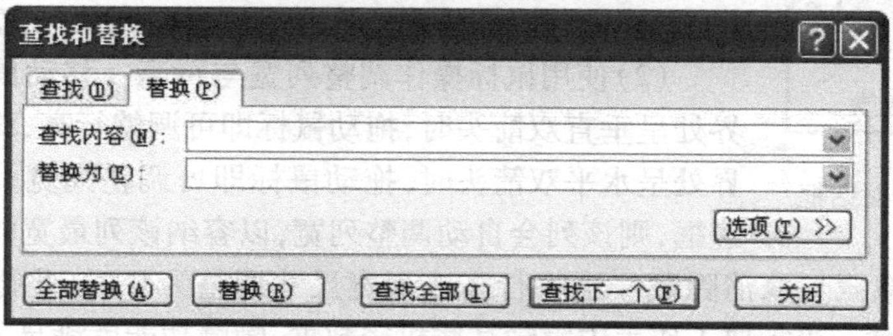

图4.10 “查找和替换”对话框

②单击选项按钮后,屏幕显示如图4.11所示的对话框,在该对话框中选择查找内容(对于替换操作来说,还应在“替换为”正文框中,输入替换内容);

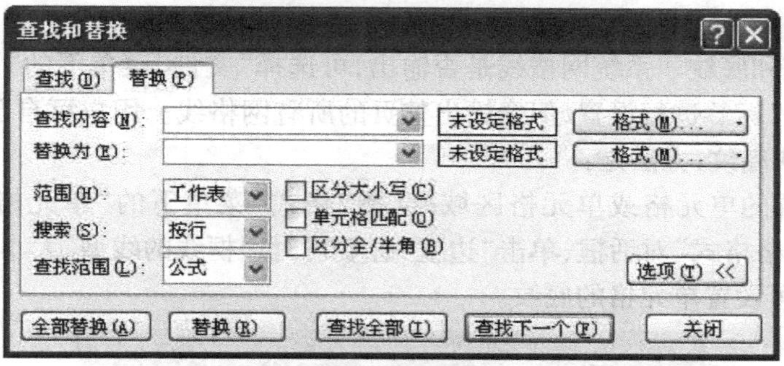

图4.11 选项对话框

③在“范围”框中,选择查找或替换的范围;

④单击“查找下一个”按钮,查找下一个符合条件的数据(对于替换操作来说,则可单击“全部替换”按钮,替换所有符合条件的数据);

⑤完成后,单击“关闭”按钮。

对于查找操作来说,查找到的第一个单元格将被选中。若需继续查找,可再单击“查找下一个”按钮。若选择了“单元格匹配”复选框,则只能查找与单元格内容完全一致的单元格,如果查找内容只是单元格中的一部分数据,则不选择此项。

4.3.5 工作表的格式化

格式化既可以针对单元格内的数据,也可以针对单元格本身的高度、宽度以及工作表中单元格的格式进行设置。

1)单元格的设置

(1)使用菜单调整行高(列宽) 新建立的工作表,其行高和列宽均是标准的,编辑过程中随时都可进行调整。方法是:

①选定欲调整的单元格或单元格区域,选择“格式”菜单下的“行”(或“列”)功能中的“行

高”(或“列宽”)选项,屏幕显示“行高”(或“列宽”)对话框(如图4.12所示);

图4.12 “行高”对话框

②在“行高”(或“列宽”)输入框中,输入行高(或列宽)的值,单击“确定”按钮,则对选定单元格的行高或列宽设置有效。

(2)使用鼠标操作调整列宽与行高 移动鼠标到行号之间交界处呈垂直双箭头时,拖动鼠标即可调整行高;移动鼠标到列号交界处呈水平双箭头时,拖动鼠标即可调整列宽。若双击列号的右边框,则该列会自动调整列宽,以容纳该列最宽的值。

(3)行、列的隐藏与取消隐藏 当将行高或列宽尺寸调整为0时,此行或列在表中不显示,即行或列被隐藏。当需要工作表中隐藏某些机密数据,隐藏功能就满足了这一需要。

用鼠标执行取消隐藏操作时,只要把指针移动到隐藏行(列)的两边交界处,当指针变成左右双箭头时,双击鼠标,即可取消隐藏。

用“格式”菜单中的“行”或“列”命令中的“取消隐藏”命令就能将隐藏的行和列重新显示出来。

(4)设置边框和底纹 系统网格线是否输出,可选择“文件”菜单下的“页面设置”功能对话框中的“工作表”标签进行设置,但会输出整页的所有网格线。用户可自己设置工作表中部分单元格的边框和底纹,方法是:

先选定要设置的单元格或单元格区域;选择“格式”菜单下的“单元格”功能,将出现图4.13所示的“单元格格式”对话框,单击“边框”标签可对边框线的线型、大小和颜色进行设置,单击“图案”标签可设置单元格的底纹。

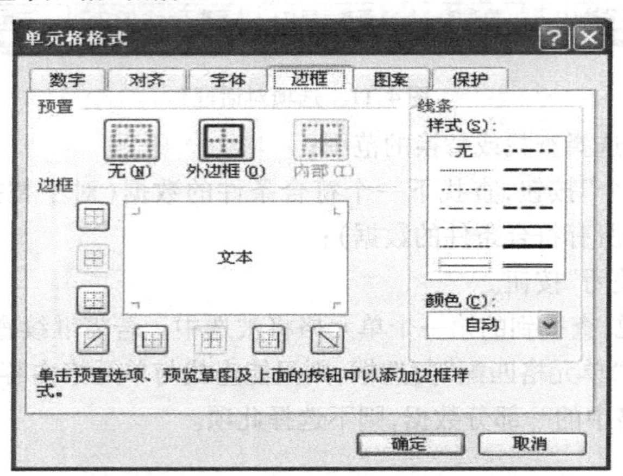

图4.13 “单元格格式”对话框

另外,使用格式工具栏也可设置边框线和底纹。方法是:单击格式工具栏的“边框”下拉按钮,在弹出的下拉列表中选择相应位置的边框,若原来没有框线,则加上框线;若有,则去掉框线。单击格式工具栏的“填充色”下拉按钮可设置底纹颜色。

(5)自动套用格式 Excel 2003提供了很多适合各种情况使用的表格格式,供用户根据需要选择。因此,用户可以简化对表格的格式设置,提高工作效率。

选定需要套用格式的表格区域,选择“格式”菜单下的“自动套用格式”功能,则弹出“自动套用格式”对话框(如图4.14所示),选择合适的格式。单击“选项”按钮,则显示出图4.15下部的“要应用的格式”复选框,“数字”“边框”“字体”“图案”“对齐”以及“列宽/行高”6个,决定相应的对象使用格式。然后,单击“确定”完成自动套用格式设置,所选区域就按用户选定的格式生成报表。

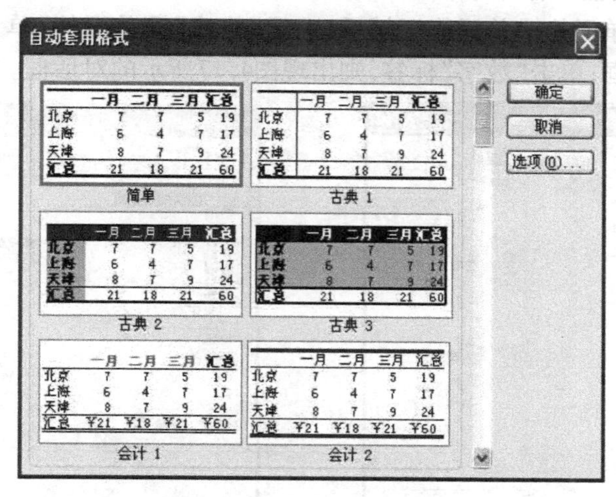

图 4.14 “自动套用格式”对话框

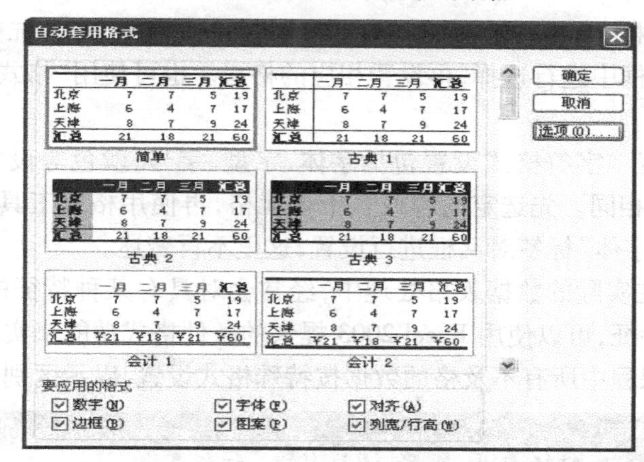

图 4.15 “自动套用格式”的选项对话框

2)单元格内容的设置

为了美化工作表的表现形式,用户可根据需要对各单元格中的内容进行对齐、数字格式、字符格式等设置,称为单元格的格式化。

(1)数据对齐格式设置 Excel 2003 提供了水平和垂直两种对齐方式。其中,水平对齐有 8 种:常规、靠左(缩进)、居中、靠右(缩进)、填充、两端对齐、跨列居中、分散对齐;垂直对齐有 5 种:靠上、居中、靠下、两端对齐、分散对齐。

系统默认的水平对齐方式是常规(数值和日期数据右对齐、字符数据左对齐)、垂直对齐方式是靠上。设置方法是:选定若干单元格后选择“格式”菜单下的“单元格”功能,在“单元格格式”对话框的“对齐”标签中,根据需要进行相关选项的设置(如图 4.16 所示)。

另外,在格式工具栏上还有左对齐、居中、右对齐、合并及居中(先将多个单元格合并成一个后,再将单元格的内容居中)4 个对齐按钮。其操作是首先选中要设置对齐格式的一个或多个单元格,单击相应的按钮即可。

(2)数字格式的设置　有时对单元格的数据格式有一定的要求,比如保留3位小数、表示成货币符号等。选定单元格或单元格区域后,选择"格式"菜单下的"单元格(E)…"功能,则出现图4.17所示对话框;单击"数字"标签,则出现图4.17所示的对话框。

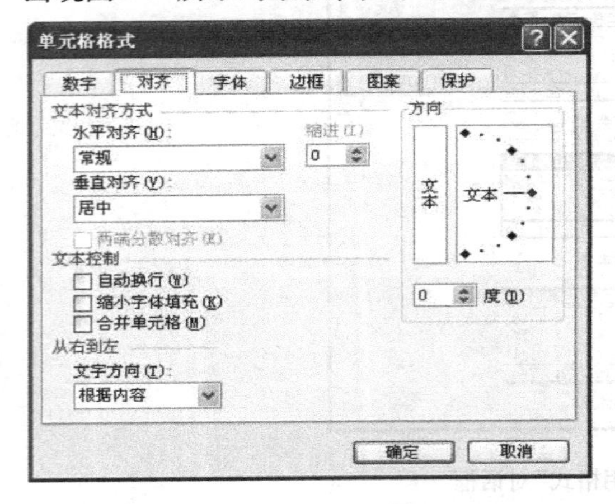

图4.16　单元格对齐对话框

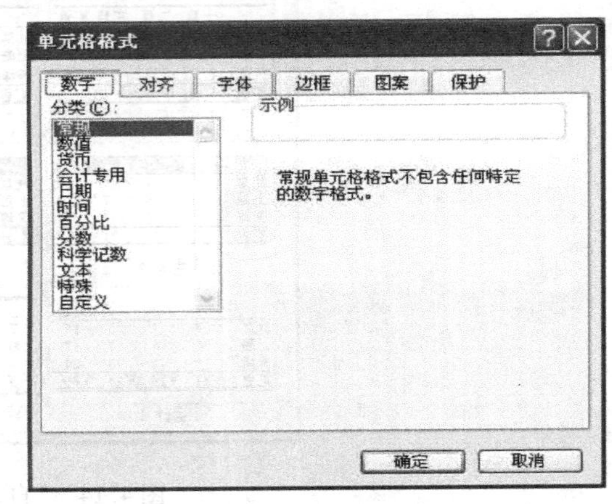

图4.17　单元格数字对话框

用户可从"分类"框中进行选择,再设置相应的格式。也可使用"格式"工具栏中的数字式按钮完成相应设置。

(3)字符格式设置　字符格式设置包括字体、字型、字号、颜色等设置,方法与中文Word 2003系统的设置方法相同。先选定内容或若干单元格,再使用格式工具栏上相应功能按钮,或单击图4.17中的"字体"标签对话框进行设置,这里不再赘述。

(4)条件格式　在实际的数据表格处理中,经常会对具有某种特征的单元格进行特殊格式设置,以突出某种特征,可以使用Excel 2003提供的条件格式功能来实现。例如,图4.18成绩表中,要求将各门课程中所有不及格的数据按特殊格式设置,以示区别。

Microsoft Excel - Book1

某中学成绩表

学号	姓名	语文	数学	英语	综合	总分	平均分
2007001	张红	78	68	35	92	273	68.25
2007002	李明	90	87	87	82	346	86.50
2007003	孙涛	87	45	64	47	243	60.75
2007004	赵林	56	70	78	89	293	73.25
2007005	周芳	92	98	72	90	352	88.00
2007006	王锋	83	78	92	73	326	81.50

图4.18　成绩表

使用Excel 2003提供的条件格式功能的操作方法如下:先选定单元格区域C3:F8,再选择"格式"菜单下的"条件格式"命令,进入图4.19所示的对话框,将条件1(1)选项中设置为单元格数值小于60,单击"格式"按钮,设置字体为"红色",单击"确定"按钮后就会出现如图

4.20所示的效果。

图4.19 “条件格式”对话框

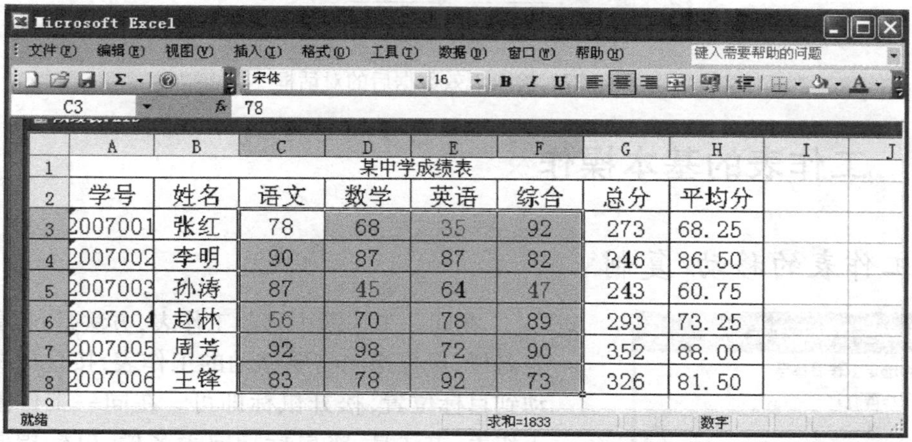

	A	B	C	D	E	F	G	H
1	某中学成绩表							
2	学号	姓名	语文	数学	英语	综合	总分	平均分
3	2007001	张红	78	68	35	92	273	68.25
4	2007002	李明	90	87	87	82	346	86.50
5	2007003	孙涛	87	45	64	47	243	60.75
6	2007004	赵林	56	70	78	89	293	73.25
7	2007005	周芳	92	98	72	90	352	88.00
8	2007006	王锋	83	78	92	73	326	81.50

图4.20 设置条件格式后的效果图

取消条件格式设置的方法如下：选定单元格后，单击选择图4.19中的“删除”按钮来实现。

(5)数据有效性　用户输入数据前，可设置数据的有效性规则，以免输入不符合要求的数据值。设置数据有效性规则的操作方法如下：先选定要检查的单元格区域C3:F8，再选择“数据”菜单下的“有效性”命令，则弹出如图4.21所示的“数据有效性”对话框，在“设置”选项卡中有效性条件下允许选择“整数”，数据选择“介于”，最小值设置为0，最大值设置为100后，则设置输入数据的范围，并且还可以在“输入信息”“出错警告”选项卡中进行相应的设置，单击“确定”按钮，则设置完成。

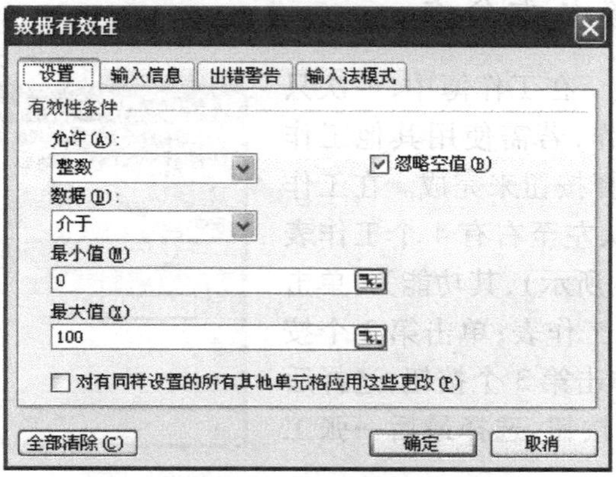

图4.21 “数据有效性”对话框

设置有效性的数据类型除了为整数外还可以为小数、序列、日期、时间和文本长度等。例如，图 4.21 中将选定单元格的输入限定为整数，大小限定在 0 ~ 100。在这种情况下，如果用户想在 C3 单元格中输入整数为 200，Excel 系统就会报错并弹出图 4.22 所示的对话框，拒绝接受该数据，且要求重新输入数据。

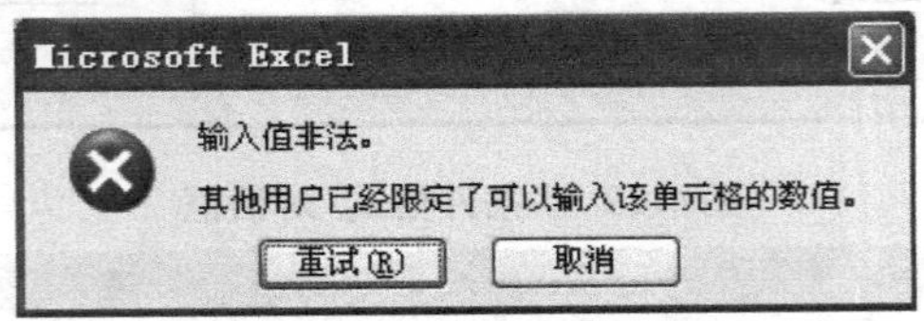

图 4.22 输入无效数据后的对话框

4.3.6 工作表的基本操作

1) 工作表的移动/复制

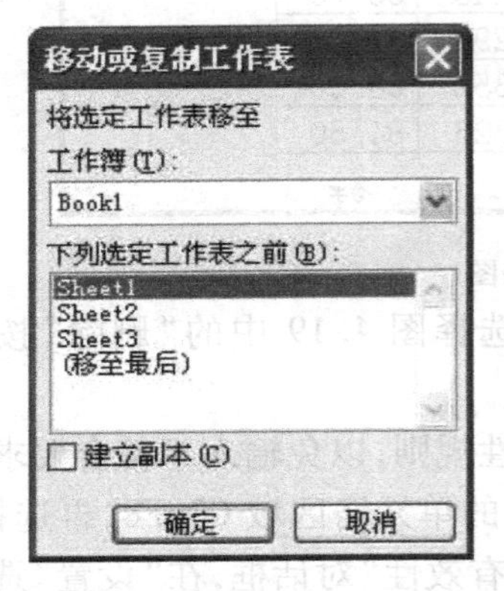

图 4.23 "移动或复制工作表"对话框

在同一工作簿中移动工作表，方法是：将鼠标指向表名栏，鼠标指向将要移动的工作表，按住鼠标左键拖动到目标位置，松开鼠标即可。在同一工作簿中复制工作表，方法是：将鼠标指向表名栏，鼠标指向将复制的工作表，按住键盘上的 Ctrl 键的同时拖动鼠标左键到目标位置，松开鼠标即可。如将工作表移动/复制到任意位置，也可以右击要移动/复制的工作表，选择移动或复制工作表快捷菜单或单击"编辑"菜单下的移动或复制工作表，将出现图 4.23 所示的"移动或复制工作表"对话框，在弹出的对话框中选择要移动/复制的工作表，再选择要移动/复制工作表的位置，单击"确定"按钮。如果选择建立副本选项，则是复制工作表。

2) 工作表的切换与重命名

(1) 工作表间的切换 在工作簿中，一次只能对一个工作表进行操作，若需使用其他工作表，可单击工作表标签选择按钮来完成。在工作簿窗口下方滚动条左边从左至右有 4 个工作表标签选择按钮（如图 4.24 所示），其功能为：单击第 1 个按钮，选择第 1 张工作表；单击第 2 个按钮，选择前一张工作表；单击第 3 个按钮，选择后一张工作表；单击第 4 个按钮，选择最后一张工作表。

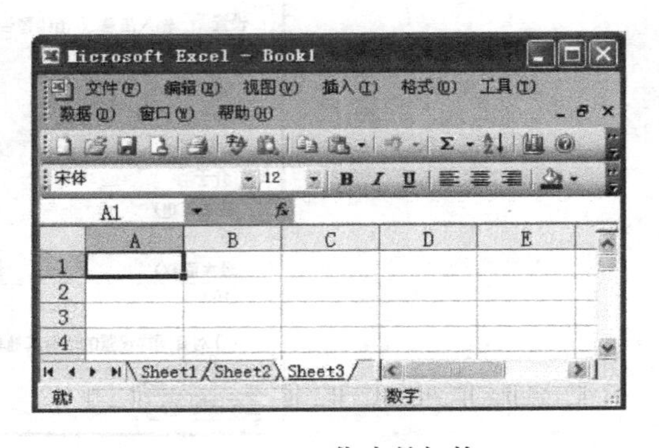

图 4.24 工作表的切换

也可单击工作表标签按钮进行切换，如单击

图4.24中的标签“Sheet1”“Sheet2”“Sheet3”等可将相应的工作表变成当前工作表。

(2)工作表重新命名　在保存工作表时，可以根据需要为工作表重新命名，其操作方法是：

选择“格式”菜单下的“工作表”功能中的“重命名”选项，则当前工作表命名的名称呈高亮显示(如图4.25)，输入工作表新名称，如图中的“成绩表”，按回车即可。也可用鼠标指向工作表名称单击鼠标右键，选择快捷菜单中的“重命名”功能来实现，或双击工作表的名称也可实现。

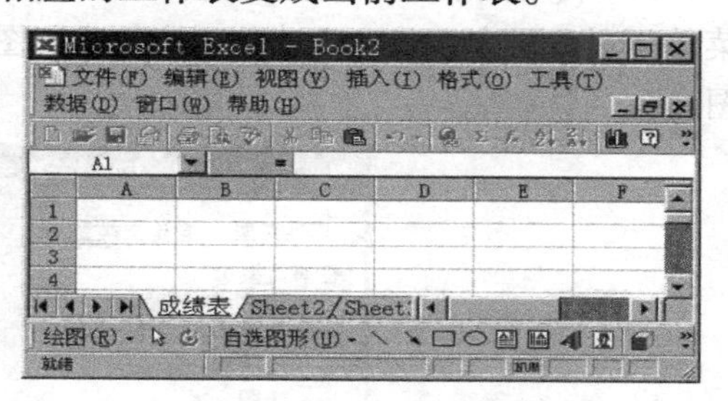

图4.25　工作表重命名对话框

3)工作表的插入/删除

当打开一新工作簿时隐含只有3张工作表，用户可根据需要在工作簿中进行工作表的插入/删除。

(1)工作表的插入　从“插入”菜单上选择“工作表”命令，或右击要插入工作表的名字，选择插入，则一张新的工作表被插入。例如，要在Sheet2前插入工作表，先激活Sheet2，执行上述插入操作后，可以看到Sheet4插到Sheet2之前。

(2)工作表的删除　单击所要删除的工作表的标签激活此工作表，然后从“编辑”菜单上选择“删除工作表”命令，或右击工作表的名字，选择删除，此时将打开一对话框，通知用户此表将永久删除，选择“确定”按钮，则此表被删除。

4.4　Excel 2003 的图表功能

在Excel 2003中，允许用图表(如饼图、折线图、条形图、柱形图等)来表示工作表中的数据，使数据更直观、更有趣，便于阅读、理解、分析、评价、比较数据。本节将简要介绍如何在Excel 2003中建立与编辑图表。

4.4.1　创建图表

在Excel 2003系统中，可以建立两种类型的图表：嵌入式图表和独立式图表。嵌入式图表是放在已有的某张工作表中的图表对象；独立式图表是在当前工作簿文件中自动新建一个单独的工作表(默认工作表名为“Chart1”“Chart2”…)。

下面通过一个班级的成绩表来说明图表创建的一般方法。

(1)建立一个数据工作表　启动Excel 2003系统，输入工作表数据，根据需要设置各单元格数据的字符格式、段落格式、边框线、底纹等格式，将工作表命名为“成绩表”，如图4.18所示，设置好后，将文件进行存盘：d:\abc.xls。

(2)选定数据区域　切换到“成绩表”工作表中，选定要制作图表的数据区域，比如图4.18中选定为“B3:B8”和“G3:G8”区域。

(3)利用图表向导功能创建图表　单击格式工具栏上的“图表向导”按钮或选择“插入”菜单下的“图表(H)…”功能,则出现如图4.26所示的图表向导对话框,按以下步骤创建图表:

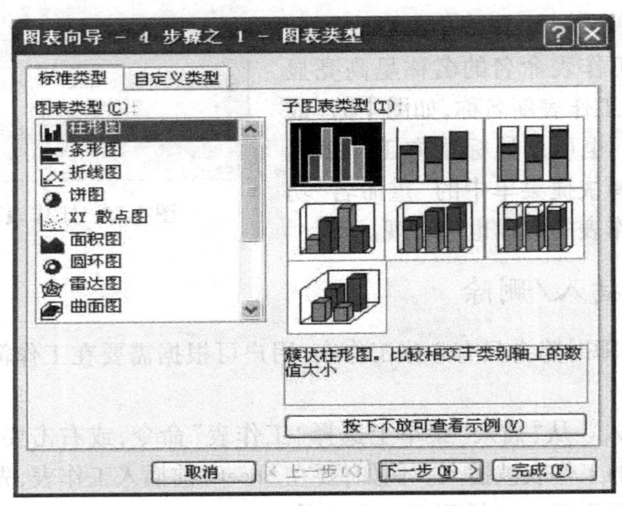

图4.26　“图表向导之1”对话框

①在图4.26的“图表向导4步骤之1”对话框中,选择图表类型和子图表类型;

②单击“下一步”按钮则弹出“图表向导4步骤之2”对话框,如图4.27所示,设定图表数据源。可重新设定数据区域,还可以根据需要指定以“行”或“列”组织数据,也可单击“系列”标签,增加/删除“系列”,更改“名称”“数值”等;

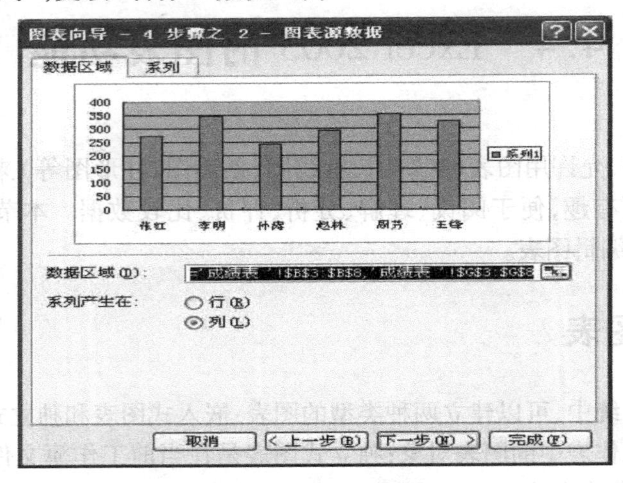

图4.27　“图表向导之2”对话框

③单击“下一步”按钮,将弹出“图表向导4步骤之3”对话框,如图4.28所示,可输入图表标题、分类轴(X)与数据轴(Y),还可根据需要单击其他标签进行设置;

④单击“下一步”按钮,则弹出“图表向导4步骤之4”对话框,如图4.29所示,选择将图表是嵌入当前工作表、已有的工作表中,还是新建一个工作表。如果选择“作为其中对象插入”已有工作表,则需要指出嵌入的位置,比如图中的“成绩表”工作表;

⑤单击“完成”按钮,所生成的图表嵌入到指定的工作表中。图4.30是建立了图表的“成绩表”工作表。在上述操作过程中,每一步均可单击“完成”按钮,则系统自动使用其默认值来完成图表的建立。

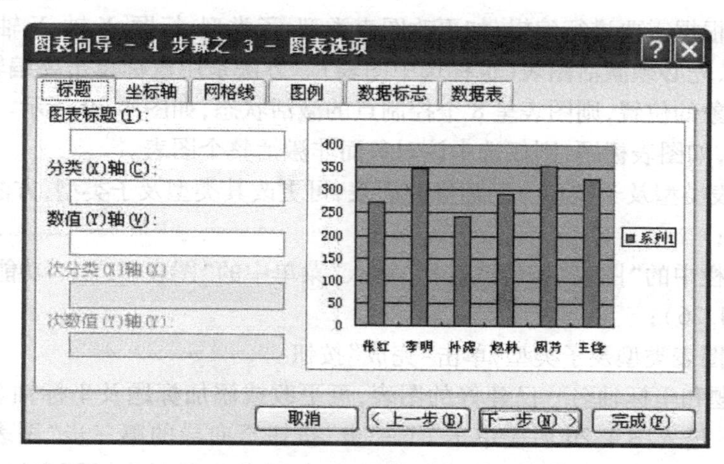

图4.28 “图表向导之3”对话框

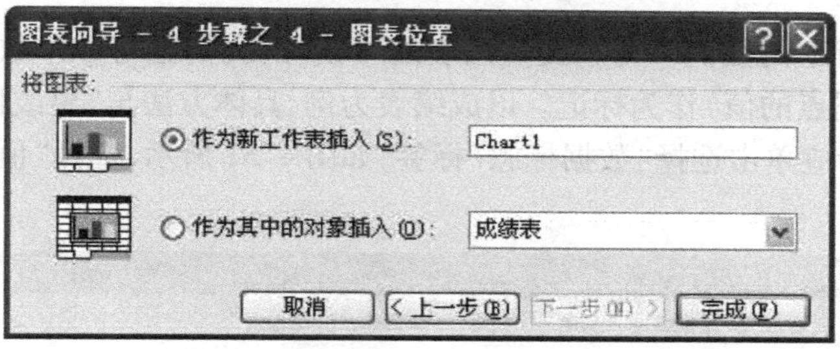

图表向导 - 4 步骤之 4 - 图表位置

将图表:

作为新工作表插入(S): Chart1

作为其中的对象插入(O): 成绩表

取消 < 上一步(B) 下一步(N) > 完成(F)

图4.29 “图表向导之4”对话框

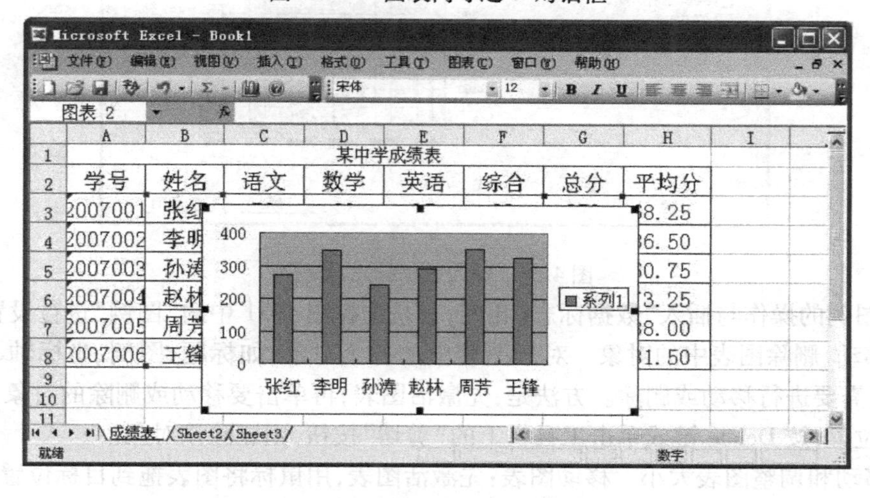

图4.30 数据表与对应的图表

4.4.2 编辑图表

已建图表可根据需要进行编辑,如更改图表类型、子类型、标题、X 轴、Y 轴说明等。

要编辑图表,先必须激活图表(也称选中图表)。方法是用鼠标单击要编辑图表的四周边缘或图表中无对象的位置,则图表呈 8 个控制点的激活状态,如图 4.30 所示。注意,若单击图表中的某个对象,如图表标题,则仅选中该对象而非激活整个图表。

(1)更改图表类型及子类型　已建好的图表,可更改其类型及子类型,方法如下:

①激活图表;

②单击工具栏中的"图表"按钮或选择"插入"菜单中的"图表(H)…"功能,出现图表向导对话框(参照图 4.26);

③重新选取图表类型及子类型,单击"完成"按钮。

(2)更改标题和坐标轴名　已建好的图表,可更改或添加标题及坐标轴名,方法与"更改图表类型"类似。进入图 4.26 后应单击"下一步"按钮至向导的第三步"图表选项"(参照图 4.24)。然后,在图表标题、分类轴、数值轴处的文本框中分别更改标题和轴名,单击"完成"按钮。

(3)插入数据标志与图例　为了提高图表的可读性,我们把每一个数据点增加相应的数据(这里用的是数据点的值)作为标记。以成绩表为例,具体方法与"更改标题及坐标轴名"类似。进入图 4.28 后应单击选择"数据标志"标签,如图 4.31 所示,选择"值"或"系列名称",单击"确定"按钮。

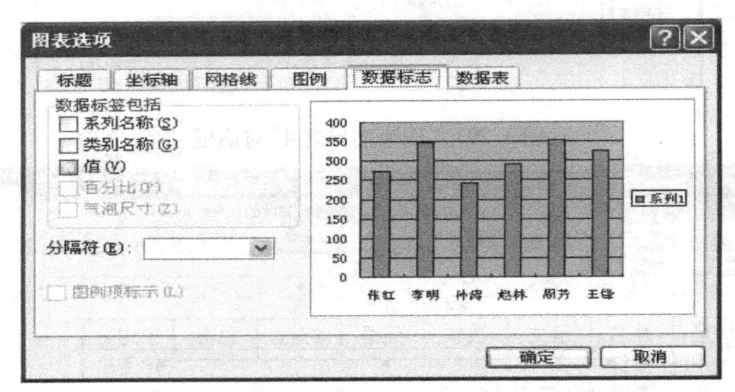

图 4.31　插入数据标志对话框

插入图例的操作与插入"数据标志"相同,只是选择图 4.31 中的"图例"进行设置。

(4)移动、删除图表中的对象　对于图表中的各个对象,如标题、图例、坐标轴、数据标志等,可根据需要进行移动或删除。方法是:先激活图表,再单击要移动或删除的对象,用鼠标拖动到相应位置,按 Delete 键或单击工具栏上的"剪切"按钮,则删除该对象。

(5)移动和调整图表大小　移动图表:先激活图表,用鼠标将图表拖到目标位置即可。

图表大小调整:先激活图表,用鼠标拖动图表的四周某一控制点,可以任意改变图表的大小。

4.5 Excel 2003 的数据库管理

具有结构相同的信息的集合称为数据库。如图4.25所示的成绩表中,共6个学生的成绩信息,每条信息都包含8个相同的数据项,因此此表符合数据库的基本特征。通常把一条信息称为一个“记录”,而记录中的数据项称为“字段”。Excel 提供了数据库多功能专门处理这类工作表,Excel 的数据库功能有记录单、排序、数据筛选、分类汇总、数据透视表等。下面将简要介绍其中的几个常用功能。

4.5.1 数据的计算和排序

1)数据的计算

Excel 2003 中提供了多种进行数据计算的方法。使用函数、自动求和、公式都能进行数据的计算,方法与第4.3.2小节所述“公式和函数的使用”相同。

2)数据排序

排序是数据库最基本的操作之一。用户往往会根据不同的需要来排列库中的记录,便于对记录进行查找、分析等操作。Excel 2003 提供了强大的排序功能,可按行或列、升序或降序排列,排序可针对一个或多个关键字进行。

(1)单关键字排序　图4.32是对“学生成绩表”按“总分”进行降序排列后的结果,其操作方法是:单击“总分”单元格,再单击常用工具栏中的“降序”按钮即可。

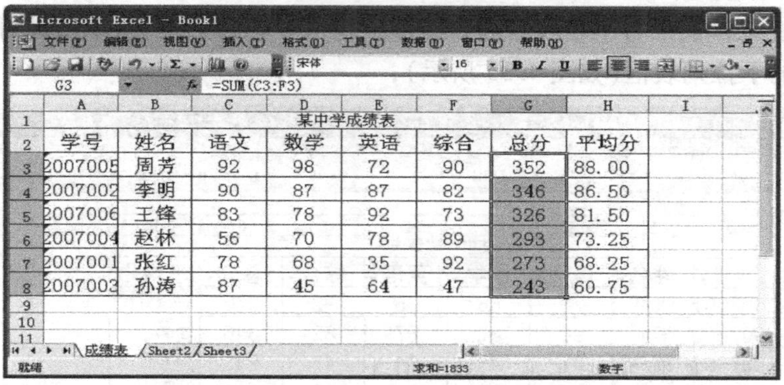
Microsoft Excel - Book1
G3
=SUM(C3:F3)
某中学成绩表
学号 姓名 语文 数学 英语 综合 总分 平均分
2007005 周芳 92 98 72 90 352 88.00
2007002 李明 90 87 87 82 346 86.50
2007006 王锋 83 78 92 73 326 81.50
2007004 赵林 56 70 78 89 293 73.25
2007001 张红 78 68 35 92 273 68.25
2007003 孙涛 87 45 64 47 243 60.75
成绩表 Sheet2 Sheet3
就绪
求和=1833
数字

图4.32　单关键字排序

(2)多关键字排序　现将“学生成绩表”按“语文”降序、“英语”降序、“数学”降序进行重排序。其操作方法是:

①选定数据清单的部分数据区域或整体,选择“数据”菜单下的“排序”功能,则打开“排序”对话框(如图4.33所示);

②从"主要关键字"下拉框中选择"语文"作为主关键字,并选中"降序"选项。"次要关键字"和"第三关键字"的设置方法与此类似,具体结果如图 4.33 所示。若单击"选项"按钮,则在屏幕上显示如图 4.34 所示的对话框,可设置排序的"方向""方法",也可自定义排序次序;

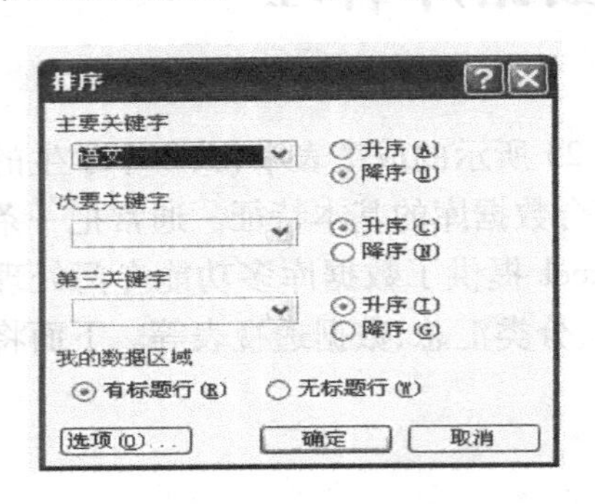

图 4.33 多关键字排序

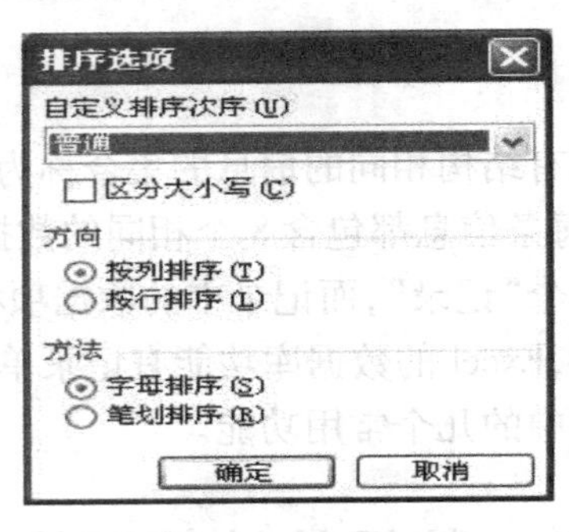

图 4.34 排序"选项"对话框

③单击"确定"按钮,排序完成。

对于单关键字排序,也可以采用这种方法来实现。

4.5.2 数据的筛选

有时在处理数据时,可能只会对表格中的某些符合条件的记录感兴趣,这时可以通过 Excel 2003的数据筛选功能,将满足条件的数据集中显示在工作表上,或在另外区域显示,将暂时不需要的数据隐藏起来。

在 Excel 2003 中,筛选数据的方法有:自动筛选、自定义筛选和高级筛选 3 种。

(1)自动筛选 自动筛选是按照简单的比较条件,快速地对工作表中的数据进行筛选,只将满足条件的数据集中显示在工作表上。其操作方法是:

①在工作表中任选定一个单元格,然后选择"数据"菜单下的"筛选"功能下的"自动筛选"选项,此时在工作表中每个字段名的右边都出现了一个筛选按钮,单击即可出现一列有该字段所有项目的下拉列表框(如图 4.35 所示);

某中学成绩表

学号	姓名	语文	数学	英语	综合	总分	平均分
2007001	张红	78	68	35	92	273	
2007002	李明	90	87	87	82	346	
2007003	孙涛	87	45	64	47	243	
2007004	赵林	56	70	78	89	293	
2007005	周芳	92	98	72	90	352	
2007006	王锋	83	78	92	73	326	81.50

图 4.35 "自动筛选"对话框

②单击数据清单中"平均分"字段右边的筛选按钮,选中"前 10 个"项,即出现如图 4.36

所示的对话框；

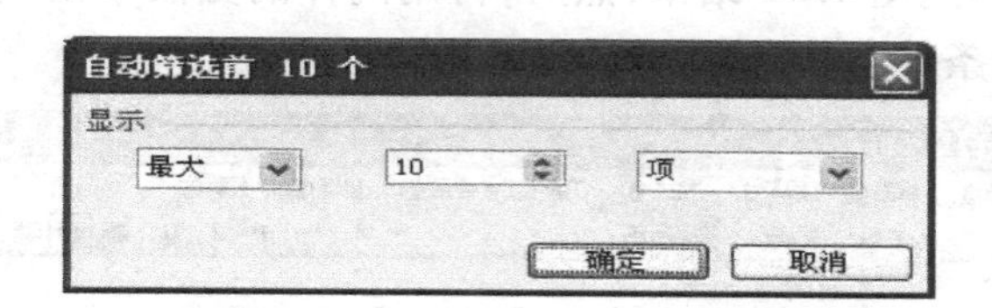

图 4.36 自动筛选条件

③设定各框的值，依次为“最大/最小”选项，即显示最大或最小的若干个数据，查找记录数；选择“项/百分比”，即中间框设定的值是个数还是百分比。如图 4.36 中设置的条件上“显示最大 3 项”，也就是只显示出“总分”成绩最高的 3 个记录，如图 4.37 所示。

	A	B	C	D	E	F	G	H
1	某中学成绩表							
2	学号	姓名	语文	数学	英语	综合	总分	平均分
4	2007002	李明	90	87	87	82	346	86.50
7	2007005	周芳	92	98	72	90	352	88.00
8	2007006	王锋	83	78	92	73	326	81.50

在 6 条记录中找到 3 个

图 4.37 自动筛选总分最高的 3 条记录

设置好后单击“确定”按钮，图 4.35 中的原数据区中显示满足条件若干记录，不满足条件的记录则被隐藏。

(2)自定义筛选 自定义筛选是指在自动筛选基础上，根据复合条件来筛选数据。由于单一条件筛选有时不尽人意，因而复合筛选就应运而生。通过用户自定义复合查找条件，就能满足复杂的要求。比如，找出图 4.35 工作表中“平均分”成绩在 70 ~ 90 分的记录，可按以下步骤进行操作：

①单击图 4.35 工作表“平均分”字段名右边的筛选按钮，选择其下拉列表中的“自定义”选项，则出现图 4.38 所示的“自定义自动筛选方式”对话框；

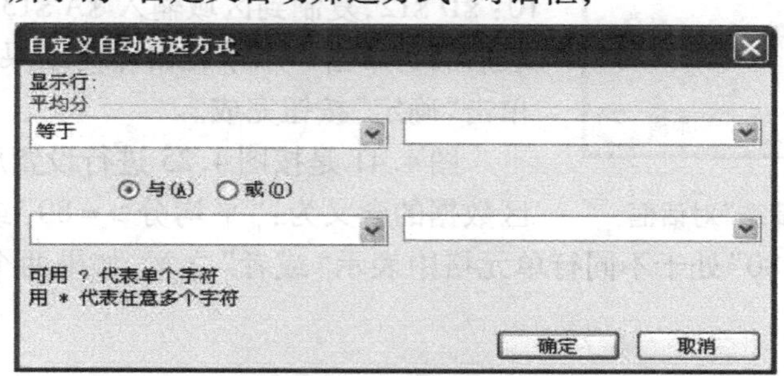

图 4.38 “自定义自动筛选方式”对话框

②在对话框中按图中内容，选择及输入具体的值；

③单击“确定”按钮，满足上述条件的记录结果如图 4.39 所示。

如果需要找出“平均分 >= 70 并且平均分 <= 90”并且“英语 >= 80”等复杂条件的记录，

可先按上述步骤操作,得到图4.39结果,然后,再用同样的方法单击"英语"字段筛选按钮实现,只要将图4.38中的条件定义为"大于等于80"即可。

Microsoft Excel - Book1

	A	B	C	D	E	F	G	H
1	某中学成绩表							
2	学号	姓名	语文	数学	英语	综合	总分	平均分
4	2007002	李明	90	87	87	82	346	86.50
6	2007004	赵林	56	70	78	89	293	73.25
7	2007005	周芳	92	98	72	90	352	88.00
8	2007006	王锋	83	78	92	73	326	81.50

在 6 条记录中找到 4 个

图4.39 自定义筛选结果

如果要取消已建立好的自动及自定义筛选,可再选择"数据"菜单下的"筛选"功能中的"自动筛选"选项(使其不打勾)来实现。若选择"全部显示"选项,则显示所有数据清单但不取消筛选状态,相当于还未设置筛选的条件。

(3)高级筛选 不管是上述的自动筛选或自定义筛选,均是在原来数据清单的基础上进行的,不满足条件的数据将被隐藏。如果希望将筛选后的结果放在当前工作表的其他位置或其他工作表中,则需要使用Excel 2003系统提供的"高级筛选"功能来实现,同时"高级筛选"也能完成"自动筛选"及"自定义筛选"的所有功能。

"高级筛选"应有3个区域:数据区域、条件区域、结果区域。进行高级筛选前应在非数据区单元格中输入条件(如图4.40所示),且必须有条件的标题,然后按下述步骤操作:

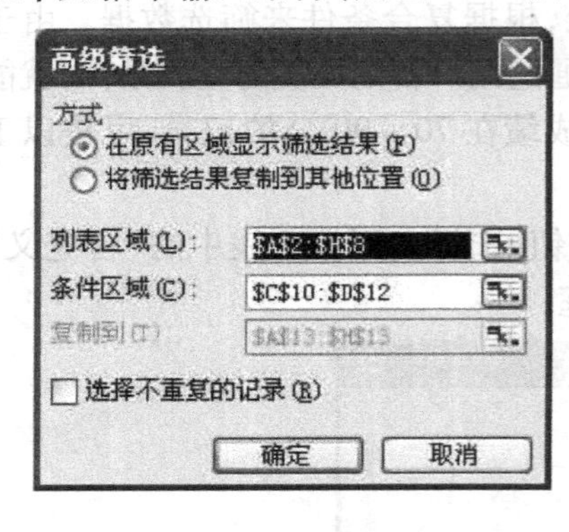

图4.40 "高级筛选"对话框

①选定数据清单,如图4.25中的$A $2:$H $8(必须包括标题行)。

②选择"数据"菜单下的"筛选"功能中的"高级筛选(A)..."选项,出现图4.40所示对话框。在该对话框中的数据区域输入$A $2:$H $8,条件区域输入$C $10:$D $12,复制到区域输入$A $13,也可单击其他工作表名后再单击一个单元格作为结果放置的起始单元格,单击"确定"按钮完成。

图4.41是按图4.25进行设置后的结果。图中条件区数据的含义为:"平均分 >= 80"或者"语文 >= 80"。条件" >= 80"与" >= 80"处于不同行单元格中表示"或者"之意,如果两个条件在同一行中则表示"并且"之意。

4.5.3 数据的分类汇总

分类汇总就是将同一类型的数据按要求进行汇总,其汇总方式主要有:求和、求平均值、求最大值、最小值、计数、乘积等。如图4.42所示的运动会成绩表,如果要按学院求出得分的总和等，就可以用分类汇总来完成。

Microsoft Excel - Book1

文件(F)　编辑(E)　视图(V)　插入(I)　格式(O)　工具(T)　数据(D)　窗口(W)　帮助(H)　键入需要帮助的问题

宋体　12

H10

	A	B	C	D	E	F	G	H
1			某中学成绩表					
2	学号	姓名	语文	数学	英语	综合	总分	平均分
3	2007001	张红	78	68	35	92	273	68.25
4	2007002	李明	90	87	87	82	346	86.50
5	2007003	孙涛	87	45	64	47	243	60.75
6	2007004	赵林	56	70	78	89	293	73.25
7	2007005	周芳	92	98	72	90	352	88.00
8	2007006	王锋	83	78	92	73	326	81.50
9								
10			平均分	语文				
11			>=80					
12				>=80				
13	学号	姓名	语文	数学	英语	综合	总分	平均分
14	2007002	李明	90	87	87	82	346	86.50
15	2007003	孙涛	87	45	64	47	243	60.75
16	2007005	周芳	92	98	72	90	352	88.00
17	2007006	王锋	83	78	92	73	326	81.50
18								

成绩表 / Sheet2 / Sheet3 /

就绪　数字

图4.41　高级筛选对话框

Microsoft Excel - heli2

文件(F)　编辑(E)　视图(V)　插入(I)　格式(O)　工具(T)　数据(D)　窗口(W)　帮助(H)　键入需要帮助的问题

宋体　12

D23

	A	B	C	D	E
1		运动会成绩表			
2	学院	性别	项目	名次	得分
3	中文	女	100米	1	7
4	数学	男	200米	3	4
5	外语	女	400米	6	1
6	物理	男	跳高	2	5
7	外语	女	跳远	5	2
8	数学	男	200米	2	5
9	物理	女	跳高	4	3
10	管理	男	100米	2	5
11	数学	女	400米	2	5
12	管理	女	跳远	2	5
13	外语	男	400米	4	3
14	数学	女	200米	5	2
15	中文	男	100米	3	4

运动会 / Sheet1 / Sheet2 / Sheet3 /

就绪　数字

图4.42　运动会成绩表

进行分类汇总具体方法如下：

①按某一字段如“学院”进行排序；

②选择“数据”菜单下的“分类汇总(B)...”功能则出现如图4.43所示的对话框；

③根据实际情况进行设置，如图中将分类字段设置为“学院”，汇总方式设置为“求和”，选定汇总项选定所有的数据项；

④单击“确定”按钮完成。

图4.44是按上述步骤操作后的汇总结果。

求平均值、求积等分类汇总的操作方法与求总和基本相同。

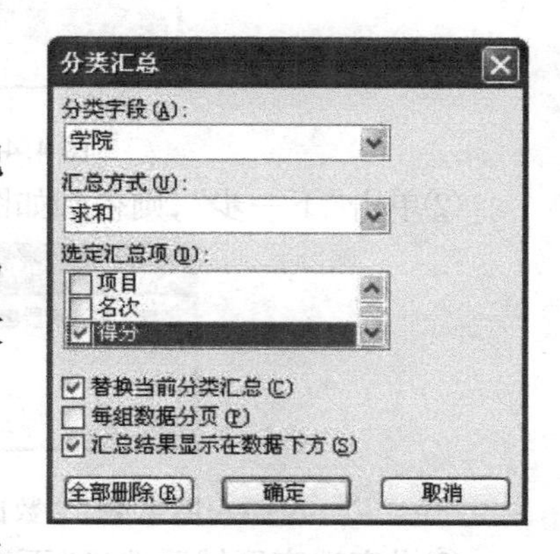

图4.43　分类汇总对话框

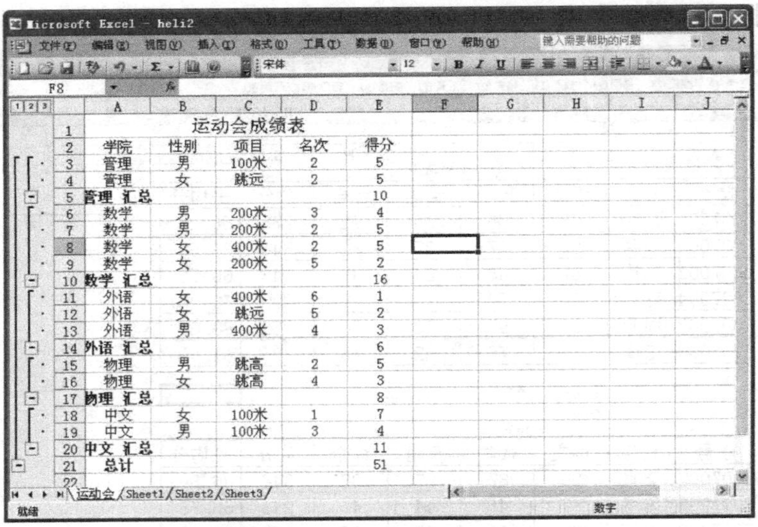

	A	B	C	D	E
1	运动会成绩表				
2	学院	性别	项目	名次	得分
3	管理	男	100米	2	5
4	管理	女	跳远	2	5
5	管理 汇总				10
6	数学	男	200米	3	4
7	数学	男	200米	2	5
8	数学	女	400米	2	5
9	数学	女	200米	5	2
10	数学 汇总				16
11	外语	女	400米	6	1
12	外语	女	跳远	5	2
13	外语	男	400米	4	3
14	外语 汇总				6
15	物理	男	跳高	2	5
16	物理	女	跳高	4	3
17	物理 汇总				8
18	中文	女	100米	1	7
19	中文	男	100米	3	4
20	中文 汇总				11
21	总计				51

图 4.44　分类汇总后的结果图

4.5.4　数据透视表与数据透视图

分类汇总适合于按一个字段进行分类,对一个或多个字段进行汇总。如果用户要求按多个字段进行分类并汇总,则用分类汇总就有困难了。Excel 还提供了数据透视表来解决。如图 4.42 运动会成绩表,要求出各学院男、女生的得分,则用数据透视表可以完成。方法是:

①选择“数据”菜单中“数据透视表与数据透视图”功能,如图 4.45 所示;

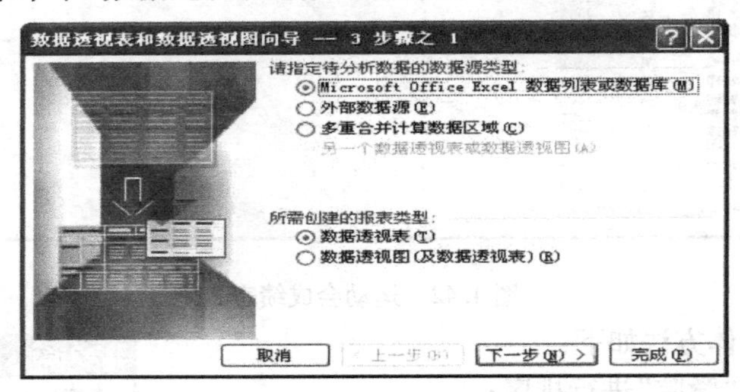

图 4.45　“数据透视表与数据透视图”对话框

②单击“下一步”,则得到如图 4.46 所示的对话框;

图 4.46　“数据透视表和数据透视图向导 3 步骤之 2”对话框

③设定选定区域后选择“下一步”后得到如图 4.47 所示的对话框;

④选择“布局”后得到如图 4.48 所示的对话框;

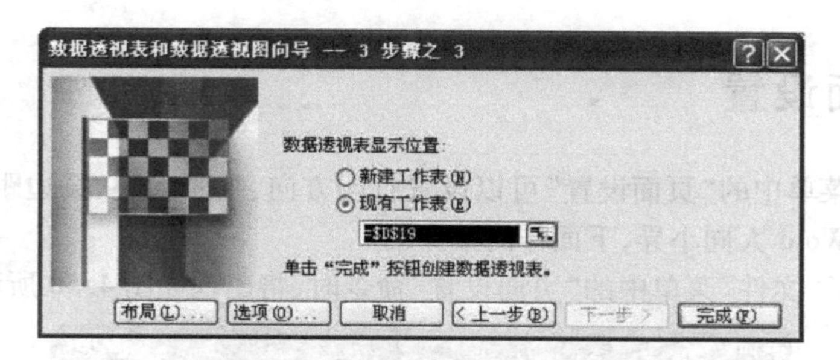

图4.47　“数据透视表与数据透视图向导3步骤之3”对话框

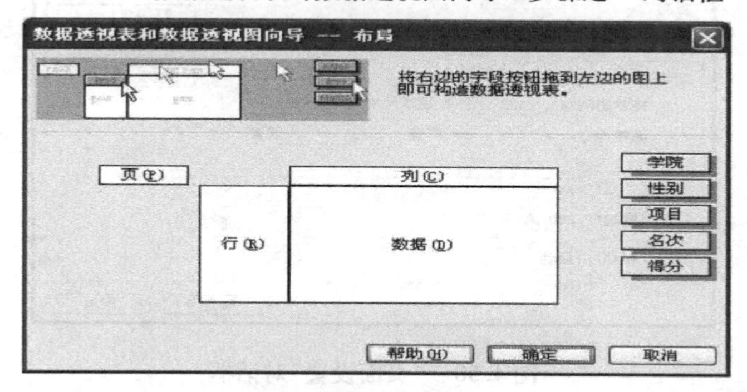

图4.48　“数据透视表和数据透视图向导—布局”对话框

⑤在“布局”对话框中将“学院”拖到行处,将“性别”拖到列处,将“得分”拖到数据处,单击“确定”按钮,然后单击“完成”按钮后得到如图4.49所示的对话框。

求和项:得分	性别		
学院	男	女	总计
管理	5	5	10
数学	9	7	16
外语	3	3	6
物理	5	3	8
中文	4	7	11
总计	26	25	51

图4.49　数据透视表的结果图

4.6　打　印

当建立好一份数据表格后,可以在需要的时候将它打印出来。此时,只要单击“常用”工具栏上的“打印”按钮,即可将活动工作表或所选项目按当前设置打印出来。但为了使打印结果更加美观,通常在打印之前还要进行一些设置,例如页面设置、打印预览等操作。

4.6.1 页面设置

选择“文件”菜单中的“页面设置”可以设置打印方向、纸张大小、页边距、页眉和页脚等，具体操作方法与 Word 大同小异，下面作简单介绍。

当用户选择了“文件”菜单中的“页面设置”命令时，将出现如图 4.50 所示的对话框。

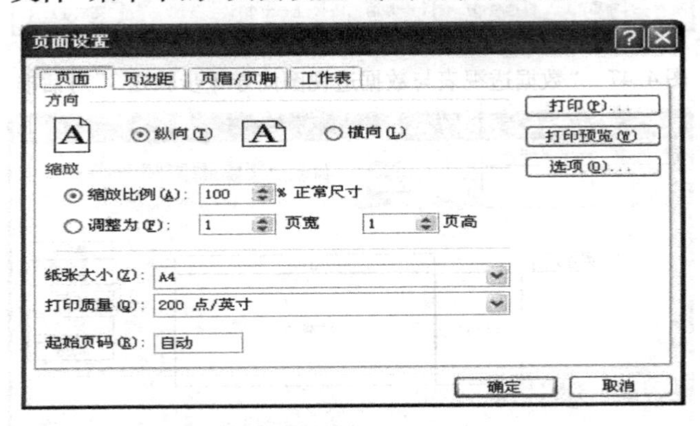

图 4.50 “页面设置”对话框

(1)设置页面　单击“页面设置”对话框中的“页面”选项卡，可对打印方向、打印时是否缩放、打印纸张的选择、打印起始页码等进行设置，方法与 Word 相同，不再重复。

(2)设置页边距　单击“页面设置”对话框中的“页边距”选项卡，如图 4.51 所示，可对页边距、页眉、页脚和居中方式的打印位置进行设置，设置方法与 Word 完全相同，不再重复。

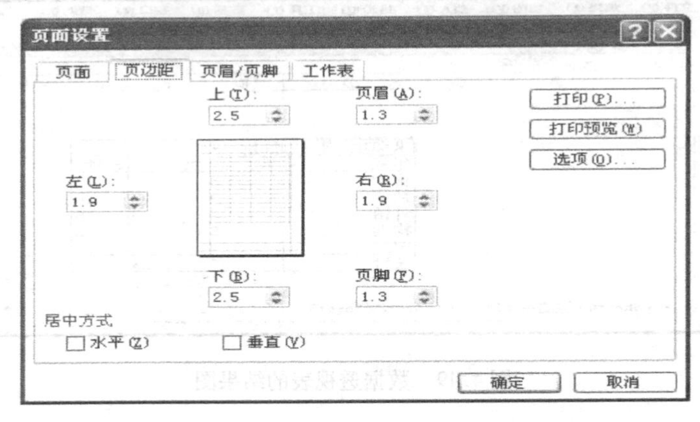

图 4.51 页边距对话框

(3)设置页眉或页脚　单击“页面设置”对话框中的“页眉/页脚”选项卡，屏幕显示如图 4.52 所示。

在“页眉”下拉列表中提供了许多内置的页眉格式，只要单击“页眉”下拉按钮，就可以从下拉列表框中选择所需的页眉格式。“页眉”预览区则用于显示所选择的页眉外观。“页脚”的设置与页眉完全类似，不再重复。

如果用户希望创建自己的页眉和页脚，可以通过单击“自定义页眉”和“自定义页脚”按钮来实现。由于页眉和页脚的自定义方法是相似的，这里仅以页眉为例介绍如何自定义页眉。

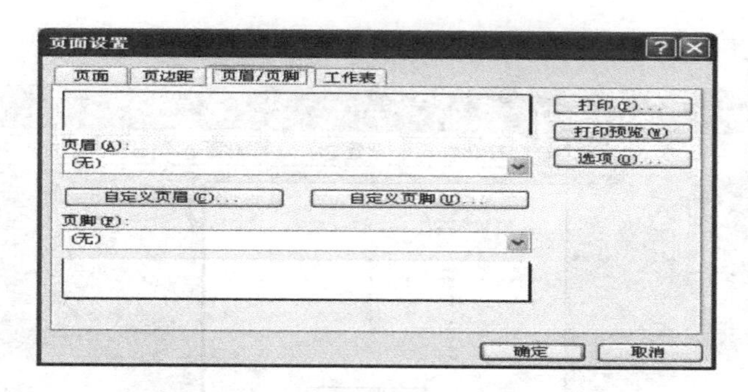

图4.52　页眉和页脚对话框

单击“自定义页眉”按钮,弹出图4.53所示的“页眉”对话框。有关选项及按钮的功能说明如下:

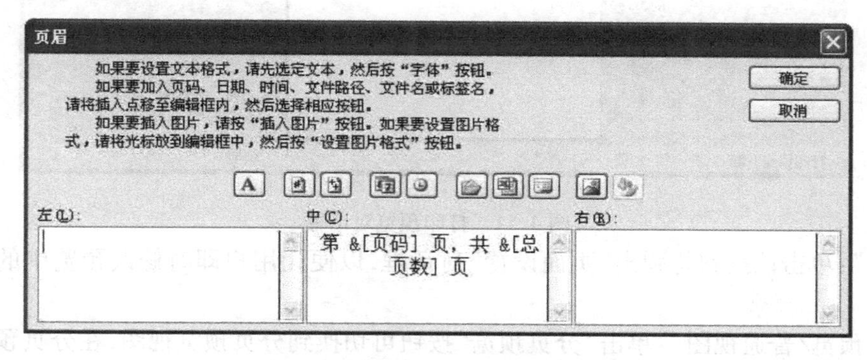

图4.53　“页眉”对话框

“左”——在此文本框中输入的信息将出现在每一页的左上角。

“中”——在此文本框中输入的信息将出现在每一页的正上方。

“右”——在此文本框中输入的信息将出现在每一页的右上角。

左、中、右的上方按钮依次是“字体”“页码”“总页数”“日期”“时间”“文件名”与“工作表名称”按钮。当用户单击某一个按钮时,该按钮所代表的内容即被插入在页眉的光标位置。当各选项的自定义完毕时,单击“确定”按钮即可。

4.6.2　打印预览

通过打印预览可以查看当前工作表的实际打印输出效果。选择“文件”菜单中的“打印预览”命令,或者单击“常用”工具栏中的“打印预览”按钮,即可打开如图4.54所示的预览窗口。

其中常用按钮的功能解释如下:

“缩放”:单击该按钮可以将预览的工作表放大,以利查看工作表细节;再次单击此按钮又会恢复为原来的显示比例。使用鼠标操作也可放大或缩小显示工作表内容,当把鼠标指针移到工作表上时,鼠标指针将变成放大镜形状,单击想查看的区域,就可以局部放大该区域;再次单击鼠标,又可恢复为原来的显示比例。

缩放功能并不影响实际打印时的大小。

“打印”:单击该按钮将弹出“打印”对话框,在设置了必要的打印选项后,即可开始打印选定的工作表。

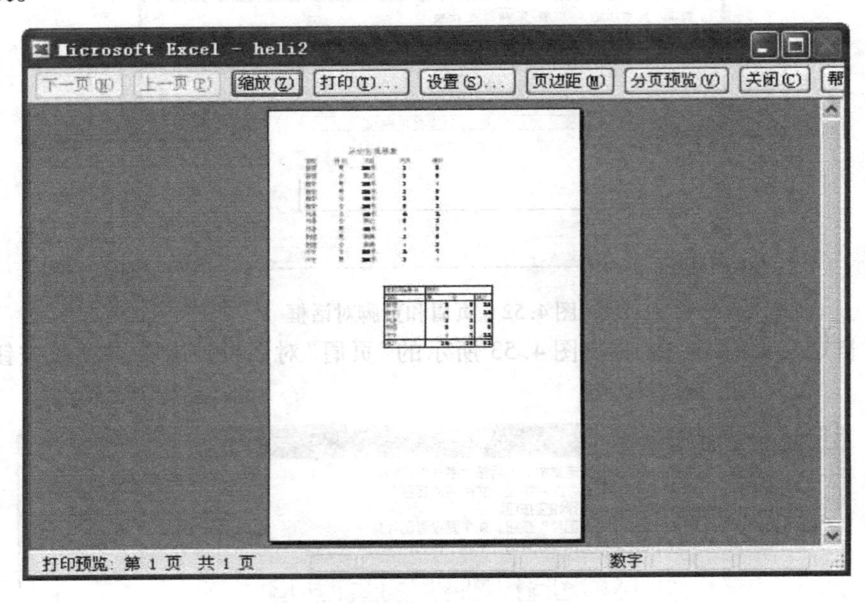

图 4.54 打印预览对话框

“设置”:单击该按钮将弹出“页面设置”对话框,以便让用户即时修改预览中的一些不合适的选项。

“分页预览/普通视图”:单击“分页预览”按钮可切换到分页预览视图,在分页预览视图下该按钮变为“普通视图”;单击“普通视图”按钮又可恢复为分页预览方式。

4.6.3 打印输出

当工作表的打印输出效果通过预览感到满意并对页面进行了正确的设置后就可以进行正式打印了。

单击“文件”菜单的“打印”命令,出现如图 4.55 所示的对话框。

若配备多台打印机,则需进行打印机的设置。单击“名称”栏的下拉按钮“▼”,在出现的下拉列表中选择一台可以使用的打印机的型号。

在“打印范围”栏中有两个单选按钮,单击“全部”按钮表示打印全部内容;而“页”按钮则表示打印分页,此时应在“从”和“到”栏中分别输入起始页号和终止页号。若仅打印一页,如第 5 页,则起始页号和终止页号均输入“5”。

在“打印内容”栏中的 3 个按钮分别表示打印当前工作表的选定区域、选定工作表和整个工作簿。

在“份数”栏输入打印份数,若打印两份以上,还可以选择“逐份打印”。

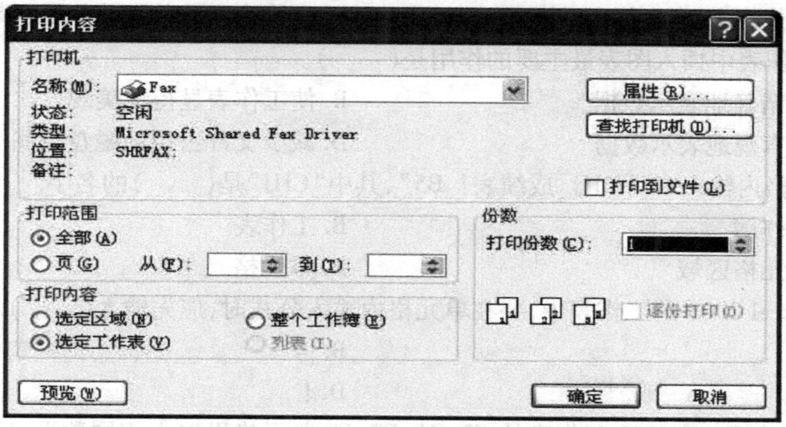

图4.55 打印对话框

习题4

1.单项选择题

(1)Excel 2003 的每一个工作表可以有(　　)列。

A.最多256　　B.任意

C.最多255　　D.最多128

(2)Excel 2003 工作簿文件的默认扩展名是(　　)。

A..DOC　　B..XLS

C..PPT　　D..WMF

(3)在 Excel 2003 中,以下哪种设置可以在工作表中插入页码?(　　)

A.单元格格式设置　　B.页边距设置

C.页眉和页脚设置　　D.打印标题设置

(4)在 A2 单元格内输入 =“SUM(B3:C5,E7:G9)”后按 Enter 键,则 A2 最多存放(　　)个单元格内容的和。

A.42　　B.6

C.9　　D.15

(5)在已知工作表中 K6 单元格中输入公式 =“F6 * $D $4”,将它复制到 K7 后,则复制后 K7 单元格中的公式为(　　)。

A. =F7 * $D $5　　B.F7 * $D $4

C. =F6 * $D $4　　D. =F6 * $D $5

(6)关于工作表名称的描述,正确的是(　　)。

A.工作表名不能与工作簿名相同　　B.同一工作簿中不能有相同名字的工作表

C. 工作表名不能使用汉字　　D. 工作表名称的默认扩展名是. xls

(7)在工作表中插入图表最主要的作用是(　　)。

A. 更精确地表示数据　　B. 使工作表显得更美观

C. 更直观地表示数据　　D. 减少文件占用的磁盘空间

(8)单元格内输入"=[CHJ]成绩表! B5",其中"CHJ"是(　　)的名字。

A. 工作簿　　B. 工作表

C. 单元格区域　　D. 单元格

(9)在 Excel 2003 的工作表中,要在单元格内输入公式时,应先输入(　　)。

A. '　　B. =

C. $　　D. !

(10)为了在 Excel 2003 工作表的 C2,D5,E7,F9 单元格里输入相同数据,应按住 Ctrl 键,将它们选中。在最后一个选中的单元格处输入内容,然后按(　　)键即可。

A. Enter　　B. Ctrl

C. Ctrl + Enter　　D. Shift + Enter

2. 多项选择题

(1)工作簿与工作表之间的正确关系有(　　)。

A. 一个工作表中可以有多个工作簿　　B. 一个工作簿里只能有一个工作表

C. 一个工作簿最多有 255 列　　D. 一个工作簿里可以有多个工作表

E. 一个工作簿里至少有一个工作表

(2)在 Excel 2003 的窗口中可能有以下哪些部分?(　　)

A. 地址栏　　B. 表名栏

C. 编辑栏　　D. 计算栏

E. 工具栏

(3)下列哪几个公式所使用的单元格地址中有混合地址?(　　)

A. C18　　B. $A10

C. C10 + C $12　　D. $B $14 + C $15

E. $C $2

(4)在 Excel 2003 的序列填充的类型有(　　)。

A. 时间　　B. 日期

C. 等差序列　　D. 等比序列

E. 自动填充

(5)单元格的删除与清除的区别有(　　)。

A. 删除单元格后不能撤销,清除后可以撤销

B. 删除单元格后会改变其他单元格的位置,而清除不会

C. 清除是只清除单元格中的内容和格式等,而删除将连同单元格本身一起删除

D. 清除单元格是按 Delete 键,删除单元格是选择菜单"编辑→删除"

E. 单元格中包含有公式时不能清除,但可以删除

3. 判断题(正确的打"√",错误的打"×")

(1)插入的图表只能与数据源放在同一工作表内。 (　　)

(2)包含中文字符的单元格不能复制出升序数列。 (　　)

(3)选中一个单元格后,选区右下角的黑色方块称为"填充柄"。 (　　)

(4)在 Excel 2003 中,一个被拆分后的窗口可以显示多个工作表。 (　　)

(5)在多个工作表之间进行单元格复制,必须使用"剪贴板"。 (　　)

(6)Excel 2003 提供的 Sum 函数的功能是返回某个数值的绝对值。 (　　)

(7)可以通过设置单元格格式来改变数值的小数位数。 (　　)

(8)Excel 2003 的公式只能计算数值类型的单元格。 (　　)

(9)通过替换单元格可以改变单元格的对齐方式。 (　　)

(10)在 Excel 2003 中工作簿是由若干张工作表构成的。 (　　)

4. 填空题

(1)在 Excel 2003 中,数字格式默认的对齐方式为______________,文本数据格式默认的对齐方式为_________________。

(2)Excel 2003 工作表的行和列的隐藏,其实质是______________。

第 5 章

演示文稿 PowerPoint 2003

PowerPoint 系统是在 Windows 环境下得到广泛应用的演示创作工具软件。无论是制作大型会议上使用的幻灯片，还是制作小型会议上的投影胶片，甚至使用计算机配合大屏幕投影直接进行的电子文稿演示，以及用于在网络上的 Web 页面，它都可以提供功能强大的创作支持。教师、工程师、销售人员、自我演讲人等都能够借助 PowerPoint 系统快速地编辑和设计出图文并茂、色彩丰富、表现力和感染力极强的电子演示文稿。

5.1　PowerPoint 2003 的基本知识

中文 PowerPoint 2003（以下简称 PowerPoint 2003）是 Microsoft 公司的办公应用软件包 Office 2003中文版集成软件的组件之一，是一个专门处理电子文稿和幻灯片的软件，具有与 Word 2003 相似的界面和操作方法。

PowerPoint 制作的演示文稿的扩展名为：. PPT。一个演示文稿由一张或多张幻灯片组成，幻灯片上可以放置文字、图形、图像、图表、声音、动画等对象。

5.1.1　PowerPoint 2003 的功能与特点

PowerPoint 2003 在之前版本基础上增加了一些新的重要功能。详细使用可见 PowerPoint 2003 的帮助系统。

（1）界面改进　PowerPoint 提供了最新式的四框式显示界面，在幻灯片制作过程中，使得使用者可以更加方便地编辑和浏览幻灯片内容。可以自动调整显示画面的大小，根据显示画面增加和缩减改变字形大小与文字行距。同其他 Office 成员的界面一样，右侧为任务窗格选项。用户在创建演示文稿操作过程中可以方便地利用任务窗格进行有关操作。

（2）编辑功能　在 PowerPoint 2003 中通过本地表格工具可以方便地创建表格以及设置表格的格式，可以快速地制表并使用画表功能和删改工具；PowerPoint 可以绘制各种自选图形；在工作时，PowerPoint 的 Office 助手将提供有关格式问题的帮助，并为设计幻灯片提供建议。

（3）打包成 CD　“打包成 CD”是 PowerPoint 2003 新增加的功能，用于制作演示文稿 CD，以便在运行 Windows 操作系统的计算机上查看。直接从 PowerPoint 中刻录 CD 需要 Windows XP 或更高版本，但如果使用 Windows 2000，则可以将一个或多个演示文稿打包到文件夹中，然后使用第三方 CD 刻录软件将演示文稿复制到 CD 上。

（4）在网络中运行 PowerPoint　PowerPoint 在网络方面的主要功能有：可以将以前版本中创建的 PowerPoint 文档在 PowerPoint 中打开，然后保存为超文本文件(.htm)；可以将演示文稿保存为带有动画和多媒体的适用于 Internet Explorer 4.0 或 5.0 的 htm 文件；PowerPoint 支持打开 htm 文件，在 PowerPoint 中可以调入比如用 Microsoft FrontPage 创建的 HTML 文件。

（5）新的智能标记支持　PowerPoint 2003 已经增加了常见智能标记支持。只需在“工具”菜单上选择“自动更正选项”，然后单击“智能标记”标签，便可以选择在演示文稿中为文字加上智能标记（如图 5.1 所示）。

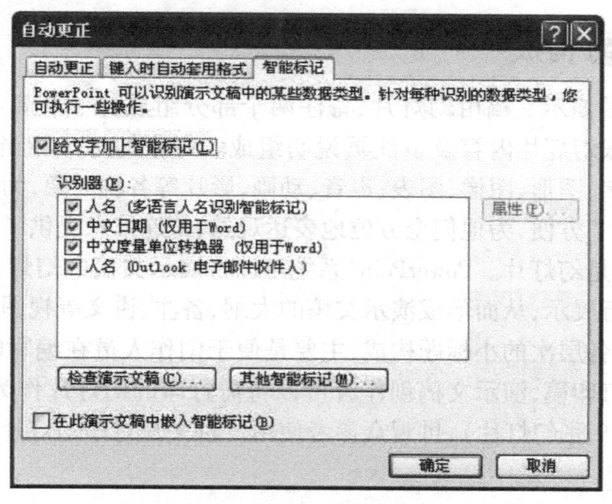

图 5.1　“智能标记”对话框

5.1.2　PowerPoint 2003 的启动和退出

1）PowerPoint 2003 的启动

启动 PowerPoint 2003 的方法与 Windows 其他应用程序如 Word 一样，有多种方法：

（1）单击任务栏“开始”按钮，在“程序”级联菜单“Microsoft Office”下单击“Microsoft PowerPoint 2003”选项。

（2）单击任务栏“开始”按钮，选择“新建 Office 文档”选项，在“新建 Office 文档”对话框中选择“常用”标签，选择“空演示文稿”再单击“确定”。

（3）单击任务栏“开始”按钮，选择“打开 Office 文档”选项，在“打开 Office 文档”对话框中找到已存在的演示文稿文件,单击"打开"按钮;或在资源管理器中双击扩展名为 PPT 的演示文稿文件。

(4)如果已建立了 PowerPoint 2003 的快捷方式,可双击桌面上的 PowerPoint 快捷图标。

2)PowerPoint 2003 的退出

PowerPoint 系统使用完毕,应保存有用的演示文稿并退出系统,操作方法有:

(1)单击"文件"下拉菜单中的"退出"命令。

(2)双击 PowerPoint 窗口左上角的 PowerPoint 控制图标。

(3)单击 PowerPoint 窗口左上角的 PowerPoint 控制图标,选择"关闭"功能。

(4)单击 PowerPoint 窗口右上角的"关闭"按钮。

(5)在 PowerPoint 窗口为活动窗口状态下,按 Alt + F4 键。

5.1.3 演示文稿的构成及窗口

1)演示文稿的构成

PowerPoint 系统的演示文稿由幻灯片、备注两个部分组成。一个演示文稿就是一个计算机文件,由一张或多张幻灯片内容及备注页说明组成。每张幻灯片相当于 Word 文档内容的一页,上面可放置文字、图形、图像、图表、声音、动画、影片等各种对象,为演示文稿创作者综合运用多媒体技术提供了方便,为他们全方位地表达观点、传递信息提供了技术保障。

演示文稿的核心是幻灯片。PowerPoint 系统可以将演示文稿中幻灯片及备注内容以不同的显示方式、角度进行展示,从而形成演示文稿的大纲、备注、讲义等视图内容。大纲由一系列幻灯片标题和对应的各层次的小标题构成,主要是便于创作人员在编写时掌握演示文稿的全貌;讲义是幻灯片的打印稿,演示文稿创作者可以将需打印的幻灯片作为讲义(1 页讲义上可以打印 1,2,3,4,6 或 9 张幻灯片),供观众参考使用。讲义只打印幻灯片内容而不包括相应的备注。

2)演示文稿的窗口界面

不论是新建还是打开已有演示文稿,最终都会进入演示文稿编辑窗口,如图 5.2 所示。PowerPoint 2003 支持多文档窗口操作,即同时可以打开多个演示文稿,以多个任务形式出现在屏幕底部的任务栏中。

PowerPoint 窗口的组成与 Word、Excel 的窗口类似,包括标题栏、菜单栏、工具栏、工作区及状态栏等。其中工作区又由大纲窗格、幻灯片编辑区、备注区及视图切换按钮等组成。

5.1.4 演示文稿的视图

PowerPoint 2003 为了充分展示演示文稿的多种信息,提供了不同角度的显示方式,以供演示文稿设计者进行查看和编辑。对演示文稿及内容进行不同角度的展示称为视图操作,主要由"视图"下拉菜单控制,也可以通过窗口左下角的快捷按钮完成(如图 5.2 所示)。

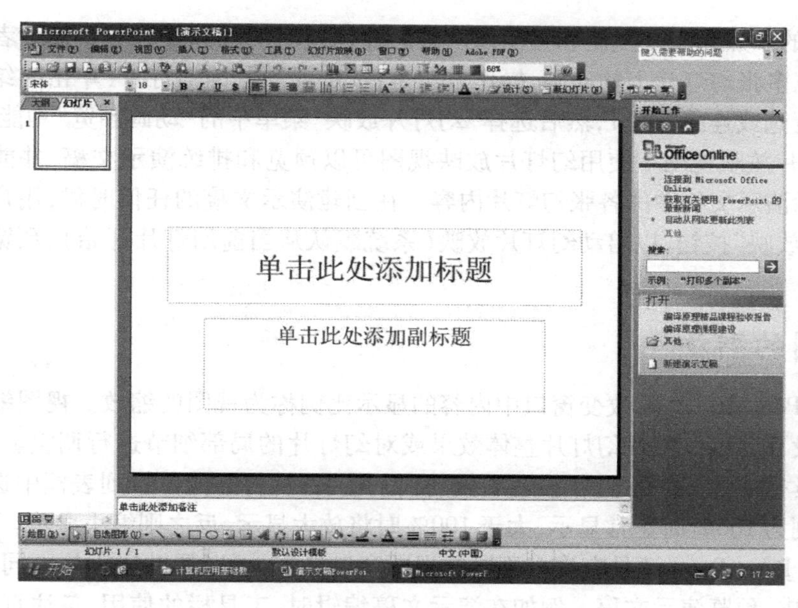

图 5.2 PowerPoint 主窗口

1)演示文稿视图

中文 PowerPoint 2003 提供了普通视图、幻灯片浏览视图和幻灯片放映等常用视图。用户可以通过单击视图切换按钮进行视图切换(如果在单击时,按住 Shift 表示将切换到相应的母版视图)。

(1)普通视图 普通视图是 PowerPoint 中默认的视图方式(如图 5.2 所示),单击窗口中的任一处均可进行演示文稿的编辑。普通视图包含 3 种窗格:大纲窗格、幻灯片窗格和备注窗格,大纲窗格和幻灯片窗格有时直接称为大纲视图和幻灯片视图,可通过“大纲”和“幻灯片”标签切换。拖动窗格边框线可以调整各窗格的相对大小。

- 大纲窗格:在大纲视图中,演示文稿会以大纲形式显示,其中列出所有幻灯片的目录,且给出一个编号。大纲由每张幻灯片的标题和正文组成,不含幻灯片中的图形、图像、图表等其他对象。大纲是组织演示文稿内容的最好方法,因为工作时可以看见屏幕上所有的标题和正文,可以在幻灯片中重新安排内容要点,可以将整张幻灯片从一处移动到另一处,或者编辑标题和正文等操作。例如,如果要重排幻灯片,只要选定要移动的幻灯片图标,再拖动到新位置即可。
- 幻灯片窗格:在幻灯片视图中,PowerPoint 只显示一张幻灯片,称为当前幻灯片,它是设计和编辑幻灯片的主要方式。在幻灯片视图下,可以查看和编辑每张幻灯片中的文本外观,并可以在当前幻灯片中添加文字、图形、图表、影片、声音等对象,并设置动画效果及创建文本或对象的超级链接等。
- 备注窗格:用于创作者注释当前演示文稿的相关信息,供今后查询时使用。如果备注页中含有图形,则必须切换到备注页视图,在备注页视图中添加图形。

(2)幻灯片浏览视图 在幻灯片浏览视图中,可以在屏幕上同时看到演示文稿中的所有幻灯片,这些幻灯片是以缩图方式进行显示。这样,可以很容易地完成以幻灯片为单位的操作,如幻灯片的添加、删除、复制和移动以及幻灯片切换时的动画效果等。设计者可以预览单张或依次浏览多张幻灯片上的动画,操作方法是:选定要预览的幻灯片(单击时结合 Ctrl 键或 Shift 键可以复选或连续选择),然后选择“幻灯片放映”菜单中的“动画预览”功能。

(3)幻灯片放映视图　使用幻灯片放映视图可以预览和排练演示文稿,并能以全屏幕方式向观众展示演示文稿中的各张幻灯片内容。在创建演示文稿的任何时候,用户都可以通过单击“幻灯片放映”按钮,以启动幻灯片放映(系统默认从当前幻灯片开始),预览演示文稿的放映效果。

2)视图的缩放

在 PowerPoint 2003 中,改变窗口中内容的显示比例称为视图的缩放。视图缩放的目的在于演示文稿设计者可以观察幻灯片整体效果或对幻灯片的局部细节进行调整。操作方法是:单击常用工具栏中的“显示比例”按钮右侧的向下箭头,从打开的下拉列表框中选择合适的显示比例。比例为 100% 时正常显示,大于 100% 时将放大显示,反之则缩小显示。

Microsoft PowerPoint 还具有许多不同的视图窗口操作,可以帮助用户从不同角度、层次等进行创建、编排、预览演示文稿。例如在演示文稿编辑时,工具栏的使用、备注页编写、母版的使用等。

5.2　创建与管理演示文稿

使用 PowerPoint 系统可以创建电子幻灯片放映、Web 页、投影机幻灯片、演讲者备注和观众讲义。有多种方法可创建新的演示文稿,包括利用内容提示向导、设计模板、大纲导入等创建演示文稿。

5.2.1　创建演示文稿的一般过程

用户可以有多种方法创建新的演示文稿。可以使用“内容提示向导”,它提供了建议的内容和设计方案,也可以利用已存在的演示文稿来创建新的演示文稿。此外,还可使用其他应用程序编写的大纲来创建演示文稿,或者以不含建议内容和设计方案的空白幻灯片从头开始制作演示文稿。以下为建立演示文稿的一般过程。

(1)建立演示文稿　在 PowerPoint 2003 的“文件”下拉菜单中选择“新建”命令,可以在“新建演示文稿”任务窗格中选择“空演示文稿”“根据设计模板”“根据内容提示向导”“根据现有演示文稿”来建立演示文稿(如图 5.3 所示),或者单击常用工具栏中的“新建”按钮来建立一个空白演示文稿。

(2)添加新幻灯片　演示文稿建立之后,设计者可以通过“插入”下拉菜单中的“新幻灯片”命令或者常用工具栏上的“新幻灯片”按钮添加一张新的幻灯片到当前演示文稿中。系统默认添加到当前幻灯片之后。

在添加幻灯片时,系统将出现“幻灯片版式”任务窗格(版式:在空幻灯片中已经预置了部分对象,包括文字版式、内容版式、文字与内容版式、其他版式)。单击选择所需版式后,单击“确定”按钮。此时,用户的演示文稿中将自动增加一张幻灯片。

(3)设计幻灯片内容 设计幻灯片内容应在幻灯片视图中完成。用户可以在幻灯片上编辑和添加各种对象(如文字、声音、图形、动画、图表等),设置各个对象的表现格式、动画效果、超级链接等。在编辑过程中,还可随时放映幻灯片,以观察设置效果。

(4)演示文稿的存盘 用户在编辑幻灯片的过程中,可随时保存设计文稿,即随时单击常用工具栏中的“保存”按钮,也可选择“文件”下拉菜单中的“保存”命令来实现。若是一个新建立的演示文稿,则第一次存盘时系统将出现“另存为”对话框,需要用户输入演示文稿的文件名称,并指明该文件的存放路径。

一般演示文稿文件的扩展名为. PPT。如果类型存放为. PPS,则该演示文稿为自动放映演示文稿文件,即打开该文件时,演示文稿自动处于放映状态。

(5)演示文稿的打包 演示文稿中的数据要得到计算机的正确解释,则该计算机的软件系统需要有 PPT 文件的解释程序(PowerPoint 播放器)和与该 PPT 文件相关的数据(如图片文件、字体文件等)。

要在其他计算机上运行放映某演示文稿内容,需要选择“文件”下拉菜单中的“打包成CD”命令,出现“打包成 CD”向导对话框,可以选择“复制到文件夹”和“复制到 CD”,完成演示文稿的打包操作。打包向导将封装并压缩相关文件,即将演示文稿中使用的所有文件和字体全部打包到磁盘或网络地址上。如果在使用了“打包向导”后又修改了演示文稿,可再次运行打包向导以更新程序包。

当另外一台计算机得到该打包文件后,可在“资源管理器”中,找到演示文稿的打包文件,然后双击“pptview”进行解压安装并放映。

如果另外一台计算机已经安装有 PowerPoint 2003 软件,演示文稿设计者只需要把演示文稿文件和相关文件(图片、声音等文件)一起复制即可使用。

5.2.2 根据内容提示向导创建演示文稿

根据内容提示向导创建演示文稿,是设计者依据演示文稿类型来选择打开作为示例的演示文稿,设计者可以在新演示文稿中添加自己的文本或图片,或改变示例中各张幻灯片的相应内容,以符合自己的要求。操作方法是:

①单击“文件”下拉菜单中的“新建”命令,出现如图 5.3 所示任务窗格;

②单击“根据内容提示向导”,出现如图 5.4 所示对话框,按照向导中的提示进行操作;

③PowerPoint 2003 会打开一份示例演示文稿;

④在示例文本处键入需要的文本、添加或删除幻灯片、图片或其他对象等。

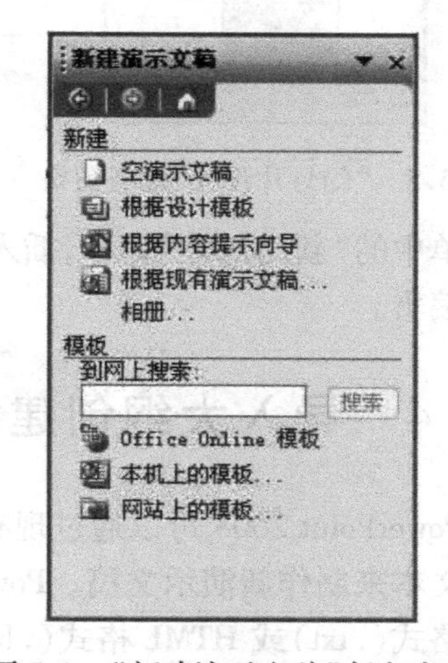

图 5.3 “新建演示文稿”任务窗格

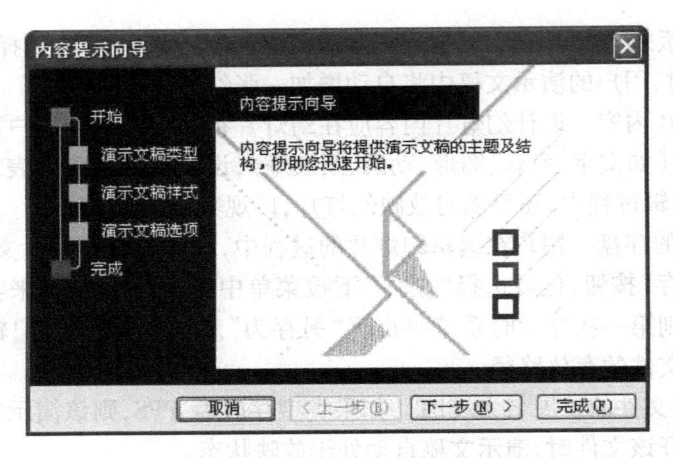

图 5.4 “内容提示向导”对话框

5.2.3 根据设计模板创建演示文稿

设计模板包含演示文稿的配色方案，具有自定义版式的幻灯片和标题母版以及字体样式（设计模板、母版等概念请参见 5.4 节）。应用设计模板之后，添加的每张新幻灯片都会拥有相同的自定义外观（注：对已有演示文稿应用设计模板时，模板中的母版和配色方案将取代本演示文稿原有的母版格式和配色方案）。PowerPoint 2003 提供了大量专业设计的模板，也可以创建自己的模板。如果为某份演示文稿创建了特殊的外观，可将它存为模板。

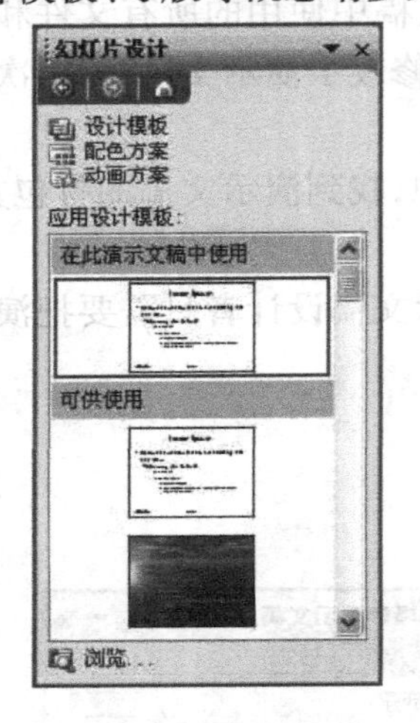

图 5.5 “幻灯片设计”任务窗格

根据设计模板创建演示文稿的操作步骤是：

①单击“文件”下拉菜单中的“新建”命令，出现如图5.3所示的任务窗格；

②单击“根据设计模板”，出现“幻灯片设计”任务窗格的，如图 5.5 所示；

③选择感兴趣的模板项，则在系统窗口中将建立一张具有相应模板的幻灯片，根据需要编辑幻灯片的内容；

④单击工具栏上的“新幻灯片”按钮，或单击“插入”下拉菜单中的“新幻灯片”命令，插入其他幻灯片，并编辑其内容。反复该过程，直至完成演示文稿的编辑。

5.2.4 导入大纲创建演示文稿

PowerPoint 2003 可以通过现有大纲创建演示文稿，同时，也可以使用其他应用程序中所创建的文本来制作新演示文稿。PowerPoint 系统可以导入 Word 文档（.doc）、RTF 文本（.rtf）、纯文本格式（.txt）或 HTML 格式（.htm）等。

演示文稿设计者可以轻松地导入一份已设置好标题样式的 Word 文档来创建一个新的演

示文稿。其操作方法是:在Word系统中打开文档,单击“文件”下拉菜单中的“发送”命令中的“Microsoft Office PowerPoint”选项,则每个“标题1”样式的段落都会成为新幻灯片的标题,即一个“标题1”将创建一张幻灯片;每个“标题2”样式的段落都会成为第一级文本,依此类推。

导入Word文档、HTML文档或RTF文档时,PowerPoint会根据文档样式使用大纲结构。标题1作为幻灯片标题,标题2则作为第一级文本,依此类推。如果文档未包含任何样式,PowerPoint将使用段落缩进创建大纲。导入文本文档时,段落开始的制表符定义了大纲的结构。当前演示文稿的幻灯片母版决定其标题和文本的格式。

5.2.5 创建空演示文稿

创建空演示文稿的操作方法是:

①单击“文件”下拉菜单中的“新建”命令,再单击“新建演示文稿”任务窗格中的“空演示文稿”,也可直接单击常用工具栏上的“新建”按钮;

②选择一张幻灯片的版式,则在系统窗口中将建立一张内容为空的幻灯片;

③根据需要编辑幻灯片内容;

④单击常用工具栏上的“新幻灯片”按钮插入其他幻灯片,再编辑幻灯片内容。反复该过程,将完成整个演示文稿的编辑。

对于新的演示文稿,系统会自动使用默认的配色方案、标题及文本样式。有时候可能要更改空白演示文稿的默认格式,例如经常使用某种配色方案,或想使公司徽标出现在演示文稿的每张幻灯片中,可按如下过程进行操作:

①打开已有演示文稿或创建一份新演示文稿,更改演示文稿内容以符合需要;

②单击“文件”下拉菜单中的“另存为”命令,在“保存类型”框中选择“演示文稿设计模板”;

③在“文件名”对话框中键入名称,如“Blank Presentation”,再单击“保存”按钮;

④出现消息框后,单击“是”可替换已存在的空白演示文稿的设计模板。

5.2.6 将演示文稿发布到Web上

发布演示文稿意味着将超文本标记语言(HTML)格式(Web页)的演示文稿副本放置在Web服务器上,供用户通过浏览器进行访问。

用户可以选择将任何一个已有的演示文稿保存为一系列Web页,这样可以使之在公司的网络上或Internet上放映。将演示文稿发布到Web上的一般操作过程如下:

①打开或创建要发布到Web上的演示文稿;

②单击“文件”下拉菜单中的“另存为网页”命令,出现如图5.6所示的对话框;

③在“文件名”框中,键入Web页的文件名;

④在“保存位置”框中,选择Web页所在的位置;

⑤要更改Web页标题(出现在Web浏览器标题栏上的文本),单击“更改标题”按钮,在“页标题”框中键入新标题,单击“确定”按钮,返回到另存为网页对话框;

⑥单击“发布”按钮将出现如图5.7所示的对话框,选择所需的选项;

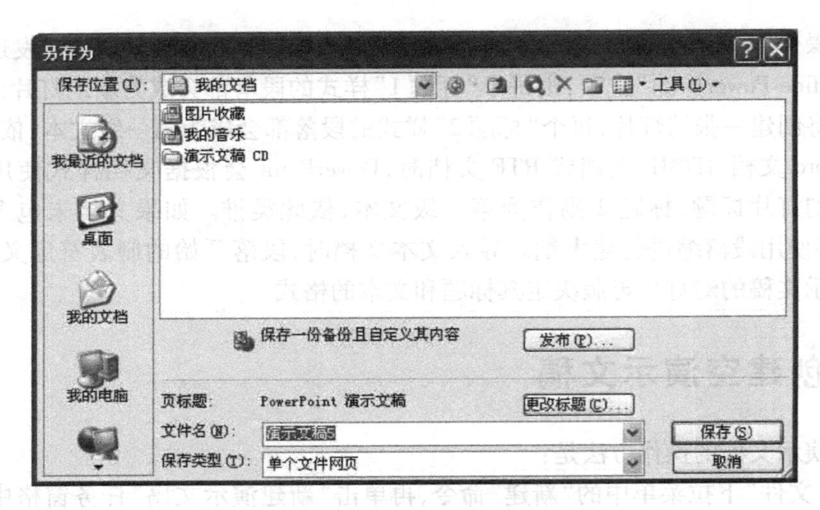

图 5.6　另存为网页对话框

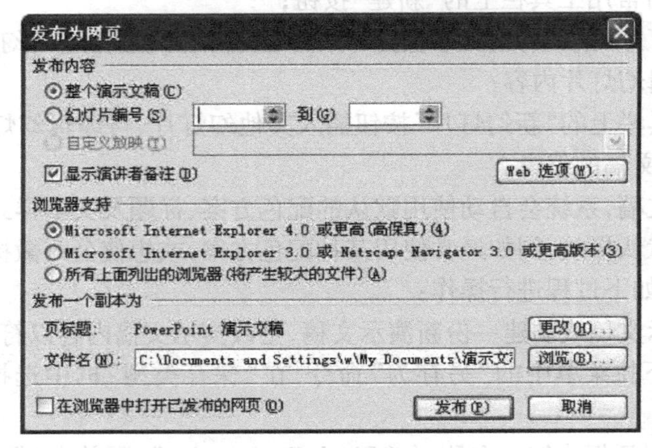

图 5.7　演示文稿发布为网页选项

⑦要选择其他 Web 页格式和显示选项，请单击如图 5.7 所示中的“Web 选项”按钮，然后选择所需的选项，最后单击“确定”按钮返回如图 5.7 所示对话框；

⑧单击“发布”按钮，PowerPoint 将产生一系列文件与文件夹；

⑨如果演示文稿发布者选择了“在浏览器中打开已经发布的网页”，PowerPoint 2003 将自动调用浏览器，将该 Web 文档打开。

5.2.7　打印演示文稿

PowerPoint 2003 既可以用彩色、灰度或黑白等方式打印整个演示文稿的幻灯片、大纲、备注和观众讲义，也可以打印特定的幻灯片、讲义、备注页或大纲页。

(1)黑白打印　大多数演示文稿设计是彩色的，而打印幻灯片和讲义时通常为黑白色。可以在打印演示文稿之前先预览一下幻灯片和讲义的黑白视图，再对黑白对象进行调节。

(2)打印大纲　可以打印大纲中的所有文本或仅打印幻灯片的标题。但是，打印输出的外观可能会与屏幕显示的效果不一样。例如在大纲窗格中，可能显示或隐藏某些格式(如加粗或倾斜),但是在打印输出结果中,格式总会出现。

(3)输出形式 输出形式可以为幻灯片制作的彩色或黑白投影机透明胶片,也可以是使用台式影片记录器创建的35 mm幻灯片,或提供给服务部门用的打印文件。

在打印观众讲义时,可选择不同的版式(每页包含不同数目的幻灯片、水平版式或垂直版式)。还可使用“文件”下拉菜单中的“发送”子菜单中的“Microsoft Office Word”功能,再利用Word打印其他版式。如果使用“会议记录”来记录备注或演示文稿中的操作项,那么可以将其发送至Word并将会议细节和操作项作为Word文档进行打印。

打印操作如下:

①单击“文件”下拉菜单中的“打印”命令,将出现如图5.8所示的打印对话框;

②在“打印内容”框中单击要打印的项目;

③如果选定了“讲义”项目,你就可以选择每页的幻灯片数目以及横向或纵向的顺序。

对于演示文稿的每张幻灯片,可以用“文件”下拉菜单中的“页面设置”进行打印纸张的大小等设置。

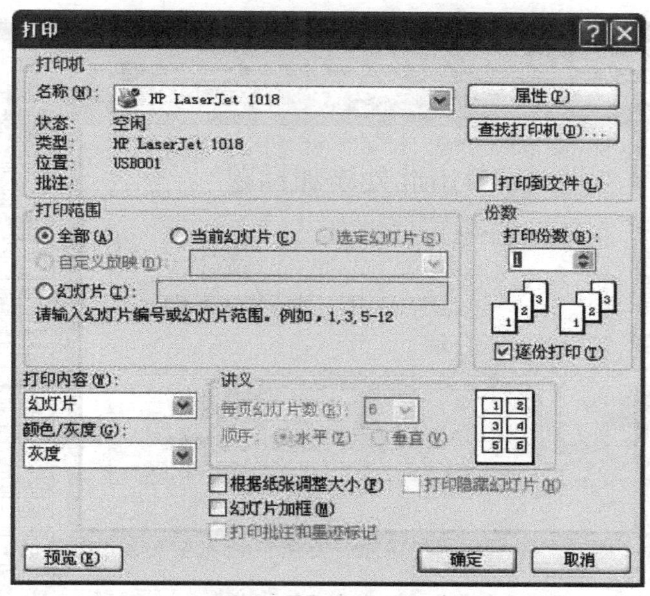

图5.8 演示文稿打印对话框

5.3 幻灯片内容的编辑

演示文稿的核心是幻灯片,设计幻灯片内容就是设计演示文稿。幻灯片的内容由文字、图形、图像、声音、动画、图表、影片等对象构成。编辑和设计幻灯片内容即在幻灯片上布置这些对象。

5.3.1 幻灯片的文字处理

通常,将文本添加到幻灯片最简易的方式是直接将文本键入幻灯片的任何占位符中。要在占位符外添加文字或图形,可使用“绘图”工具栏上的“文本框”按钮。另外,文稿设计者可用“自选图形”添加文本或添加“艺术字”图形对象以获得特殊文本效果。

文字不能直接输入到幻灯片中,它必须要一个对象作载体,这一点不同于 Word 系统。

1)使用占位符添加文本

PowerPoint 系统提供了 31 种幻灯片自动版式,包括文字版式、内容版式、文字和内容版式、其他版式。其中,许多版式包含标题、正文和项目符号列表的文本占位符,如图 5.9 所示。单击占位符处,“单击此处添加标题”字样自动消失,等待输入,此时键入文本即可将文本添至文本占位符。

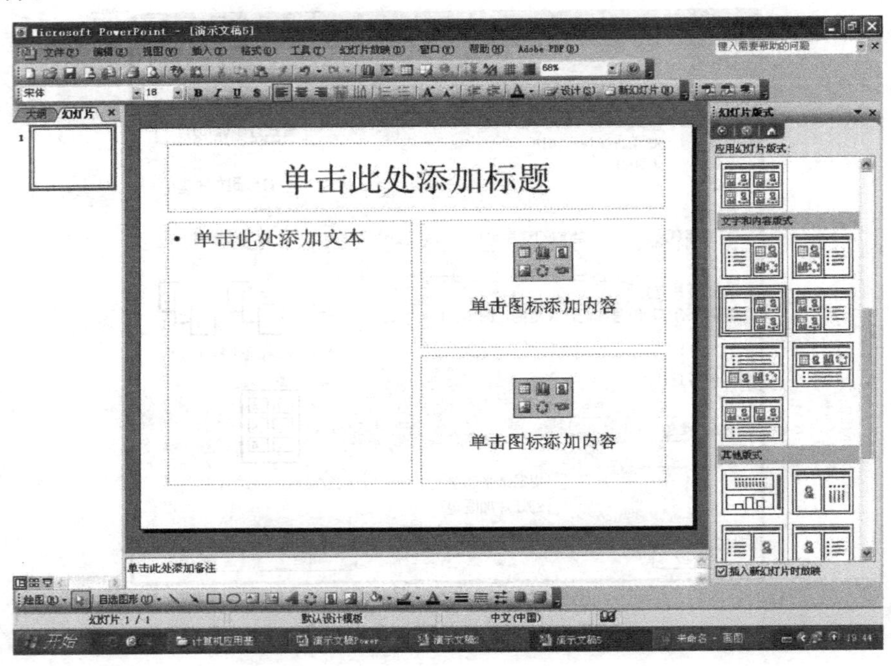

图 5.9　版式占位符

可在任何时候改变文本占位符的大小和位置,或对已有幻灯片使用“幻灯片版式”任务窗格,应用不同的版式产生新的文本占位符,而不会丢失幻灯片已有内容。只有占位符中的文本可出现在大纲窗格中,并可导出至 Word 系统。

如果有一两行文本超出占位符的范围,PowerPoint 系统会自动将文本安排于占位符内。如果文本超出幻灯片的底部,可插入新的一张幻灯片并将文本移至新插入的幻灯片中。

对于占位符,也可进行格式设置,操作方法是:先选中占位符,将鼠标指向占位符四周边缘,按右键选择弹出菜单中的“设置占位符格式”命令;或单击“格式”下拉菜单中的“占位符”命令,则出现其对话框,可进行相关选项设置。

2)使用文本框添加文本内容

若要在幻灯片的任何地方添加文本,可单击“绘图”工具栏上的“文本框”按钮或选择“插入”下拉菜单中的“文本框”命令,然后在幻灯片中插入一个文本框,再输入文字。

文本框的格式以及其中的文字内容,可采用与Word系统相同的方法进行设置,如删除、插入、修改、移动、复制等操作。

例如,需为图片或表格添加标题或标注,可单击“绘图”工具栏上的“文本框”按钮,使用文本框来定位图片或表格旁的文本。文本框是一种自选图形,可添加边框、设置填充效果、改变其形状或者添加三维阴影效果等。

5.3.2　幻灯片内容的修饰

PowerPoint 2003创建的演示文稿中的幻灯片中不仅可以包含文本,还可以包含各种图形、艺术字、图表、影像、声音、动画、影片等对象。这些对象可以是用户自己创建的图形对象,如使用其他软件产生的剪贴画、数据图表等;也可以是来自其他Windows应用程序绘制的图形对象,如Flash动画SWF文件等。

对于PowerPoint 2003来说,演示文稿中插入的对象使用户创建的幻灯片有了明显的变化。幻灯片中的对象作为一种修饰,可以使用户和计算机之间的交流不再局限于枯燥的文本和数字,同时,还可更好地阐述和表达作者的观点。

1)插入图形

在幻灯片的制作过程中,可根据需要在空白处(当前不选定任何对象)插入相应的图形。也可在新增幻灯片时有针对地选择相应版式如“文本与剪贴画”版式,则制作时会出现其预留区,双击该预留区插入相应对象。

(1)插入剪贴画、艺术字及图片　先将需要图形的幻灯片置为当前幻灯片,不选定任何对象,单击“插入”下拉菜单中的“图片”下级菜单中的相应选项来完成。对于剪贴画和艺术字,也可直接单击绘图工具栏上的“插入剪贴画”或“插入艺术字”按钮来实现。

(2)插入对象　先将需要图形的幻灯片置为当前幻灯片,不选定任何对象,单击“插入”下拉菜单中的“对象”命令,将会出现“插入对象”对话框,可选择画笔图片、视频剪辑、Excel图表、声音、数学公式等对象类型,单击“插入”按钮后返回幻灯片,同时呈现相应的对象编辑状态,用户处理完毕单击其处理区外任一点即可。

(3)绘制图形　PowerPoint系统的绘图工具栏按钮的功能、用法与Word系统的绘图工具栏按钮基本相同。一般操作方法是:选中欲绘制图形的幻灯片,然后选择绘图工具上的绘图工具,在幻灯片上绘制图形。

插入的剪贴画、艺术字、图片、对象、绘制图形等对象,可设置其相应的表现格式,如填充效果、三维效果等。为定位插入的图形在幻灯片中的位置,可以按住Ctrl键,再按动方向键,以实现其微量移动达到精确定位的目的。

2)插入图表

在演示文稿的幻灯片中,可根据需要在文本框中绘制表格、插入Word文档或Excel表格、统计图表、组织结构图等对象。

对于插入的图形、图表、组织结构图,单击则选中,双击则可进行再编辑。

3)插入多媒体素材

在幻灯片中,可根据需要插入声音、CD乐曲、影片、视频等多媒体素材,用来进一步增加演示文稿的视觉和听觉效果。

(1)插入声音　插入的声音可以来自于剪切管理器、声音文件、CD乐曲、录制的声音4种情形。单击"插入"下拉菜单中的"影片和声音"命令,再选择"剪辑管理器中的声音""文件中的声音""播放CD乐曲""录制声音"4项功能之一,根据需要做进一步的相应操作。系统支持的声音文件格式可为:mp3、wma、wav、mid等。

(2)插入影片、视频　插入的影片、视频可来自于剪切管理器、影片文件。单击"插入"下拉菜单中的"影片和声音"命令,再选择其下的"剪辑管理器中的影片"或"文件中的影片"功能项,在弹出的对话框中进行选择。系统支持的影片文件格式可为:avi,mov,mlv,cda,mpg等。

在插入声音、CD乐曲、影片的过程中,可设置放映幻灯片时是自动播放或者单击鼠标播放两种选择方式。

对于插入的声音、影片对象,单击则选中,双击则可执行。

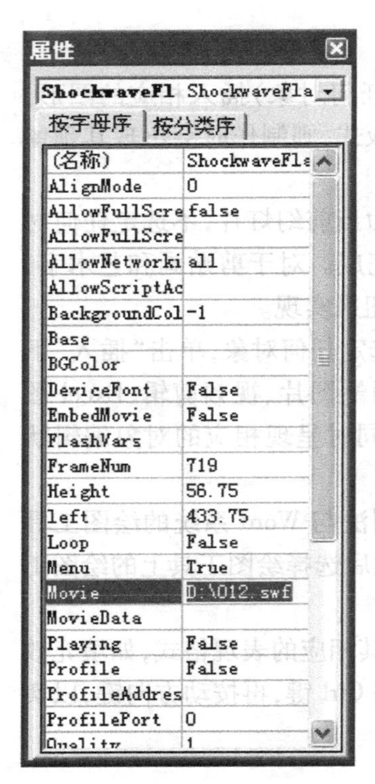

图5.10　控件属性对话框

4)插入Flash动画

为增加幻灯片视觉效果,可以将Flash动画插入到幻灯片中,插入Flash动画的操作步骤如下:

①单击"视图"下拉菜单中的"工具栏"级联菜单"控件工具箱"命令,展开"控件工具箱"工具栏;

②单击"控件工具箱"上的"其他控件"按钮,在随后弹出的下拉列表中选"Shockwave Flash Object"选项,然后在幻灯片中拖拉出一个矩形框(此为Flash动画播放窗口);

③选中上述播放窗口,单击"控件工具箱"上的"属性"按钮,打开"属性"对话框(如图5.10所示),在"Movie"选项后面的方框中输入需要插入的Flash动画文件名(*.SWF)及完整路径,然后关闭属性窗口;

注意:建议将Flash动画文件和演示文稿保存在同一文件夹中,这样只需要输入Flash动画文件名称,而不需要输入路径。

④调整好播放窗口的大小,将其定位到幻灯片合适位置上,即可播放Flash动画。

5)插入对象的编辑

幻灯片中插入图形、图表、声音、影片对象,单击选中后,都可进行以下编辑：

(1)改变图片大小　先单击选中，其周围会出现8个空心控制点后，用鼠标拖动控制点可改变大小。

(2)移动/复制位置　先单击选中，当鼠标指针在该图片上呈十字空心箭头状时，拖动/Ctrl + 拖动到目标位置，对象随之移动/复制。

(3)删除图片　先单击选中，按Delete键或单击“剪切”按钮可删除。

(4)图形和图表加边框和底纹　单击选中，利用绘图工具栏中相应按钮进行设置。“填充颜色”按钮增加底纹，单击右侧向下箭头可改变底纹颜色和类型；“线型”按钮改变边框类型，“线条颜色”改变边框颜色，“阴影”按钮设定阴影效果。

5.3.3　幻灯片的编辑

幻灯片的编辑包括幻灯片的插入、选择、删除、移动、复制等操作。这些操作可在幻灯片浏览视图或大纲视图中完成。

(1)创建新幻灯片　创建新幻灯片的操作步骤如下：

①单击“插入”下拉菜单中的“新幻灯片”命令，或单击工具栏上的“新幻灯片”按钮；

②滚动查看“幻灯片版式”任务窗格，然后单击所需版式，则在当前幻灯片之后插入一张新幻灯片。

或者通过直接查看“幻灯片版式”任务窗格，选择相应版式后单击版式右侧滚动条选择“插入新幻灯片”，则在当前幻灯片之后插入一张新幻灯片。也可以按 Ctrl + M 快速插入一张空白幻灯片。

(2)幻灯片的选定　应在各视图的大纲窗格中进行幻灯片的选定，只要光标停在相应幻灯片的内容中即表示该幻灯片被选中。

幻灯片浏览视图中，用鼠标直接单击某张幻灯片的缩图即可选定。

在各视图的大纲窗格和幻灯片浏览视图中，可以用 Shift + 鼠标单击的方法来选定连续的多张幻灯片，也可以用 Ctrl + 鼠标单击的方法来选定不连续的多张幻灯片。

(3)幻灯片的删除　选定欲删除的幻灯片后，按 Delete 键、单击“剪切”按钮或单击“编辑”下拉菜单中的“删除幻灯片”命令即可删除选定的幻灯片，其后面的幻灯片自动往前移动。

(4)幻灯片的复制　在幻灯片浏览视图中，选中要复制的幻灯片(可以是其他演示文稿中的幻灯片)，单击“编辑”下拉菜单中的“复制”(或工具栏上的“复制”按钮)；将光标定位到目标位置，单击“编辑”下拉菜单中的“粘贴”(或工具栏上的“粘贴”按钮)即可。

(5)幻灯片的移动　移动幻灯片指的是改变幻灯片的次序。一般情况下，幻灯片是按照编号从小到大进行放映。关于幻灯片的移动与复制请在各演示文稿的大纲窗格中进行操作，可以使用剪贴板或鼠标的拖动完成操作。

(6)转到特定的幻灯片上　普通视图或幻灯片视图：在幻灯片窗格中，拖动垂直滚动条直到出现所需的幻灯片编号；在大纲窗格中，单击幻灯片数字。

幻灯片浏览视图：双击幻灯片，或单击选中后，再单击“幻灯片视图”快捷按钮。

5.4 演示文稿的外观设计

PowerPoint 2003 的一大特色就是可以使演示文稿的部分或所有幻灯片具有一致的外观。控制幻灯片外观的方法有5种:背景、配色方案、母版、幻灯片版式和设计模板。演示文稿的外观设计对每个具体的演示文稿的作用,相当于建筑设计图对具体建筑物的作用,将对演示文稿进行统一布局和规范。

5.4.1 设置幻灯片背景

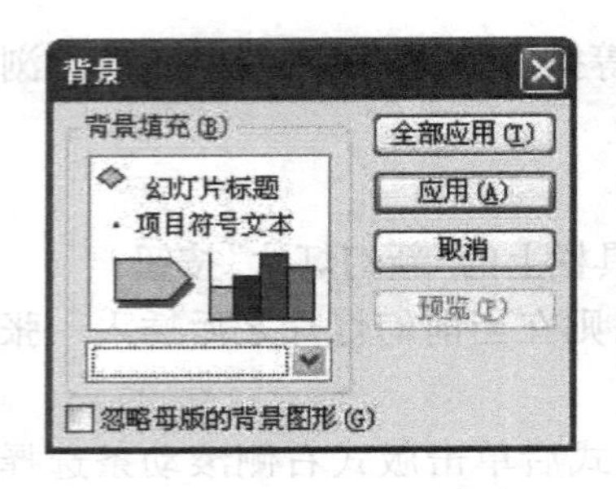

图 5.11 "背景"对话框

用户可以为幻灯片设置不同的颜色、阴影、图案或者纹理的背景,也可以使用图片作为幻灯片背景。一般来说,设置单张幻灯片在普通视图或幻灯片视图中进行背景设置,对当前幻灯片有效;设置多张幻灯片的背景,在幻灯片浏览视图中进行操作更方便。操作方法如下:

①选定一张或多张幻灯片,单击"格式"下拉菜单中的"背景"命令,则出现如图5.11所示对话框;

②单击"背景填充"处的下拉列表按钮,可选择背景颜色和填充效果(纹理、图片);

③单击"全部应用"按钮,则对所有幻灯片有效;单击"应用"按钮,则对选定幻灯片有效。

5.4.2 幻灯片配色方案

配色方案由8种颜色组成,用于演示文稿的主要颜色设置,如文本、背景、填充、强调文字等所用的颜色。方案中的每种颜色都会自动作用于幻灯片中的不同对象。每个演示文稿都具有几组配色方案,可以挑选一组配色方案用于个别幻灯片或整个演示文稿中。

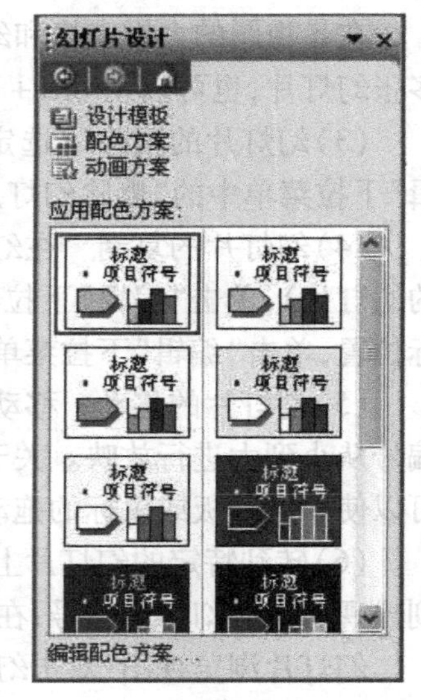

图 5.12 "幻灯片设计"任务窗格中的配色方案

要改变某种配色方案,可在幻灯片浏览视图中选定希望改变的幻灯片,单击"格式"下拉菜单中的"幻灯片设计"命令,出现"幻灯片设计"任务窗格,再单击"配色方案",如图5.12所示。选定某种配色方案,单击相应配色方案右侧的滚动条选择"应用于所有幻灯片"或"应用于所选幻灯片",则对选定的一张、多张或全部幻灯片有效。如果要改变某种配色方案中的颜色,可在"配色方案"任务窗格中单击"编辑配色方案",在"编辑配色方案"对话框中选择"自定义"标签,设置"背景""文本和线条"等8种相应颜色后,所有使用旧颜色的对象均自动变为新颜色。单击

“添加为标准配色方案”可将所做的更改另存为新方案。

一般情况下,演示文稿中超级链接的配色方案是一种很浅的颜色,在投影情况下很难看清楚超级链接的文字,演示文稿设计者可以通过配色方案进行颜色调整。

5.4.3 母版的使用

母版用于设置幻灯片的默认(预定)格式,包括幻灯片编号、标题及正文文字的大小和位置、项目符号的样式、背景图案等。PowerPoint 2003 的母版分4大类:幻灯片母版、标题母版、讲义母版、备注母版,用来统一控制演示文稿中各部分的整体外观和结构。

母版的设计方法是:单击“视图”下拉菜单中的“母版”命令中的相应的母版类别进行设计。

1)幻灯片母版

PowerPoint 系统中有一类特殊的幻灯片,称为幻灯片母版。幻灯片母版控制了某些文本特征(如字体、字号和颜色),称为“母版文本”。另外,它还控制了背景色和某些特殊效果(如阴影和项目符号样式)。

幻灯片母版包含文本占位符和页脚(如日期、时间和幻灯片编号)占位符,如图5.13所示。如果要修改多张幻灯片的外观,不必一张张幻灯片进行修改,只需在幻灯片母版上做一次修改即可。PowerPoint 将自动更新已有的非标题版式的所有幻灯片,以后新添加的幻灯片也将自动应用这些更改。如果要更改文本格式,可选择占位符中的文本并做更改。例如将占位符文本的颜色改为蓝色将使已有幻灯片和新添幻灯片的文本自动变为蓝色。

在幻灯片母版中,通常需要设置的项目有演示文稿标记(单位名称、图标等)、编号、日期、各种文本样式等。

2)标题母版

如果希望标题幻灯片(如图5.9所示幻灯片版式任务窗格中的第一种版式,称为标题幻灯片,其他版式不是标题幻灯片)与演示文稿中其他幻灯片的外观不同,可改变标题母版。标题母版仅影响使用了“标题幻灯片”版式的幻灯片。例如,要强调演示文稿中每节的起始幻灯片,可将标题母版设置为不同的格式,再对每节的起始幻灯片使用“标题幻灯片”版式。由于对幻灯片母版上文本格式的改动会影响标题母版,所以请在改变标题母版之前先完成幻灯片母版的设置。可以在图5.13幻灯片母版视图中插入“新标题母版”按钮后编辑实现。

3)备注和讲义母版

备注和讲义都有母版,可以在备注或讲义的每一页上添加要显示的项目。例如,可以创建图形对象、图片、包含日期和时间的页眉和页脚、页码和其他项目,另外可以使个别幻灯片具有备注页。有些项目如图形对象、图片、页眉和页脚在备注窗格中不会出现,将演示文稿保存为网页时它们也不会出现,只有工作在备注母版上、备注页视图中或打印备注时,它们才会出现。

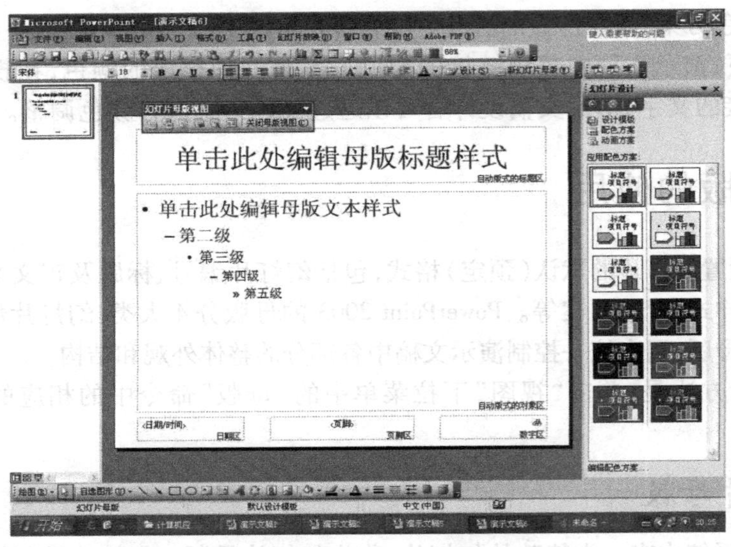

图 5.13 幻灯片母版

4)母版内容编辑

(1)设置母版中各样式的格式　对于母版中的各个标题及正文样式,可选中后设置字体、字形、字号、颜色等字符格式,也可设置对齐、间距、项目符号等段落格式,还可设置其文本框的填充效果等。

(2)向母版中插入对象　在母版中插入对象的操作方法是:在幻灯片母版的状态,用前面介绍的方法可插入对象。通过该方法可以设计演示文稿中多张幻灯片的同一背景图案。

(3)设置页眉和页脚　用户在母版中看到的日期区、页脚区、数字区和页眉区等,都着重于文本格式和位置安排。页眉和页脚是加在演示文稿中的注释性内容,主要为日期、时间、幻灯片编号等。在演示文稿打印、放映时,页眉和页脚的内容将显示或者打印。

幻灯片中添加页眉和页脚的具体操作方法如下:

①单击"视图"下拉菜单中的"页眉和页脚"命令,出现"页眉和页脚"对话框,单击"幻灯片"标签,如图 5.14 所示,根据需要完成对话框设置;

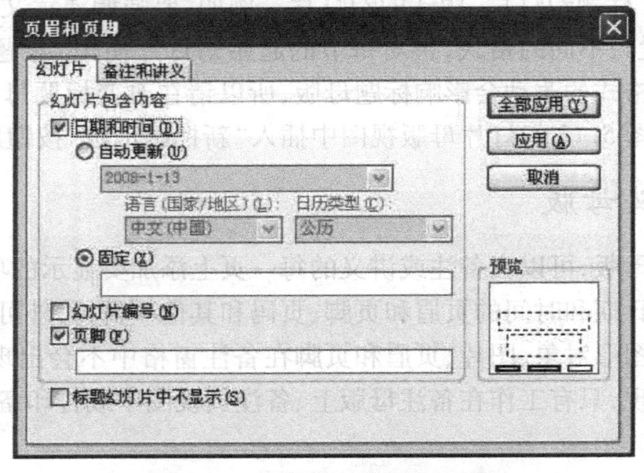

图 5.14 "页眉和页脚"对话框

②设置完毕,单击“应用”按钮,可以将这些设置应用于当前的幻灯片,单击“全部应用”,可以将这些设置应用于所有的幻灯片;

③在母版中选中相应占位符后设置其字体、字号、颜色、填充效果等各种格式。

当用户通过“视图”下拉菜单中的“页眉和页脚”命令插入日期、时间、幻灯片编号等文本时,它们都出现在默认的位置。如果要置于幻灯片中的其他位置,拖动到其他位置即可。

5.4.4 模板的使用

PowerPoint 提供的模板是配色方案、母版等外观设计和相关幻灯片的集成。每一种模板都由一个模板文件(文件扩展名为.pot,演示文稿设计模板)进行保存。演示文稿都是基于某个模板进行设计的。

PowerPoint 模板分为“设计模板”和“内容模板”两类。设计模板包含配色方案、具有自定义格式的幻灯片和标题母版以及字体样式,它们都可用来创建特殊的外观。内容模板包含的格式和配色方案与设计模板相同,但增加了针对特定主题提供的建议性内容。在演示文稿中应用模板时,新模板的幻灯片母版、标题母版和配色方案将取代原演示文稿的幻灯片母版、标题母版和配色方案。应用模板之后,添加的每张新幻灯片都会拥有相同的自定义外观。

PowerPoint 2003 提供了大量专业设计模板和内容模板(如图5.15 所示),也可以创建自己的模板。如果为某类演示文稿创建一种独特的外观,可将它存为模板文件(.pot 文件),将来新演示文稿的设计可以基于该模板进行设计。

图5.15 “设计模板”和“演示文稿”内容模板

1)应用设计模板

应用设计模板的方法是:

①打开要应用设计模板的演示文稿;

②单击“幻灯片设计”任务窗格中的“设计模板”,或单击“幻灯片设计”任务窗格中的“浏览”命令,将出现如图5.16 所示对话框;

③选择需要的设计模板或需要使用其设计的任意演示文稿,单击“应用”按钮完成。

对新建的演示文稿使用设计模板的操作方法是:单击“新建演示文稿”任务窗格中的“本

机上的模板”,出现如图 5.15 所示的对话框,在“设计模板”标签中选择需要的设计模板,单击“确定”按钮即可。

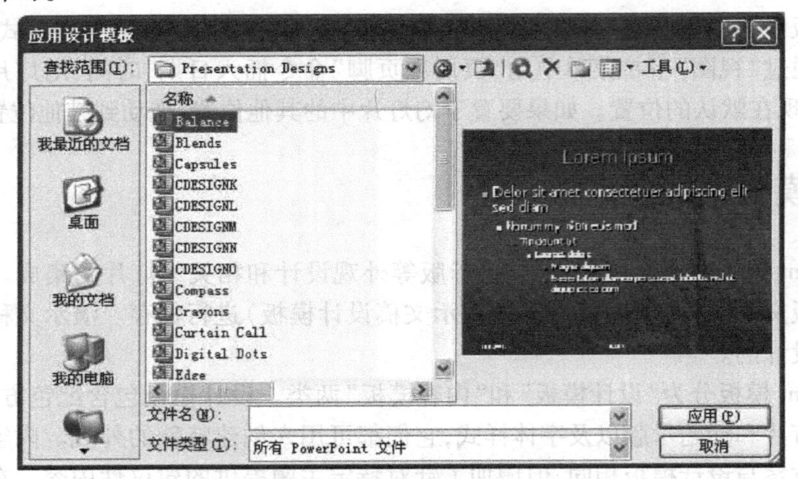

图 5.16 “应用设计模板”对话框

2)使用演示文稿内容模板

设计模板只提供了幻灯片的格式和配色方案,任何内容的幻灯片都可以选用,缺乏个性。PowerPoint 提供的内容模板,除了设计模板包含的内容外,还具有根据主题的特性提供的建议性内容,如个人主页、海报、人事信息等。用户可以根据需要选择主题相同或接近的演示文稿模板,再填写进自己的内容,制作出自己满意的演示文稿。其操作步骤如下:

①单击“文件”下拉菜单中的“新建”命令,单击“新建演示文稿”任务窗格中的“本机上的模板”,出现如图 5.15 所示对话框;

②选择“演示文稿”标签,在列表窗口选择需要的演示文稿内容;

③选定后,单击“确定”按钮。此时可以根据模板的内容提示和自己的需要,逐张幻灯片进行填写,键入内容并进行编辑处理。

3)创建设计模板

用户可以根据自己的需要创建自己的设计模板,以便在制作演示文稿的过程中方便、快捷,提高效率。创建设计模板的操作步骤如下:

①打开现有的演示文稿,或使用设计模板创建作为新设计模板的演示文稿;

②更改模板或演示文稿以符合需要,选择“文件”下拉菜单中的“另存为”命令;

③在“文件名”框中为设计模板键入名字,在“保存类型”框中,选择“演示文稿设计模板”,单击“保存”按钮即可。

可将新的设计模板保存在自己的文件夹中,或将它与其他设计模板一起存在“演示文稿设计”文件夹内(安装目录\Templates\Presentation Designs)。需要注意的是:模板是演示文稿的模型,影响的是演示文稿整体外观;母版是幻灯片的模型,影响本文件中的幻灯片。

5.5 演示文稿的放映效果

PowerPoint 2003 提供了动画效果和超级链接技术。这样,在计算机上放映幻灯片时,可以使用特殊的视听和动画效果。但是,向演示文稿中添加特殊效果要适度,这样所使用的效果(如动画和切换效果)既能帮助你突出重点,又不会让观众的注意力全放在特殊效果上。

5.5.1 演示文稿的放映

演示文稿建立好后,用户可以通过放映来观察效果,不满意可以再进行编辑处理,也可以根据不同的使用者设置不同的放映方式。

1)设置幻灯片的放映方式

对于建立好的演示文稿,可以根据不同的使用者,设置为不同的放映方式。设置的方法是:单击“幻灯片放映”下拉菜单中的“设置放映方式”命令,则出现如图 5.17 所示对话框,选择放映类型后单击“确定”按钮即可实现设定的放映效果。

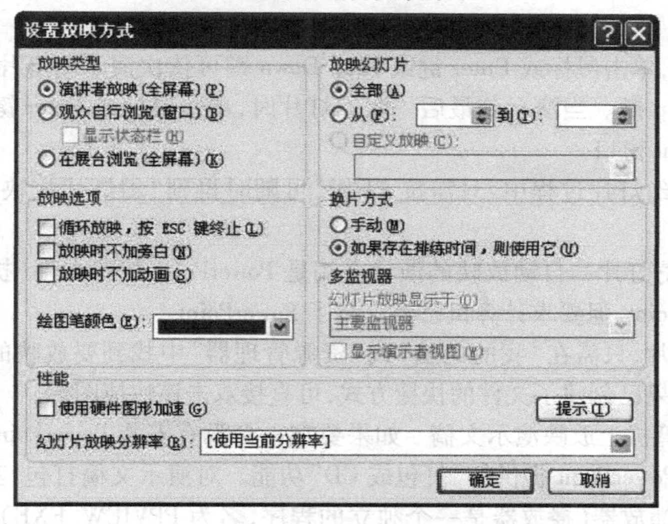

图 5.17 “设置放映方式”对话框

(1)演讲者放映(全屏幕) 单击此选项,可以让演示文稿全屏显示放映。这是最常用的方式,通常用于演讲者指导演示时使用。

演讲者具有对放映的完全控制,并可用自动或人工方式运行幻灯片放映;演讲者可以暂停幻灯片放映,以添加会议细节或即席反应;还可以在放映过程中录下旁白。也可以使用此方式,将幻灯片放映投射到大屏幕上、主持联机会议或广播演示文稿。

(2)观众自行浏览(窗口) 选择此选项将以 PowerPoint 窗口或小屏幕方式运行演示文稿。例如,个人通过公司网络或全球广域网浏览的演示文稿。演示文稿会出现在小型窗口内,并提供在放映时移动、编辑、复制和打印幻灯片的命令，也可以包含自定义菜单和命令。在此模式中，可以使用滚动条或 Page Up 和 Page Down 键从一张幻灯片移到另一张幻灯片。可同时打开其他程序，也可显示“Web”工具栏，以便浏览其他的演示文稿和 Office 文档等。

(3)在展台浏览(全屏幕)　选择此选项可自动放映演示文稿，例如，在展览会场、展台或会议中。

如果摊位、展台或其他地点需要运行无人值守的幻灯片放映，可以将幻灯片放映设置为此选项。运行时大多数的菜单和命令都不可用，并且在每次放映完毕后自动地重新开始。当选定该放映模式时，PowerPoint 会自动将“设置放映方式”对话框设定为“循环放映，按 Esc 键终止”。

2)幻灯片的放映

幻灯片的放映根据演示文稿的保存方式有 3 种放映形式：人工方式放映、自动放映和在其他计算机上放映。

(1)人工方式放映幻灯片　人工方式放映的是演示文稿文件(扩展名为.PPT)，要求预先启动 PowerPoint，并打开要放映的演示文稿文件。开始放映幻灯片的方法有：

①单击“幻灯片放映”下拉菜单中的“观看放映”命令；

②单击“视图”下拉菜单中的“幻灯片放映”命令；

③单击“幻灯片放映”工具按钮；

④按 F5 键。

在放映过程中，单击鼠标或 Enter 键或 Page Down 键可依次演示幻灯片，若退回到前一张幻灯片可按 Page Up 键。当演示到最后一张幻灯片时，单击鼠标或 Enter 键或 Page Down 键，则返回到 PowerPoint 窗口。

在全屏幕放映幻灯片过程中，只需按 F1 键，可随时得到“幻灯片放映帮助”信息框获得帮助。

(2)自动放映幻灯片　自动放映的演示文稿是 PowerPoint 放映文件(扩展名为.PPS)，不用预先启动 PowerPoint，但要求计算机已经安装了 PowerPoint。

自动放映幻灯片，只需在“我的电脑”或“资源管理器”中找到要放映的文件类型为.PPS 的文件并双击。如果已创建了文件的快捷方式，可直接双击该快捷图标。

(3)在另一计算机上放映演示文稿　如果要在一台没有安装 PowerPoint 的计算机上放映幻灯片，可以使用 PowerPoint 提供的“打包成 CD”功能。对演示文稿打包，其实质就是将演示文稿和 PowerPoint 播放器(播放器是一个独立的程序，名为 PPVIEW.EXE)进行压缩处理，然后在其他没有安装 PowerPoint 的计算机上解压缩，实现演示文稿的随时随地播放。

3)设置和排练幻灯片放映时间

演示文稿设计者可以在排练之前为幻灯片设置放映时间，或者在排练时自动设置。如果在排练之前设置时间，在幻灯片浏览视图中操作将最为简单，因为在该视图可以看到演示文稿中每张幻灯片的缩图。如果要为选定的幻灯片设置放映时间，可单击“幻灯片浏览”工具栏上的“幻灯片切换”，然后输入希望幻灯片在屏幕上显示的秒数。

当然可以为每一张幻灯片设置不同的放映时间，例如将标题幻灯片设置为 10 s，第二张幻灯片设为2 min,第三张设为45 s,等等。

要排练放映时间,单击“幻灯片放映”下拉菜单中的“排练计时”命令。用户可以使用如图5.18所示的“预演”对话框中的不同按钮暂停幻灯片放映、重新播放幻灯片以及换到下一张幻灯片。PowerPoint 2003会记录每一张幻灯片出现的时间,并设置放映的时间。如果你不止一次地显示同一张幻灯片,例如在自定义放映中,PowerPoint 2003会记录最后一次放映的时间。完成排练之后,可以接受该项时间或者重新试一次。

图5.18 放映预演对话框

4)放映过程控制

放映过程控制主要是指在演示文稿的放映过程中,改变鼠标指针、黑屏处理、中途结束放映、定位、会议记录等操作。

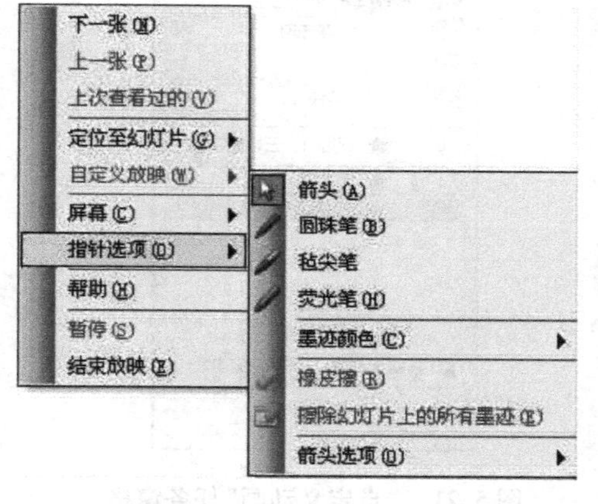

图5.19 幻灯片放映过程控制菜单

在演示文稿放映过程中,按鼠标右键,将弹出如图5.19所示的放映过程控制菜单。

①选择“指针选项”命令将弹出下级菜单。“箭头”项表示鼠标指针一直出现不消失;“圆珠笔”“毡尖笔”“荧光笔”3项表示鼠标指针呈现为不同形状的一支笔,此时可拖动鼠标在幻灯片上自由书写或绘画,同时,可选择“墨迹颜色”项设置其颜色;“箭头选项”中的“自动”项表示鼠标指针使用系统设置(当前幻灯片内自动播放对象启动完成后再出现鼠标指针);“箭头选项”中的“永远隐藏”表示鼠标指针不出现;

②选择“屏幕”命令也将弹出下级菜单,有“黑屏”“白屏”“切换程序”等功能供选择使用;

③选择“结束放映”命令则结束演示,返回放映前的状态。其实,在放映的任何时候,按Esc键均可结束放映。

5.5.2 对象的动画效果和幻灯片切换效果

对象的动画效果是添加到文本或其他对象(如图表、图片等)的特殊视听效果。如果观众使用的语言习惯是从左到右进行阅读,那么,可以将幻灯片的动画效果设置成从左边飞入,在强调重点时,改为从右边飞入的效果。这种变换能吸引观众的注意力,并且加强重点。

幻灯片切换是一些特殊效果,可用于在幻灯片放映中引入幻灯片。你可以选择各种不同的切换并改变其速度,也可以改变切换效果以引出演示文稿新的部分或强调某张幻灯片。

1)幻灯片内各对象的动画效果

幻灯片内各对象的动画效果是指在演示一张幻灯片时,以各种方式逐步显示片内不同层次的内容,从而使幻灯片上的文本、图形、声音、图像、图表和其他对象具有动画效果,这样就可以突出重点、控制信息的流程,并提高演示文稿的趣味性。

可以设置和更改动画的顺序和时间,还可将它们设置为自动出现(不需要按鼠标)。可以随时预览文本及对象的动画效果(观察它们如何工作),必要时还可调整动画效果。

(1)利用“动画方案”菜单进行动画设计　PowerPoint 提供如图 5.20 所示的简单动画方案,可以利用这些现成的动画,为幻灯片中的文本、图像等对象快速预设动画效果。具体操作方法是:切换到普通视图或幻灯片视图中,选定幻灯片后,单击“幻灯片放映”下拉菜单中的“动画方案”命令,在图5.20 任务窗格“应用于所选幻灯片”中选择相应的动画方案,若不同幻灯片需不同的方案则分别定位后选择,否则单击“应用于所有幻灯片”按钮。选择“无动画”可以取消幻灯片内动画设置。

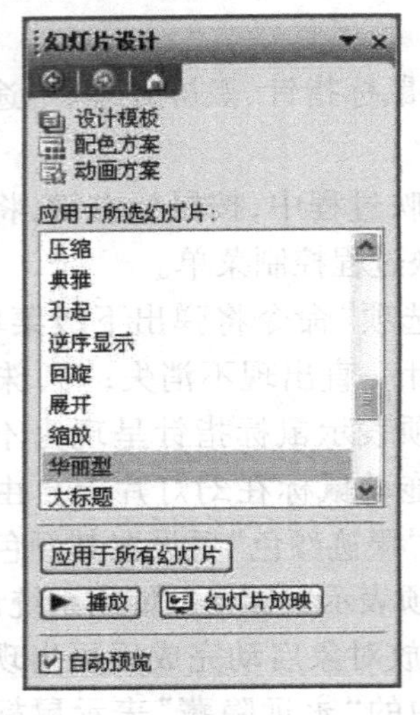

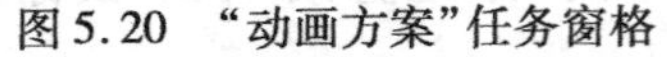

图 5.20　“动画方案”任务窗格

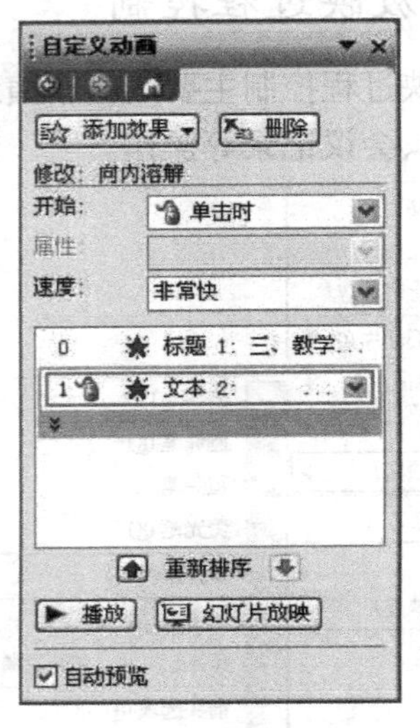

图 5.21　“自定义动画”任务窗格

(2)使用“自定义动画”对话框进行动画设计　当幻灯片中插入了图形、表格、艺术字体等难以区分层次的对象时,可使用“自定义动画”功能来进行更详细的效果、时间等设置。自定义动画具有两个功能:设置幻灯片中各个对象的动画效果;编辑已经设置的动画效果。具体操作方法如下:

①单击“幻灯片放映”下拉菜单中的“自定义动画”命令,出现如图 5.21 所示“自定义动画”任务窗格;

②在“幻灯片对象”框(中间部分)中选择要设置或改变动画的对象;若要取消对象的已设动画,可单击右上角的“删除”按钮,表示无动画效果;

③通过左上角“添加效果”按钮(当已有效果时为“更改”按钮),可设置进入、强调、退出和动作路径等动画方式、引入文本方式等选项内容;

④在“开始”“属性”“速度”下拉选择框中设置动画属性;也可在“幻灯片对象”框(中间部分)中选择要设置或改变动画的对象后,通过右侧的下拉选项中设置计时(单位为秒)、声音、动画效果等来调整、启动动画方式等选项内容;

⑤在“重新排序”的两侧按钮设置动画顺序;

⑥单击“播放”按钮可预览所做的修改,对于图表和多媒体对象,还可进一步进行设置;

⑦对于每个要设置的对象重复上述步骤分别进行设置。

2) 幻灯片之间放映的切换效果

幻灯片间的切换是指一张幻灯片从屏幕上移走与显示下一张幻灯片之间的关系，即幻灯片在放映时出现的方式。为幻灯片放映添加切换效果的操作方法如下：

①在幻灯片或者幻灯片浏览视图中，选定要添加切换效果的若干张幻灯片；

②单击“幻灯片放映”下拉菜单中的“幻灯片切换”命令，出现如图5.22所示“幻灯片切换”任务窗格；

③在“应用于所选幻灯片”中选择需要的切换效果，同时在“修改切换效果”中修改幻灯片切换的速度和声音；

④要将切换效果应用于所有的幻灯片，应单击“应用于所有幻灯片”按钮。

如果需要演示文稿能够自动放映，应选中图5.22的“换片方式”处的“每隔”选项，并输入对象自动切换的秒数。

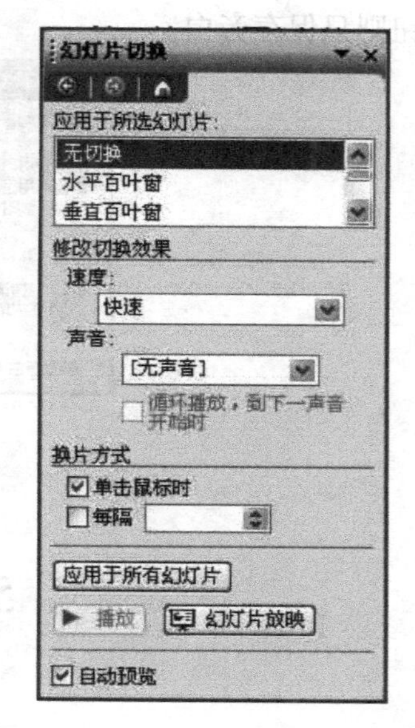

图5.22　“幻灯片切换”对话框

5.5.3　添加声音、旁白和影片

在幻灯片放映过程中，如果添加与幻灯片主题有关的音乐、声音和影片，将使幻灯片增色不少，放映效果会大大提高。

声音的取得可有多种渠道，某些常用的声音可从“自定义动画”中的“效果选项”获得，其他的声音、音乐和影片可在“剪辑库”中获得，声音也可以作为对象插入，放映时单击图标可以激活这些对象。

1) 在幻灯片上添加各种声音和影片

在幻灯片上添加声音和影片的方法类似，以添加CD声音为例，操作步骤如下：

①在幻灯片视图中显示要添加声音的幻灯片；

②单击“插入”下拉菜单中的“影片和声音”命令，在级联菜单中选择需要的声音项(这里是“播放CD乐曲”)；

③在弹出的对话框中完成各项设置并确定。

2) 在幻灯片放映时记录声音旁白或声音

有时候需要在放映幻灯片的同时，添加旁白(如果要记录旁白，计算机需要安装声卡和麦克风)。可以预先在运行幻灯片放映之前记录旁白，也可以在进行演示时记录旁白并加上观众意见。如果不希望整场幻灯片放映都有旁白，也可以在选定幻灯片或对象上记录个别的声音或注释。其操作步骤如下：

①单击“幻灯片放映”下拉菜单中的“录制旁白”命令，出现如图5.23所示对话框；

②如果此时要作为幻灯片的嵌入对象插入旁白，并开始记录，应单击“确定”按钮；如果要作为链接对象插入旁白，应选中“链接旁白”框，再单击“确定”按钮即开始记录，这时放映幻灯

片时将出现旁白；

③放映结束时将显示一个询问消息框，如单击“是”按钮则会保存时间及旁白，单击“否”按钮则只保存旁白。

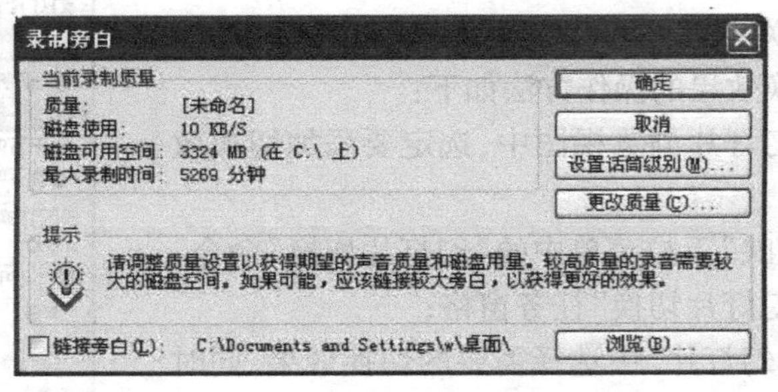

图 5.23 “录制旁白”对话框

5.6 创建超级链接

PowerPoint 提供了功能强大的超级链接功能，使用超级链接可以 PowerPoint 环境中打开或使用其他软件环境中的内容。建立了超级链接的文本或图形，将变成带有彩色和下划线的标记，激活超级链接将会跳转至其链接的某个文件或文件中的某个位置，或者跳转到 Internet 上的某个 Web 页。此外，超级链接还可以指向新闻组、Gopher、Telnet 和 FTP 站点。文稿设计者可以在演示文稿中添加超级链接，放映时通过该超级链接跳转到不同的位置。用户可以在任何对象（包括文本、形状、表格、图形和图片）上创建超级链接。

5.6.1 用“插入超级链接”方式创建超级链接

利用“插入超级链接”方式建立超级链接的操作步骤如下：

①选定用于设置超级链接的文本或对象；

②单击工具栏中的“插入超级链接”按钮，或单击“插入”下拉菜单中的“超级链接”命令，出现如图 5.24 所示对话框；

③单击“链接到”中的“本文档中的位置”项，在列表中选择想转到的幻灯片或自定义放映；

④需指定当鼠标指针在超级链接上停留时显示的提示信息，请单击“屏幕提示”按钮，然后键入所需文本。如果没有指定提示信息，那么将使用文件的路径或 URL；

⑤设置好后，单击“确定”按钮。

建立超级链接后，其文本下面被加上了下划线成为超级链接符号，以后放映幻灯片时，单击这些符号就可以看到超级链接的结果。如果要预览超级链接在幻灯片放映中的显示效果，请单击 PowerPoint 窗口左下角的“幻灯片放映”。

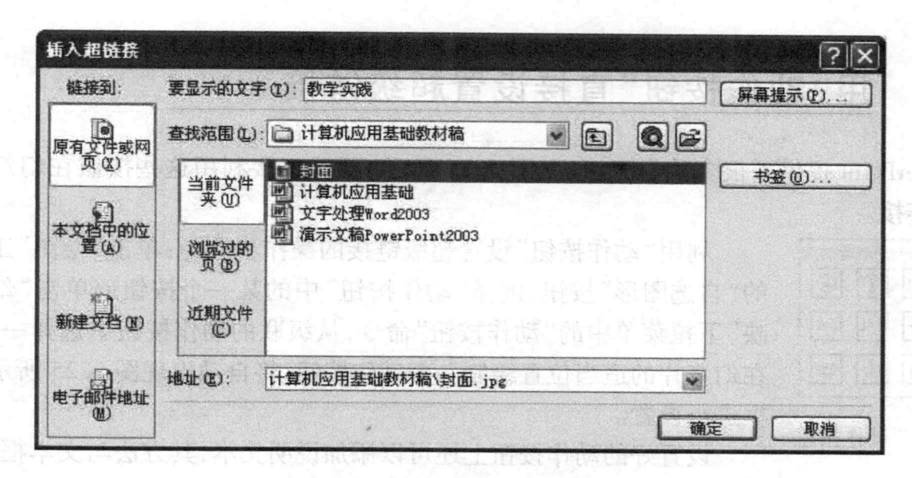

图5.24 “插入超级链接”对话框

5.6.2 用“动作设置”对话框设置超级链接

利用“动作设置”对话框建立超级链接的操作步骤如下：

①选择需要设置超级链接的文本或对象；

②单击“幻灯片放映”下拉菜单中的“动作设置”命令，出现如图5.25所示的对话框；

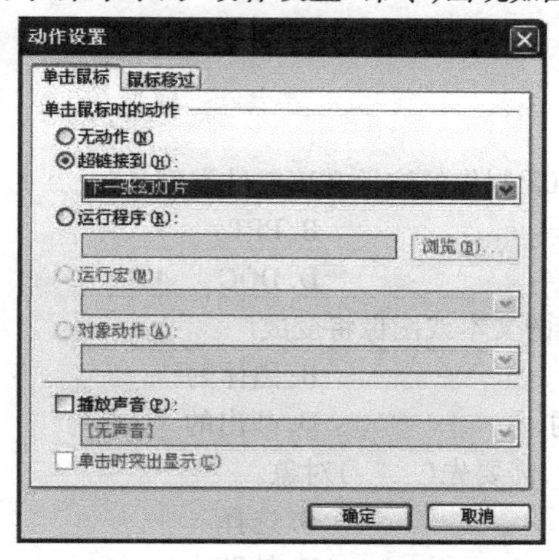

图5.25 “动作设置”对话框

③选定“单击鼠标”标签或“鼠标移过”标签，这是超级链接的两种激活方式；

④选定“单击鼠标时的动作”或“鼠标移过时的动作”中的相应选项。“无动作”表示没有超级链接，“超链接到”表示当激活超级链接符号时跳转到选中的对象，“运行程序”表示当激活超级链接时运行指定程序；

⑤如果希望播放声音，需选中“播放声音”并在下拉列表中选择；

⑥完成对话框的设置后单击“确定”按钮。

5.6.3 用"动作按钮"直接设置超级链接

PowerPoint 提供了很多动作按钮,如图 5.26 所示,可以直接利用这些按钮在幻灯片中设置超级链接。

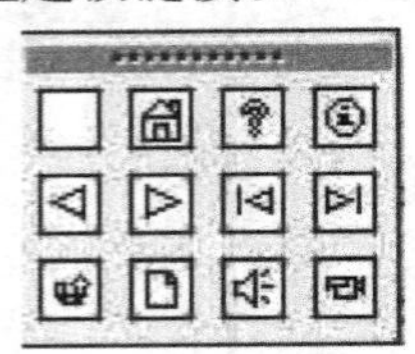
图 5.26 动作按钮

利用"动作按钮"设置超级链接的操作步骤为:单击"绘图"工具栏上的"自选图形"按钮,选择"动作按钮"中的某一个按钮或单击"幻灯片放映"下拉菜单中的"动作按钮"命令,从级联的动作按钮中选择一个按钮。在幻灯片的适当位置绘制一个动作按钮,将自动出现图 5.25 所示的对话框进行设置。

设置好的动作按钮上还可以添加说明文本,其方法与文本框类似:先选中按钮,单击鼠标右键,在弹出菜单中选择"添加文字";或单击绘图工具栏上的"文本框"按钮,再单击被选中的按钮,输入文本即可。

如果要预览对象对动作的反应,请单击 PowerPoint 窗口左下角的"幻灯片放映"。

习 题 5

1. 单项选择题

(1)使用 PowerPoint 2003 制作的演示文稿文件类型是( )。

A. EXE　　B. PPT

C. PPS　　D. DOC

(2)被建立了超级链接的文本或图像将变成( )。

A. 灰暗的　　B. 黑体的

C. 彩色带下划线的　　D. 凸出的

(3)编辑幻灯片内容时,需要先( )对象。

A. 调整　　B. 选择

C. 删除　　D. 粘贴

(4)设计模板是( )提供的幻灯片内预定外观格式模板。

A. Windows　　B. Word

C. Excel　　D. PowerPoint

(5)如果想使幻灯片内的标题、图片、文字按顺序出现,应该使用( )动画设置功能。

A. 放映　　B. 幻灯片间

C. 幻灯片链接　　D. 幻灯片内

2. 多项选择题

(1)插入新幻灯片的方法有( )。

A. 按复制按钮　　B. 选“插入”菜单项中的“新幻灯片”命令
C. 按粘贴按钮　　D. 单击工具栏的“新幻灯片”按钮
E. 选快捷菜单的“新幻灯片”

(2)幻灯片中可以插入的内容是(　　)。
A. 文本　　B. 图形
C. 声音　　D. 表格
E. 超级链接

(3)PowerPoint 2003 提供的视图方式有(　　)。
A. 普通视图　　B. 大纲视图
C. 幻灯片视图　　D. 幻灯片浏览视图
E. 页面视图

(4)正在编辑的演示文稿可以通过(　　)随时放映。
A. 按 Esc　　B. 按“放映”按钮
C. 按 Shift 键　　D. 按 F5 键
E. 选“幻灯片放映”菜单项中的“观看放映”命令

(5)在 PowerPoint 2003 中对幻灯片“自定义动画”,可以完成的设置有(　　)。
A. 各个对象出现的顺序　　B. 对象出现时的声音
C. 对象出现时的动画效果　　D. 对象启动的方式
E. 对象的格式

3. 判断题(正确的打“√”,错误的打“×”)

(1)幻灯片间“动画”是指幻灯片在放映时出现的方式。(　　)
(2)不启动 PowerPoint 2003 也能放映幻灯片。(　　)
(3)演示文稿中的幻灯片顺序不能改变。(　　)
(4)放映幻灯片时可以配上旁白。(　　)
(5)放映幻灯片时可以让光标变成“笔”在幻灯片上写写画画。(　　)

4. 填空题

(1)在幻灯片浏览视图下,被选定的幻灯片周围有一个________。
(2)除了可以将选定的文字或图片设置成超级链接外,还可以直接用________按钮设置超级链接。
(3)PowerPoint 2003 是一个________应用软件。
(4)幻灯片动画效果是指________。
(5)编辑幻灯片是将幻灯片作为一个________进行复制、剪切、粘贴等操作。

5. 简答题

(1)建立一个演示文稿,再选择一个设计模板作为幻灯片的外观格式,写出操作步骤。
(2)一张幻灯片有标题和正文,在放映时出现标题,然后按一下鼠标才能出现一段正文,写出设置动画的步骤。

第6章 数据库基本知识及操作

6.1 数据库及数据库系统的基本知识

6.1.1 数据与数据处理

计算机的一个主要用途就是进行数据处理。在现实社会中，存在着大量的信息（Information）。简单地说，信息就是客观世界在人们头脑中的反映，是客观事物的表征，是可以传播和加以利用的一种知识。而数据（Data）就是指存储在某一种介质上的可以被识别的物理符号，是对客观存在实体的一种记载和描述。对信息进行数字化（符号化）后，就得到相应的数据。随着计算机技术的发展，数据不但包括数字、文字，还包括图形、图像、声音和视频等各种可以数字化的信息。各种各样的信息只要能够数字化就能够被计算机存储和处理。

数据是信息的载体，而对大量数据的处理又将产生新的信息。所以，信息与数据的概念是密切相关的，信息处理常常又被称为数据处理，包括数据的收集、存储、传输、加工、排序、检索、维护等一系列的活动。此外，信息和数据是有价值的，其价值取决于它的准确性、可靠性、及时性与完整性。为了提高信息或数据的价值，就必须用科学的方法对其进行管理，这种科学的方法就是数据库技术。

数据包括数据类型（Type）和值（Value）两个要素。数据类型给出了数据的所属种类，如字符型、数字型、日期型、逻辑型等。值给出了数据的具体内容。

数据库（Data Base，DB）是长期储存在计算机内、有组织的、可共享的大量数据集合。数据库存放数据是按预先设计的数据模型存放的，它能构造复杂的数据结构，从而建立数据间内在的联系和关系。

计算机中的数据一般分为两部分,其中一部分存放于计算机内存中,与程序仅有短时间的交互关系,随着程序的结束而消亡,它们被称为临时性数据;而另一部分数据则存放于磁盘等外存中,需要时再调入内存,对系统起着长期持久的作用,它们被称为持久性数据。数据库属于持久性数据。

6.1.2 数据库系统

数据库系统(Data Base System,DBS)一般指引入数据库技术后的计算机系统。在不引起混淆的情况下常常把数据库系统简称为数据库。一个数据库系统通常由计算机软硬件平台、数据库、数据库管理系统(Data Base Management System,DBMS)、相关软件、数据库管理员(Data Base Administrator,DBA)和用户(User)等几部分构成。

数据库系统通常具有以下特点:实现数据共享、具有较高的数据独立性、数据冗余度低、实现数据结构化、统一的数据控制功能、易扩散。

计算机应用于数据处理领域已经历了3个阶段,即人工管理阶段、文件管理阶段和数据库管理阶段。

人工管理阶段约从20世纪40年代到50年代,那时程序设计人员需要对所处理的数据作专门的定义,还需要对数据的存取及输入、输出的方式作具体的安排。程序与数据不具有独立性,同一组数据在不同的程序中不能被共享。因此,各应用程序之间存在大量的冗余数据。

文件管理阶段约从20世纪50年代到60年代,当时的操作系统中通常包含一种专门进行文件管理的软件,可将数据按照一定的形式存放到计算机的外部存储器中形成数据文件,而不再需要人们去考虑这些数据的存储结构、存储位置以及输入输出方式等。这使数据和程序之间具有了一定的独立性。

数据库管理阶段是从20世纪60年代直至现在。数据库管理是将大量的相关数据按照一定的逻辑结构组织起来,构成一个数据库,然后借助专门的数据库管理系统软件对这些数据资源进行统一的、集中的管理。这样,不仅减少了数据的冗余度,节约了存储空间,而且充分实现了数据的共享。数据库管理方式同时提高了数据的一致性、完整性和安全性,减少了应用程序开发和维护的代价。

6.1.3 数据库管理系统

数据库管理系统是数据库系统的核心,它是一种系统软件,建立在操作系统的基础之上,对数据库进行集中、统一管理。数据库管理系统提供对数据库中的数据资源进行管理和控制的各种功能,是用户和数据库之间的交互界面,也是用户程序与数据库中数据的接口。

一般说来,数据库管理系统应具有以下一些功能:

(1)数据模式定义　数据库管理系统负责为数据库构建模式。

(2)数据存取的物理构建　数据库管理系统负责为数据模式的物理存取及构建提供有效的存取方法与手段。

(3)数据操纵　数据库管理系统一般提供查询、插入、修改以及删除数据的功能。它还具有做简单算术运算和统计运算的能力,以及强大的过程性操作能力。

(4)数据的完整性、安全性定义与检查　数据库中的数据具有内在语义上的关联性与一致性,它们构成了数据的完整性。

(5)数据库的并发控制与故障恢复　数据库管理系统必须对多个应用程序的并发操作做必要的控制以保证数据不受破坏,这就是数据库的并发控制;数据库中的数据一旦遭受破坏,数据库管理系统必须有能力及时进行恢复,这就是数据库的故障恢复。

(6)数据的服务　数据库管理系统提供对数据库中数据的多种服务功能,如数据拷贝、转储、重组、性能监测、分析等。

为完成数据库管理系统的功能,数据库管理系统提供相应的数据语言(Data Language):

①数据定义语言(Data Definition Language,DDL)　该语言负责数据的模式定义与数据的物理存取构建。

②数据操纵语言(Data Manipulation Language,DML)　该语言负责数据的操纵,包括查询及增加、删除、修改等操作。

③数据控制语言(Data Control Language,DCL)　该语言负责数据完整性、安全性的定义与检查以及并发控制、故障恢复等。

上述数据语言按其使用方式可分为交互式命令语言和宿主型语言两种结构形式。

6.2 关系数据模型

6.2.1 数据模型

在数据库中用数据模型这个工具来抽象、表示和处理现实世界中的数据和信息。通俗地讲,数据模型就是现实世界的反映,它分为两个阶段:把现实世界中的客观对象抽象为概念模型;把概念模型转换为某一 DBMS 支持的数据模型。

目前比较流行的数据模型主要有 3 种,即层次模型、网状模型和关系模型。

(1)层次模型　在层次模型中,各数据对象之间是一种依次的一对一的或一对多的联系。在这种模型中,层次清楚,可沿层次路径存取和访问各个数据。层次结构犹如一棵倒置的树,因而也称其为树型结构。

(2)网状模型　网状模型就像一个网络,此种结构可用来表示数据间复杂的逻辑关系。在网状模型中,各数据实体之间建立的通常是一种层次不清楚的一对一、一对多或多对多的联系。

(3)关系模型　在关系模型中,数据的逻辑结构是一张二维表格,即关系模型用若干行与若干列数据构成的表格来描述数据集合以及它们之间的联系,每一个这样的表格被称为一个关系。关系模型是一种易于理解并具有较强数据描述能力的数据模型。

6.2.2 关系模型的基本概念

关系模型采用二维表来表示,简称表,如表 6.1 所示。二维表由表头及表的元组(行,记录)组成。表头由多个命名的属性(列,字段)组成。每个属性有一个取值范围,称为值域。在一个关系中,有一个或几个这样的属性,其值可以唯一地标识一个元组,这种属性称为关键字,也称为主码或主键。

表6.1 学生成绩表

学 号	姓 名	语 文	数 学	总 分
1001	张三	87	92	
1002	李四	69	88	
1003	王五	85	78	

构成一个关系的二维表格,必须满足以下条件:

①表中每一列中数据的类型必须相同;

②表中不应有内容完全相同的数据行;

③表中不允许有重复的字段名,且每一个字段不可再分解;

④表中行的顺序或列的顺序可以任意排列,且不影响表中各数据项间的关系。

对一个关系型数据库进行访问时,对其进行的各种操作称为关系运算。关系运算分为两种:一种是传统的集合运算,包括并、差、交、广义笛卡尔积等;另一种是专门的关系运算,包括选择、投影和连接。需要注意的是,关系运算的操作对象是关系,运算结果仍为关系。

(1)选择 从一个关系中选取满足给定条件的元组的操作称为选择。这就是说,选择是从记录行的角度对二维表格的内容进行筛选,经过选择运算后得到的结果可以形成新的关系,而其关系模式不变。

(2)投影 从一个关系中找出若干个属性组成新的关系的操作称为投影。投影是从列的角度对二维表格内容进行的筛选或重组,经过投影运算后得到的结果可以形成新的关系,其属性排列的顺序则可能有所不同。

(3)连接 连接是两个关系中的元组按一定的条件横向结合,拼接成一个新的关系。最常见的连接运算是自然连接,它是利用两个关系中共有的一个属性,将该属性值相等的元组内容连接起来,去掉其中的重复属性作为新关系中的一个元组。

6.3 数据库基本操作

6.3.1 建立数据库及数据表

Access 数据库是一个典型的小型关系型数据库。在 Microsoft Office Access 2003 中,一个数据库即为一个扩展名为 MDB 的文件,其中可以包含若干个表(数据表)、查询、窗体等。这里的一个表,即为一个关系。使用 Access 数据库,一般应先建立库,然后在库中建立表,再在表中输入内容,最后对表中数据进行各种查询操作。

下面以制作学生档案表为例说明如何使用 Microsoft Office Access 2003 建立数据库(假定数据库名为“学生库”)。已有学生档案如表 6.2 所示。从分析可知,学号、姓名应为“文本”型,性别可为“是/否”型(是表示男,否表示女),出生日期就为“日期/时间”型,高考总分应为“数字”型,备注应为“备注”型。其中,学号应为“主键”。

表 6.2　学生档案表

学　号	姓　名	性　别	出生日期	高考总分	备　注
1001	张三	男	1988-05-17	582	
1002	李四	女	1987-04-21	630	
1003	王五	男	1999-11-18	595	

启动 Microsoft Office Access 2003,在弹出的“文件新建数据库”对话框中输入数据库名“学生库”,如图 6.1 所示。

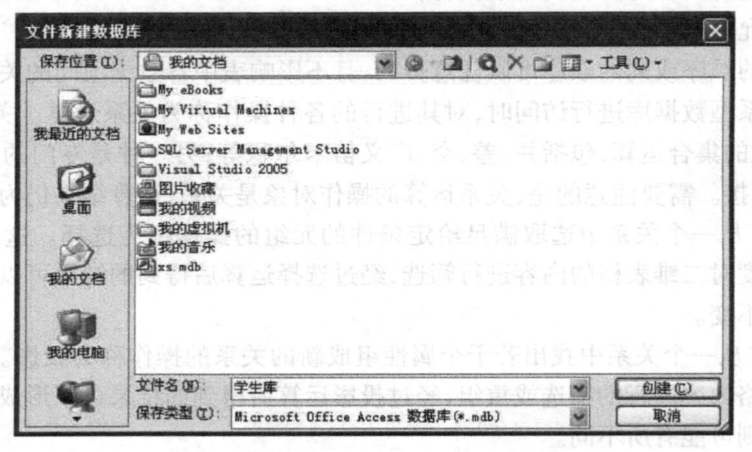

图 6.1　“文件新建数据库”对话框

单击“创建”按钮,出现如图 6.2 所示的数据库主窗体。

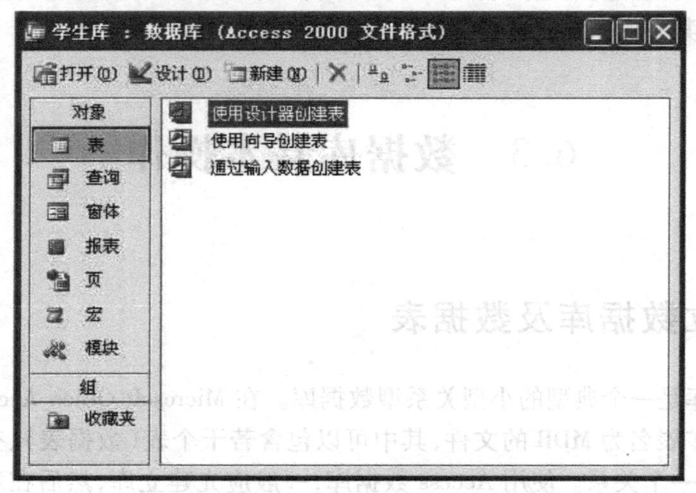

图 6.2　数据库主窗口

双击“使用设计器创建表”，在弹出的对话框中输入各“字段名称”，选择相应的“数据类型”，可以根据需要设置“字段属性”。选中学号字段，单击主键图标，设置学号字段为主键，如图 6.3 所示。

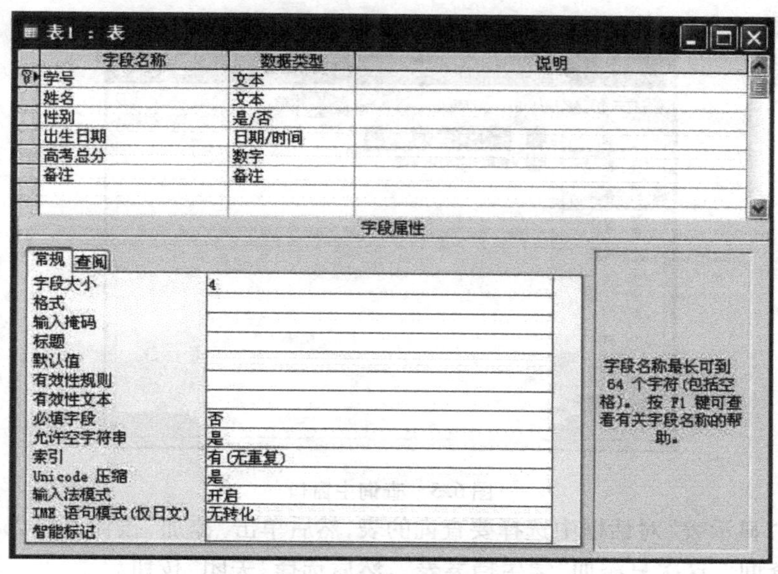

图 6.3　创建表对话框

单击“保存”按钮，在弹出的“另存为”对话框中输入数据表的名称“学生档案表”，然后关闭表。

如果要对已经建好的数据表的结构进行修改，可以右击数据表，在弹出的快捷菜单中选择“设计视图”，然后对数据表的结构进行修改。如果要删除不要的数据表，可以右击数据表，在弹出的快捷菜单中选择“删除”命令。

如果要打开以前建立的数据库，可以选择“文件”菜单中的“打开”命令。需要注意的是，打开其他数据库后，当前数据库将自动关闭。

下面向刚才建好的数据表中增加数据。双击“学生档案表”，在弹出的对话框中输入各记录，如图 6.4 所示。

学生档案表 : 表

学号	姓名	性别	出生日期	高考总分	备注
1001	张三	☑	1988-5-17	582	
1002	李四	☑	1987-4-21	630	
1003	王五	☑	1999-11-18	595	
		☐		0	

记录：3　共有记录数：3

图 6.4　输入数据对话框

如果数据输入有错，或想增加、修改以前的数据，方法与增加数据相同。

6.3.2　数据查询

在 Access 中，可以对数据进行各种查询操作。Access 支持 SQL 语句查询操作和图形方式的查询操作。下面介绍图形方式的查询操作。

假设要查询高考总分在600分以上的学生的学号和姓名,并按学号升序排列。

要建立查询,在如图6.5所示的数据库主窗口中的“对象”下面选择“查询”按钮,然后选择“在设计视图中创建查询”。

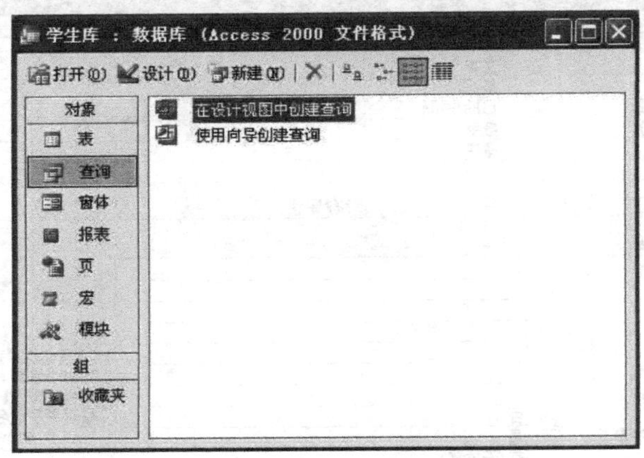

图6.5 查询主窗口

在弹出的“显示表”对话框中选择要查询的表,然后单击“添加”按钮。可以同时添加多个表,建立多表查询。这次只添加“学生档案表”,然后选择“关闭”按钮。

在如图6.6所示的查询对话框中选择相应选项。

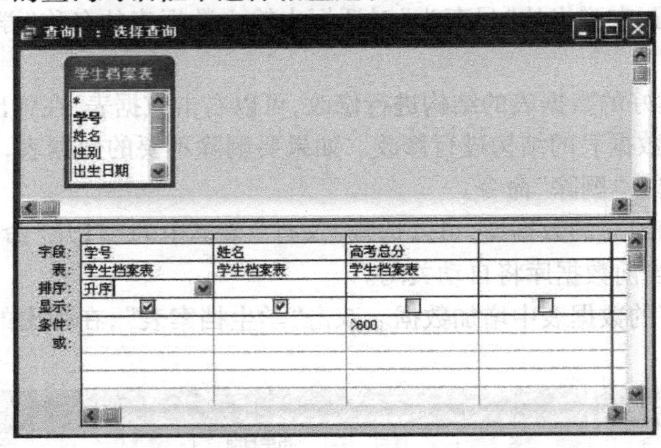

图6.6 查询对话框

其中各项的含义如下:

• 字段:要显示或作为条件的字段名称。如果选择“ * ”,则表示所有字段。

• 表:表示字段所属表的表名。如果在“显示表”对话框中添加了多个表,这里会出现所有添加的表的名字。选择了不同表后,字段会作相应的改变。

• 排序:如果查询出来的内容要按某个字段值进行排序,先选择字段名,再选择排序中的升序或降序。

• 显示:指定所选字段是否显示出来。例如查询高考总分600分以上的学生,但高考总分本身不需要显示,则取消显示选定。

• 条件:指定查询的条件。如不指定,则默认操作所有记录。如果有多个条件,是“并且”

关系应写在同一行,如果是“或者”关系,则写在不同行。

- 要显示查询结果,选择“查询”菜单中的“运行”命令,或选择工具栏中的运行按钮 ! 。
- 要返回重新设计查询,选择“视图”菜单中的“设计视图”。
- 如果想使用 SQL 语句进行查询设计,可以使用“视图”菜单中的“SQL 视图”。

查询设计好后,选择“保存”命令将其存盘。

如果想修改以前设计好的查询,可以右键单击查询,然后在弹出的快捷菜单中选择“设计视图”。如果想删除不要的查询,可以右键单击查询,然后在弹出的快捷菜单中选择“删除”命令。

习题6

1. 单项选择题

(1)一个数据库管理系统是(　　)。

A. 一个软件　　B. 一台存有大量数据的计算机

C. 一种设备　　D. 一个负责管理有大量数据的机构

(2)在关系型数据库管理系统中,所谓关系是指(　　)。

A. 各条数据记录之间存在着一定的关系

B. 一个数据库与另一个数据库之间存在着一定的关系

C. 各个字段数据之间存在着一定的关系

D. 满足一定条件的一个二维数据表格

(3)在各种关系运算中,选择运算是指(　　)。

A. 在二维表中选择字段组成一个新的关系

B. 在二维表中选择满足条件的记录组成一个新的关系

C. 在二维表中选择满足条件的记录和属性组成一个新的关系

D. 上述说法都是正确的

(4)关系数据库中的关系必须满足其每一属性都是(　　)。

A. 互不相关的　　B. 不可分解的

C. 长度可变的　　D. 互相关联的

(5)数据库管理系统是一种(　　)。

A. 采用了数据库技术的计算机系统

B. 包括数据库管理人员、计算机软硬件以及数据库系统

C. 位于用户与操作系统之间的一层数据管理软件

D. 包含操作系统在内的数据管理软件系统

(6)数据库系统的核心是(　　)。

A. 数据库　　B. 数据库管理系统

C. 数据模型　　D. 软件工具

(7)在数据库管理技术的发展过程中,数据独立性最高的是(　　)。

A. 数据库系统　　B. 文件系统

C. 人工管理　　D. 数据项管理

(8)层次模型、网状模型和关系模型的划分原则是(　　)。

A. 记录长度　　B. 文件的大小

C. 联系的复杂程度　　D. 数据之间的联系

(9)Access 数据库文件的扩展名为(　　)。

A. DOC　　B. XLS

C. MDB　　D. PPT

(10)下面关于数据库与数据表的说法正确的是(　　)。

A. 1 个数据库中可以包含多个数据表

B. 1 个数据库中只能包含 1 个数据表

C. 1 个数据表中可以包含多个数据库

D. 1 个数据表中只能包含 1 个数据表

2. 多项选择题

(1)一个关系型数据库管理系统所应具备的 3 种基本关系操作是(　　)。

A. 选择　　B. 投影

C. 插入　　D. 连接

(2)数据管理技术经历了(　　)几个阶段。

A. 手工管理阶段　　B. 人工管理阶段

C. 文件管理阶段　　D. 数据库管理阶段

(3)对关系数据库来讲,下面说法正确的是(　　)。

A. 每一列的分量是同一类型的数据,来自同一个域

B. 不同列的数据可以出自同一个域

C. 行的顺序可以任意交换,但是列的顺序不能任意交换

D. 关系中的任意两个元组不能完全相同

(4)常用的数据模型有(　　)。

A. 关系模型　　B. 层次模型

C. 网状模型　　D. 交叉模型

(5)下列工作中,属于数据库管理员(DBA)的职责的是(　　)。

A. 建立数据库

B. 输入和存储数据库数据

C. 监督和控制数据库的使用

D. 数据库的维护和改进

3. 操作题

(1)创建一个名为“职工”的数据库,在数据库中建立如下两个数据表:

职工基本情况表

职工号	姓　名	性　别	出生日期	是否党员
1001	张小三	女	1978-01-02	是
1002	李小四	男	1979-03-12	否
1003	王小五	女	1975-05-21	是

职工工资表

职工号	基本工资	奖　金	合　计
1001	1 500.00	600.00	
1002	1 400.00	550.00	
1003	1 600.00	650.00	

(2)建立名为“党员职工”的查询,要求查询出所有是党员的职工信息。

第 7 章

计算机网络基础

随着计算机技术和通信技术的日益结合,计算机网络在现代信息社会中扮演着越来越重要的角色,对社会、经济、文化及人们的日常生活产生了前所未有的深远影响。

7.1 计算机网络基础

7.1.1 计算机网络的定义

所谓计算机网络,就是利用通信设备和通信线路将分散而独立的计算机连接在一起,在相应软件的支持下实现相互通信的系统。也可以说计算机网络是以资源共享和数据通信为目的,通过数据通信线路将多台计算机互连而成的系统。

网络中的多台计算机通常在地域上分布是非常广的。从用户使用的角度讲,网络是一个透明的传输机构,不必考虑网络资源的位置而可以直接访问网上的各种可用资源。

7.1.2 计算机网络的功能

计算机网络最基本的功能是资源共享和数据通信。随着计算机网络技术的发展,计算机网络的功能越来越强,应用也越来越广。

(1)资源共享　资源共享包括共享网络中的硬件资源、软件资源和数据资源,如共享其他计算机上的数据、文件或网络软件,共享网上的打印设备等。

资源共享使得网络中地域分散的资源能够互通有无、分工协作,使资源的利用率大大提高,处理能力大为增强,数据处理的平均费用也可大幅下降。

(2)数据通信 不同地域的计算机之间通过网络进行对话,相互传送需要的数据和信息。

(3)提高计算机的可靠性及可用性 建立计算机网络后,各个节点计算机可以通过网络互为后备。当某个节点出现故障时,其工作由其他节点自动分担。还可以在网络的节点上设置一定的备用设备,起到全网共用后备的作用。在地理上分布很广泛且具有实时管理和不间断运行的系统中,建立计算机网络,可保证更高的可靠性和可用性。

(4)提供分布处理环境 在计算机网络中,用户可根据问题的性质和要求,选择网内最合适的资源来处理。对于综合性的大型问题可以采用合适的算法,将任务拆分成多个子任务,分配到多个不同的计算机上进行处理。计算机连成网络也有利于进行重大科研课题的开发研究。

(5)集中管理与处理 有些地理上分散的组织机构要进行集中的管理和处理,也可通过网络进行分级或集中管理与处理。例如飞机订票系统、军事指挥控制系统、银行财经系统、气象数据采集系统等。

(6)负载分担与均衡 当某一处理系统任务过重时,新的作业可通过网络送给其他子系统处理。在幅员辽阔的国度里,就可以利用地理上的时差均衡系统的日夜负载,以充分发挥网内各处理子系统的作用。

7.1.3 计算机网络的组成

一个典型的计算机网络系统由网络硬件和网络软件两大部分组成。

1)网络硬件

网络硬件一般由一台或几台网络服务器、网络通信设备、传输介质以及若干台网络客户工作站相互连接组成。

(1)网络服务器 网络服务器也简称为服务器,是网络的信息与管理中心,是计算机网络中为其他计算机用户提供各种服务的核心单元。按应用可分为文件服务器、打印服务器、通信服务器等。一个计算机网络中一般有一个或多个服务器,网络中可共享的资源大部分都集中在服务器中,同时服务器还负责管理资源和协调网络用户对资源的访问。服务器可以是专用的,也可以是非专用的,通常是一台高性能计算机,如大、中、小型机或高档微机。

(2)网络客户工作站 网络客户工作站也简称为工作站,是用户进入网络所用的终端设备,通常是微机。它主要完成数据传输、信息浏览和桌面数据处理等功能。

工作站分有盘工作站和无盘工作站两种。有盘工作站可由硬盘上的引导程序引导,与网络中的服务器连接;无盘工作站的引导程序放在网络适配器的 EPROM 中,加电后自动执行,与网中的服务器连接。无盘工作站有两个优点:一是能防止别人任意拷贝网络中的数据;二是防止病毒通过工作站进入服务器。普通网络中常见的是有盘工作站。

(3)网络通信设备 网络通信设备将服务器、工作站连接到通信介质上,完成通信和代码转换工作,包括网络适配器、调制解调器、中继器、网桥、路由器、网关等。

网络适配器:俗称网卡,它将服务器、工作站连接到通信介质上,实现数据的传输,早期通常是一块插卡,插在 PC 机的扩展槽中,目前常见的是集成在主板上的。计算机通过网卡上的接头接入网络系统。

调制解调器(Modem):调制解调器的作用是用于数字信号和模拟信号的转换,实现用电话线路进行远距离传输。如通过电话线远程登录服务器、收发传真、传输数据等。传统外置Modem通过标准的RS-232接口与计算机连接,采用串行异步方式进行通信。目前常见的ADSL Modem通过双位线与计算机连接。

中继器(Repeater):信号在网络上传播会随着电缆的增长而出现衰减和失真现象。中继器的作用就是将信号放大和整形,使其传播得更远,扩大网络的覆盖范围。现实生活中有一种产品叫集线器(HUB),也称集中器,是一种多口的中继器。集线器中有一种智能集线器(Switching Hub),俗称交换机,功能更加强大,集成了一部分网桥和路由器的功能,实际组网中使用较多。

网桥(Bridge):网桥是用于连接两个或两个以上具有相同通信协议、传输媒体及寻址结构的局域网的互联设备。当一个网络负荷过重时,可以用网桥把一个网络分割成两个子网络。

路由器(Router):路由器是网络层的中继系统,除具有网桥的功能外,还具有路由等功能,是大型网络中使用的互联设备。路由器主要用于网络之间的互联,如局域网与局域网互联,局域网与广域网互联。

网关(Gateway):又称高层协议转发器,一般用于不同类型且差别较大的网络系统间的互联。也可用于物理拓扑结构是同一网络,而逻辑结构是不同网络之间的连接。

(4)传输介质　传输介质是连接各设备的线路,是网络通信的物理通道。常用的网络传输介质主要分为两大类,即有线介质和无线介质。有线介质包括同轴电缆、双绞线、光纤等;无线介质包括微波、卫星、激光和红外线等。

同轴电缆:分为粗缆和细缆两种。粗缆使用AUI接口;细缆使用BNC接口。使用同轴电缆组网成本较低,但可靠性差,已逐渐被双绞线取代。目前,有线电视网络一般使用同轴电缆。

双绞线:又分为屏蔽双绞线(STP)和非屏蔽双绞线(UTP)。目前,常使用UTP双绞线,它分为3类线、5类线等多种规格。以前的小型局域网(10 Mbit/s)使用3类线,目前,常见的局域网(100 Mbit/s)可靠性、速度要求高,一般使用5类线。双绞线使用RJ-45接口,最长媒体段可达100 m。

光纤:光纤不受电磁干扰和噪声影响,具有传输距离远、信息量大、数据传送速率高、损耗低、保密性好等优点,但费用较昂贵,一般用于主干线建设。

2)网络软件

网络软件包括网络协议、网络操作系统、网络数据库系统、网络应用软件等。

(1)网络协议　网络协议是网络系统中通信双方为了能正确、自动地进行通信,针对通信过程的各种问题而制定的一套规则和约定的集合,它定义了通信时信息必须采用的格式和这些格式的意义。

大多数网络都采用分层的体系结构,每一层都建立在它的下层之上,向它的上一层提供一定的服务,而把如何实现这一服务的细节对上一层加以屏蔽。一台设备上的第n层与另一台设备上的第n层进行通信的规则就是第n层协议。在网络的各层中存在着许多协议,接收方和发送方同层的协议必须一致,否则一方将无法识别另一方发出的信息。网络协议使网络上各种设备能够相互交换信息。

- OSI参考模型

在计算机网络产生之初,每个计算机厂商都有一套自己的网络体系结构,它们之间互不相容。为此,国际标准化组织(ISO)在1979年建立了一个分委员会来专门研究一种用于开放系统互联的体系结构(Open Systems Interconnection,OSI)。“开放”这个词表示:只要遵循OSI标准,一个系统可以和位于世界上任何地方的、也遵循OSI标准的其他任何系统进行连接。这个分委员会提出了开放系统互联,即OSI参考模型,它定义了异质系统互联的标准框架。OSI参考模型分为7层(如表7.1所示),分别是物理层、数据链路层、网络层、传输层、会话层、表示层和应用层,每一层使用下层提供的服务,并向其上一层提供服务。

表7.1 OSI协议层次图

第7层	应用层(Application Layer)
第6层	表示层(Presentation Layer)
第5层	会话层(Session Layer)
第4层	传输层(Transport Layer)
第3层	网络层(Network Layer)
第2层	数据链路层(Data Link Layer)
第1层	物理层(Physical Layer)

- TCP/IP参考模型

相对于OSI,TCP/IP参考模型是当前的工业标准或事实上的标准,是在1974年由Kahn提出的。它分为4个层次:网络接口层(与OSI的数据链路层和物理层对应)、网际层(与OSI的网络层对应)、传输层(与OSI的传输层对应)、应用层(与OSI的应用层对应)。与OSI模型相比,有以下不同点:TCP/IP参考模型中不存在会话层和表示层;传输层除支持面向连接通信外,还增加了对无连接通信的支持;以包交换为基础的无连接互联网络层代替了主要面向连接、同时也支持无连接的OSI网络层,称为网际层;数据链路层和物理层大大简化为网络接口层,除了指出主机必须使用能发送IP包的协议外不作其他规定。

网际层定义了正式的分组格式和相应的协议,即IP协议(Internet Protocol),主要作用是将IP包送到相应的目的地。TCP/IP传输层的作用类似于OSI传输层的作用,使源端和目标端设备相互对话。在传输层上面是应用层,包括了所有终端协议,如TELNET,FTP,SMTP,DNS,NNTP,HTTP等。表7.2为TCP/IP协议层次图。

表7.2 TCP/IP协议层次图

第4层	应用层(Application Layer)
第3层	传输层(Transport Layer)
第2层	网际层(Internet Layer)
第1层	网络接口层(Network Interface Layer)

(2)网络操作系统 网络操作系统是网络软件的核心,负责管理网上的所有硬件和软件资源,如在服务器上提供共享资源管理功能,在工作站上提供对共享资源的访问服务等。目前常用的网络操作系统有Linux,Windows 2008 Server/Advanced Server,UNIX等,常用的工作站可使用操作系统有Linux,Windows XP,Windows 7等。

(3)网络数据库系统　网络数据库系统可以将网上各种形式的数据组织起来,科学、高效地进行存储、处理、传输和提供使用。目前常用的网络数据库管理系统有 SQL Server,Oracle,Informix 等。

(4)网络应用软件　根据用户的需要,用各种开发工具开发出来的用户软件,如 Lotus Notes 群件、Internet Explorer(常称为 IE)、Outlook Express(常称为 OE)/FoxMail、QQ 等。

7.1.4 计算机网络的分类

对计算机网络的分类可以按不同的分类标准进行,主要分类方式有:

(1)根据网络的拓扑结构分类　拓扑结构就是网络的物理连接形式。根据网络的拓扑结构,主要分为星型、总线型和环型 3 种基本结构,如图 7.1 ~ 图 7.3 所示。另外,从这 3 种基本结构还可变换出两种其他常用结构,即树型和网状型,如图 7.4、图 7.5 所示。

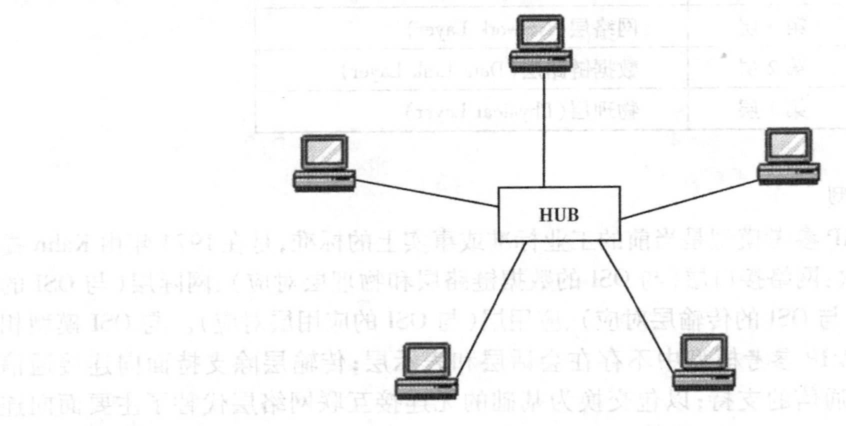

图 7.1　星型网络拓扑结构

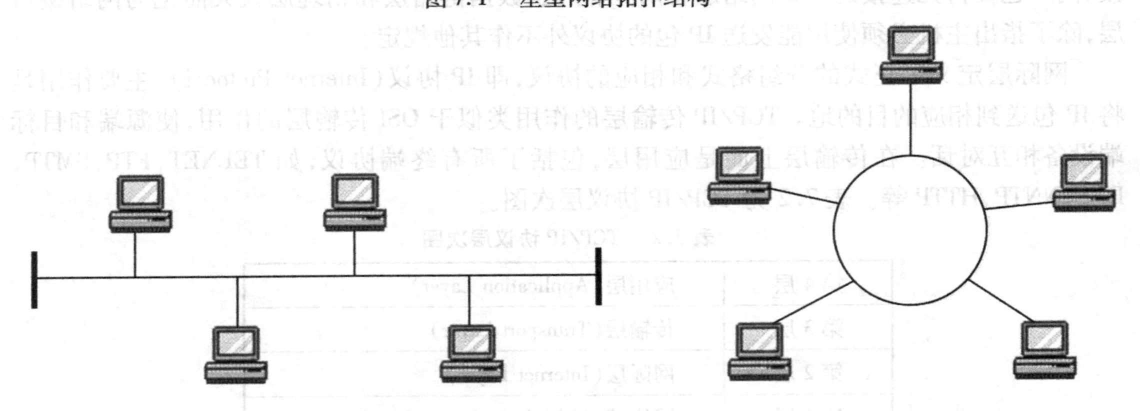

图 7.2　总线型网络拓扑结构　　图 7.3　环型网络拓扑结构

总线型结构:总线型结构是由一条公用主干电缆连接若干节点所形成的网络。它的优点是结构最简单、传输速率高、价格低、建造容易;缺点是可靠性差、诊断故障困难,如果公用电缆上的任何位置被切断或短路,整个网络就无法运行。

星型结构:星型结构以一台设备为中心节点,其余外围节点都连接到中心节点上。外围节点之间的通信都必须经过中心节点进行传输。其优点是结构简单、可靠性高、诊断故障方便、便于管理、价格较低;缺点是中心节点工作复杂,如果中心节点发生故障,网络就不能运行。

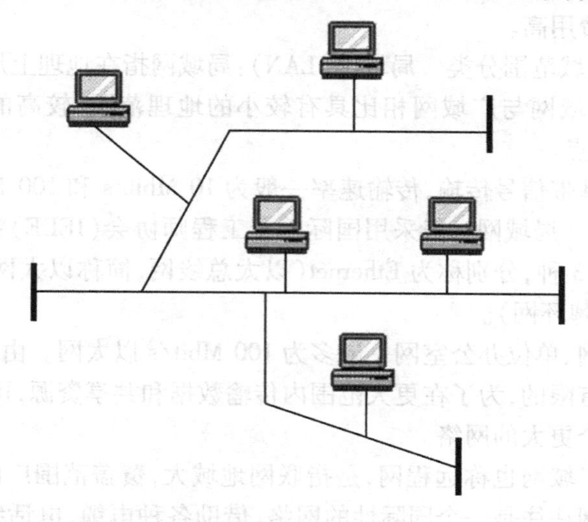

图 7.4 树型网络拓扑结构

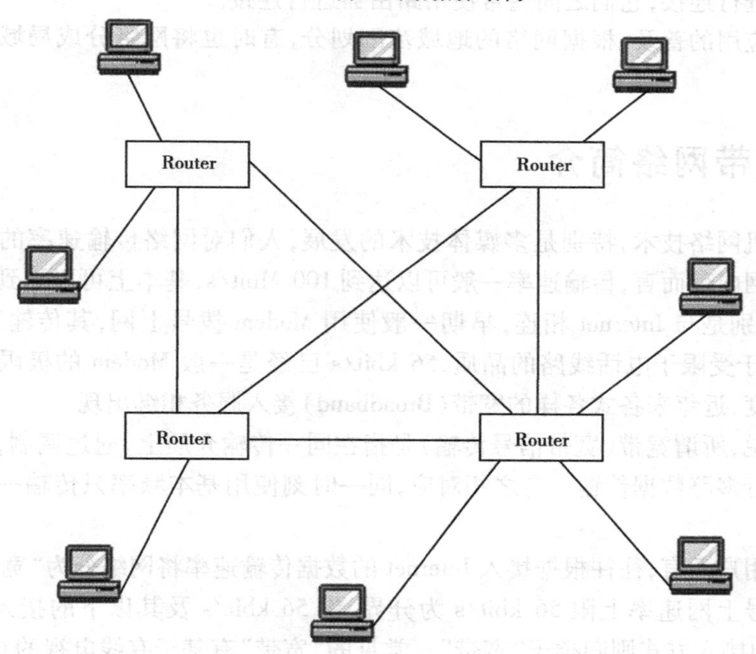

图 7.5 网状型网络拓扑结构

环型结构:环型结构是每个节点都与公用电缆相接,而公用电缆的两端连接在一起形成一个封闭的环。它的优点是结构坚固、负载能力强且均衡、无信号冲突、传输时间确定;缺点是控制逻辑复杂,扩充困难,故障维护不方便。

树型结构:树型结构是将多级总线型网络或星型网络按层次结构排列而成。它的优点是线路利用率高,改善了网络结构的可靠性和可扩充性;缺点是结构复杂,如某个中间层节点出现故障,上下层的节点间不能交换信息。

网状型结构:网状型结构是指网络上每个节点均与其他多个节点相连的网络。由于每个节点都存在多条通信线路与其他节点相连,因此它的优点是容错能力强、可靠性高、可扩充性好;缺点是结构复杂、费用高。

(2)根据网络的地域范围分类　局域网(LAN):局域网指在地理上局限在较小范围(如一栋办公楼)的网络。局域网与广域网相比具有较小的地理范围、较高的传输速率、较低的时延、较低的误码率等特点。

局域网一般采用基带信号传输,传输速率一般为 10 Mbit/s 和 100 Mbit/s 两种,更快的传输速率为 1 000 Mbit/s。局域网一般采用国际电子工程师协会(IEEE)制定的 802 标准,分为 802.3,802.4 和 802.5 3 种,分别称为 Ethernet(以太总线网,简称以太网)、Token Bus(令牌总线网)、Token Ring(令牌环网)。

现在各学校校园网、单位办公室网一般多为 100 Mbit/s 以太网。由于单个局域网的资源、功能和作用范围都是有限的,为了在更大范围内传输数据和共享资源,可使用网桥或路由器将多个局域网连接成一个更大的网络。

广域网(WAN):广域网也称远程网,是指联网地域大,覆盖范围广的网络,如一个国家或几个国家之间。广域网往往是一个国际性的网络,借助各种电缆、电话线、卫星或无线系统等多种通信介质进行连接,它们之间通常使用路由器进行连接。

随着网络应用的普及,根据网络的地域范围划分,有时也将网络分成局域网、城域网、广域网。

7.1.5 宽带网络简介

随着计算机网络技术,特别是多媒体技术的发展,人们对网络传输速率的要求也越来越高。对于局域网内部而言,传输速率一般可以达到 100 Mbit/s,基本上可以达到用户要求。而要与广域网,特别是与 Internet 相连,早期一般使用 Modem 拨号上网,其传输速率为 14.4 ~ 56 kbit/s,且由于受限于电话线路的品质,56 kbit/s 已经是一般 Modem 的极限了。为了获得更快的上网速度,近年来各式各样的宽带(Broadband)接入服务相继出现。

从技术上说,所谓宽带(宽带信号传输)是指在同一传输介质上,通过调制,可以利用不同的频道同时进行多路数据传输。与之相对应,同一时刻使用基本频率只传输一路数据称为基带信号传输。

对于一般用户而言,往往根据接入 Internet 的数据传输速率将网络分为“宽带”和“窄带”。一般以目前拨号上网速率上限 56 kbit/s 为分界,将 56 kbit/s 及其以下的接入称为“窄带”,56 kbit/s之上的接入方式则归类于“宽带”。常见的“宽带”有基于有线电视的 Cable Modem 技术、基于普通电话线路的 ADSL 技术、基于局域网的直接接入技术等。

7.2 Internet 基础知识

因特网是英文“Internet”的汉语译音(也称为互联网),它是当今世界上规模最大、发展最快的信息网络。Internet 是连接着全球无数台计算机的巨型网络,并且正以惊人的速度发展,目前已拥有来自商业、教育乃至个人等无数领域的数以亿计的用户。它同时也是一个巨大的、不断更新和扩展的信息源。一旦连接到 Internet,用户就可以访问 Internet 上的丰富信息,包括 World Wide Web 上的主页(WWW)、新闻(News)、电子邮件(E-mail),以及各种软件和游戏、天气预报等。

Internet 就像一座巨大的宝藏,供人们自由地采掘。而且随着接入 Internet 的网络和主机的增加,它所提供的信息资源和服务也越来越丰富,价值也越来越高。

7.2.1 Internet 基本术语

Internet 是由世界各地大大小小网络组成的一个结构松散的全球互联网络,它是全球最大的计算机互联网络,是全球最为开放的系统,同时也是全球最大的信息资源中心。它的飞速发展使得它成为继广播、电视、电话、计算机之后的又一项给人们生活带来巨大改变的科技力量。

1)Internet 的地址

为了在网络环境下区分网络中的不同计算机,实现计算机之间的通信,要求网络中的任何一台计算机都有一个统一编号的地址,并且同一个网络中的地址不允许重复。在进行数据传输时,通信协议会根据实际需要在所传输的数据中增加某些信息。这些信息中,最重要的是发送信息的计算机地址(源地址)和接收信息的计算机地址(目标地址)。

(1)IP 地址　由于在 Internet 中采用 TCP/IP 协议簇,网络中的所有计算机均称为主机,所以 Internet 中的每台主机也必须有一个唯一地址,此地址称为 IP 地址。Internet 中的所有计算机可以互相识别的原因就在于它们共享一个唯一的 IP 地址集合(也称为 IP 地址空间)。

IP 地址是 Internet 网络上主机的一种数字形标识。它由两部分构成,一部分是网络标识(NET ID);另一部分是主机标识(Host ID)。目前所使用的 IP 协议版本为 IPV4(新一代互联网使用 IPV6,目前还在实验中),IPV4 规定:IP 地址的长度为 32 个二进制位(IPV6 版本的 IP 地址长度为 128 个二进制位),划分为 4 个字节,可以标记的主机数一共为 2^{32}个。为了方便用户理解和记忆,采用点分十进制标记法,每个字节的二进制数值用一个十进制数值表示,数值中间用点“.”隔开。例如:

二进制 IP 地址:11001010 11001010 11010000 01101111

用点分十进制标记法表示为:202.202.208.111

虽然 2^{32}个 IP 地址是一个很大的数,但随着计算机数量的不断快速增加,现在 IP 地址的数量已经不能满足用户的需要,为节省 IP 地址资源,提高网络的利用率,Internet 中使用了动态地址和静态地址。

(2)动态 IP 地址　指在一定范围内变化的动态地址。即当用户的计算机与 Internet 网连接以后,系统就会自动为用户分配一个 IP 地址,而这个 IP 地址是根据当时网络的情况而定的,也许用户今天使用的 IP 地址与昨天的 IP 地址就不一样;当用户的计算机下网注销之后,其他的用户又可以使用同一 IP 地址访问 Internet。

(3)静态 IP 地址　对于普通用户来说,一个动态 IP 地址也许就可以满足工作要求了。但对于 ISP(Internet 服务提供者,比如 163 网站)来说,如果他们的计算机在 Internet 中没有一个固定的或静态的 IP 地址,那么普通用户就很难找到他们,也就无法使用他们提供的资源和服务。同时,ISP 的计算机是时时刻刻都打开着的,因此这些计算机的 IP 地址应为固定不变的,即静态地址。具有静态 IP 地址的用户就不仅可以访问 Internet 上其他的主机资源,同时也可以利用 Internet 来发布自己的信息。

2)域名

IP 地址是一种数字形网络标识。数字形对计算机网络系统来说自然是最方便的,但是对使用者来说则有不便记忆的缺点。为此,人们又研究出了一种字符形标识,称为域名(Domain Name)。简单地说,域名是 IP 地址的字符表示方法,优点是记忆方便。

Internet 的域名结构由 TCP/IP 协议集中的域名系统(DNS,Domain Name System)进行定义。首先,DNS 把整个 Internet 划分为多个域,称之为顶级域,并为顶级域规定了国际通用的域名,如表 7.3 和表 7.4 所示。顶级域的划分采用了两种模式,即组织模式和地理模式。其中地理模式的顶级域是按国家(或地区)进行划分的,每个申请加入 Internet 的国家(或地区)都可以作为一个顶级域,并向 NIC(Network Information Center,网络信息中心)注册一个顶级域名,如 cn 代表中国,jp 代表日本,uk 代表英国等。由于 Internet 起源于美国,因此美国的网络一般不用国家代码。然后,NIC 将顶级域名的管理权分派给指定的管理机构,各管理机构对其管理的域进行继续划分,即划分成 2 级域,并将 2 级域的管理权授予其下属的管理机构,如此下去,便形成了层次型的域名结构。

表 7.3　常用组织模式顶级域名

com	商业机构
edu	教育机构
gov	政府部门
mil	军事部门
net	网络服务公司
org	非赢利性组织
int	国际组织

表 7.4　常用地理模式顶级域名

cn	中国
hk	中国香港
tw	中国台湾
jp	日本
uk	英国
fr	法国

我国的域名管理和域名注册由中国互联网络信息中心(CNNIC)管理,它将我国的顶级域 cn 域划分为 6 个类别和 34 个行政区域名,并将各 2 级域名的管理权授予各管理机构,如将 2 级域名 edu 的管理权授予 CERNET 网络中心。CERNET 网络中心又将 edu 域划分为多个子域,即 3 级域,各大学和教育机构均可以在 edu 下向 CERNET 注册 3 级域名,如 edu 下的 pku 代表北京大学、cqnu 代表重庆师范大学,并将这两个域名的管理权分别授予北京大学和重庆师范大学。重庆师范大学又可以继续对 cqnu 域名进行划分,将 4 级域名分配给学校的各个部门或主机。

一台主机的域名是由它所属的各级域的域名与分配给该主机的名字共同构成的,书写的时候,顶级域名放在最右面,分配给主机的名字放在最左面,各级域名之间用“.”隔开。例如,重庆师范大学校园网的 www 主机的域名为 www. cqnu. edu. cn。

3) Internet 的通信协议

Internet 所获得的成功在很大程度上受益于它所采用的 TCP/IP 协议,因此详细了解 TCP/IP 协议的基本含义和原理将有助于更好地使用 Internet。TCP/IP 是一个协议簇,包含众多的具体协议,其中最重要的两个协议是 TCP 和 IP,分别称为传输控制协议(Transmission Control Protocol)和网络协议(Intenet Protocol)。

TCP/IP 协议所采用的通信方式为分组交换方式。所谓分组交换简单地说就是在传输时将数据分成若干数据段,每个数据段称为一个分组(Packer),并对每个分组进行编号,各分组可按不同的路径传输,当各分组都到达目的地后,再按分组编号将分组还原为数据。可以把数据看成是一封长信,按页码将其分装(分组)在几个信封中邮寄出去,接收方收到所有信后再将它们按页码重新合并还原为一封完整的长信。

TCP/IP 协议簇中其他常用协议有:

(1)SMTP　简单邮政传输协议(Simple Mail Transfer Protocol),主要用来传输电子邮件。它是一个标准协议,也是用户使用较多的联接 SMTP 协议的通信接口软件标准。这些通讯软件可以自动执行电子邮件传送,同时把不能传送的邮件返给发信人,并告知不能传递的原因。

(2)DNS　域名服务(Domain Name Service),实现 IP 地址和域名之间的相互转换。

(3)FTP　文件传输协议(File Transfer Protocol),主要用于 Internet 网络上两台计算机之间的文件传送,可以在本地计算机和远程计算机之间进行有关的文件传输操作。FTP 协议允许传送多种类型的文件,包括纯文本文件和二进制代码文件。

(4)Telnet　远程登录(Remote Login),可使 Internet 网络上的一台计算机仿真成为一台计算机终端并与网络上的任何一台主机相连。大多数的 Telnet 都仿真 ANSI 线路模式终端或者仿真 VT100 终端。实际操作时,本地的计算机就成了网络上远程计算机主机上的一个终端,用户联接远程计算机后,输入正确的用户名和口令,随后就能使用远程主机中的数据库和其他有关的服务了。

(5)HTTP　超文本传输协议(Hyper Text Transfer Protocol),利用 TCP 协议在 Internet 网络上传输超文本信息。所谓超文本是指在文本上"镶嵌"了"菜单"的文件,这些嵌入的菜单可以是一个词、一段文字、一个图标,甚至一幅图形。通常情况下,把这些嵌入的菜单称为超链接。

4) 统一资源定位符(URL, Uniform Resource Locators)

Internet 是一个信息网络,它包括了各种各样的信息资源,这些资源分布在世界各地与 Internet 相连的计算机上。对具体用户来讲,如何在这个信息空间中表示自已所需的具体信息呢?这就要使用 URL。通俗地说,URL 是 Internet 上用来描述信息资源的字符串,主要用于各种网络浏览客户程序和服务程序。用户要想在众多的网页中指明要获得的网页,就必须借助于统一资源定位符 URL 进行资源定位。

URL 的格式由 3 部分组成:第 1 部分是协议(或称服务方式),第 2 部分是存有该资源的主机 IP 地址(或主机域名),第 3 部分是主机上资源的具体地址(如目录和文件名等)。URL 代表了访问 Internet 上的某个资源需要的全部信息。URL 地址除了平常所说的网站地址,还包含邮件地址、文件服务地址等 Internet 的各种应用服务地址。第 1 部分和第 2 部分之间用符号"://"隔开,第 2 部分和第 3 部分用"/"隔开。一个有效的 URL 格式,第 1 部分和第 2 部分是必须有的,有时

第3部分可以省略,如 http://news.sina.com.cn/c/2004-10-30/17424761228.shtml,http://www.163.com 等。

5)Internet 网络用语

(1)账户(Account) 它是为使用网络的用户开设的户口,任何用户要使用网络,必须在网络上拥有相应户口(与银行存取款账户类同)。账户由网络系统人员为用户开设(建立在网络服务器上)。网络系统人员能为用户创建账户,也可取消用户已有账户或暂时冻结用户账户,暂停用户使用。

(2)口令(Password) 网络系统人员在创建了用户账户后,会为用户设立相应口令(可由用户事先规定),一旦上网后,用户可通过相应命令,自己设置或更改口令。通常,用户上网使用一段时间后,应更改自己的口令,这是一种保护自己安全利益的必要措施。

(3)注册(Login) 当用户拥有了自己的账户、口令,并准备上网使用时,首先必须向网络服务器登录,称其为注册。登录时必须回答用户的账户和口令,只有当账户和口令均符合时,网络系统才允许用户的计算机与之连接,此时网上资源才能为其用户使用。

(4)注销(Logout) 上网用户一旦不用或将关闭自己的机器时,应从网络上退出,此过程称为注销。

(5)权限(Right) 权限是指网络用户对网络上的各种资源的使用权。一般说来,网上的资源并不对所有用户开放,同一资源对不同用户的使用权也不一样,如网络系统相关的核心部分就仅有系统人员才有使用权。权限分为对资源的读写访问权,如只读、读写、创建、修改、管理等;还可分为使用时间控制权和站点(具体位置的计算机)注册登录权。

(6)ISP(Internet Service Provider) ISP 即 Internet 的服务提供商。它也被称为是 Internet 的入口,主要作用就是为 Internet 的用户提供一条进入 Internet 的通路。

ISP 本身是与 Internet 相连接的,用户只要通过 ISP,就可以进入 Internet。但不是任何人都能通过 ISP 访问 Internet,只有拥有合法 Internet 账号的用户才能通过 ISP 访问 Internet。

(7)ICP(Internet Content Provider) ICP 指在互联网上提供内容服务与提供电子商务的厂商,即 Internet 的信息内容服务商。它为上网用户提供新闻、购物、娱乐等信息。

7.2.2 Internet 的接入方式

Internet 的入网方式总体上可分为专线连接方式和拨号连接方式两大类。随着网络技术的飞速发展,现在演变出各种不同的接入方式。实际使用中,可以单独使用一种,也可几种方式混合使用。

不同的上网方式所需的硬软件也不一样。上网对计算机的要求不高,一般的多媒体计算机就可以了。上网时需要网卡(或 Modem 或 ADSL 等)接入,通信线路可以是电话线、专用电缆、光纤或微波等。拨号上网方式的软件需要安装拨号网络,上网时还需要安装适配器软件。所有的上网方式都需要安装 TCP/IP 协议,它是 Internet 通信的标准。

1)传统专线连接方式

这种方式一般适合于一些较大的公司和科研院校等单位。用户端可以是主机(HOST),

也可以是局域网(LAN)。当以这种方式工作时,用户端和电信部门提供者都需安装可运行 IP 软件的路由器或网关(Gateway)。用户采用月租的方式向电信部门租用一条专线,由该用户单独使用。专线可支持不同的速率,月租费也将随着速率的不同而有所不同。根据数据在线路上的交换方式的不同,专线可分为 X.25 和 DDN 等。

现在一般院校接入 Internet 多采用这种方式。例如重庆师范大学,在校园内部由路由器和交换机构成一个校园网(局域网),路由器再通过两条专线分别与 CERNET 和 CHINANET 相连,校园网内部用户通过各级交换机进入校园网。当网内用户之间要进行数据传送时,数据只在局域内部流动。当校内用户要访问 Internet 时,先访问位于校园网网络中心的主干路由器,再由主干路由器根据用户访问的网络资源的位置进行路由后选择一条专线进入 Internet。

2)传统拨号连接方式

这种方式适用于个人及小单位使用,根据用户的不同情况又可分为终端仿真方式或动态 IP 主机的 PPP/SLIP 方式,用户根据自己的实际需求以决定入网方式。

(1)终端仿真方式　这是进入 Internet 最简单的方式,用户的微机运行终端仿真软件(如 DOS 下的 Pcplus,Windows 的终端仿真程序等),经 Modem 及普通电话线路与服务节点异步 Modem 相连,从而进入 Internet。

(2)PPP 连接方式　采用这种方式的用户在微机上运行采用 PPP 通信协议(Point to Point Protocol)的软件经 Modem 与服务节点的 Modem 相连,用户使用电话拨号进入 Internet 主机,连接成功后每个用户都有自己的 IP 地址,这种 IP 地址可以是用户自己的固定 IP 地址,也可以由 Internet 主机为用户分配一个动态 IP 地址。

早期个人用户主要采用 PPP 拨号入网方式。

这种入网方式要求用户必须具备:一台 486 以上的微机,安装 Wondows 95 以上操作系统,传输速率在 9 600 bit/s 以上的调制解调器(Modem),一条直拨电话线路,安装 TCP/IP 协议、浏览器程序及其他 Internet 应用程序。另外要向 Internet 服务商申请一个用户名,即 Internet 账号。

申请被接纳后,ISP 会告知用户的用户名和口令,同时 ISP 还会向用户提供用户的电子邮件地址、接收电子邮件的服务器的主机名和类型、发送电子邮件的服务器的主机名、域名服务器的 IP 地址、电话中继线的电话号码、其他有关服务器的名称或 IP 地址等信息供上网时使用。

在具备了上述条件后,用户就可以拨号与 ISP 建立连接,通过 ISP 连入 Internet,并动态地获取一个 IP 地址,使用户的计算机成为 Internet 中的一台主机,在 Internet 中访问或提供各种信息资源服务。

(3)SLIP 连接方式　这种方式的入网条件和连接与 PPP 方式类似,不同之处在于 SLIP (Serial Line Internet Protocol)连接方式选用 SLIP 通信协议,PPP 连接方式选用 PPP 通信协议。由于传统拨号连接方式的上网速率较低,目前已被各种宽带上网方式所取代,如 ADSL 等。

3)ADSL(Asymmetrical Digital Subscriber Line,非对称数字用户线路)

ADSL 是一种新型的高速数字交换/路由和信号处理技术,它利用的电话铜缆双绞线基础设施为所有家庭与企业用户提供各种数据服务,允许用户以比传统最先进的 56 kbit/s Modem

高出100多倍的速率实现网络接入或Web浏览等相关服务。同时,由于ADSL采用频分复用技术,可将电话语音和数据流一起传输,用户只需加装一个ADSL用户端设备,便可在一条普通电话线路上同时支持语音通话与数据接入。ADSL接入技术相当于在不改变原有通话线路与状态的情况下,另行增加了一条高速上网专线。

大多数Internet应用程序在上行和下行带宽上的需求并不相等。换句话说,用户在某个方向上传输的数据量比在另一个方向上传输的数据量更大。一般来说,Internet用户访问、接收的信息(称为"下行")比他们上传的数据(称为"上行")多得多。ADSL的设计目标之一就是充分利用这种带宽需求上的自然不平衡性,并且尽量利用可获得的带宽和有限的资源。它最大可以提供8 Mbit/s的下行数据传输速率和1 Mbit/s的上行数据传输速率。

ADSL接入Internet有虚拟拨号和专线接入两种方式。采用虚拟拨号方式的用户采用类似Modem的拨号程序,在使用习惯上与原来的方式没什么不同。但传统的拨号Modem由于调制方式及网络结构均不同,不可以当作ADSL的Modem使用,而必须使用专用的ADSL Modem。采用专线接入的用户接入方式与使用局域网接入方式类似,只要开机即可接入Internet。ADSL接入ISP只有快或慢的区别,不会产生接入遇忙的情况。

ADSL接入方式已经成为普通家庭用户接入Internet的一种常用方式。

4)Cable Modem(线缆调制解调器)

Cable Modem是一种可以通过有线电视网络(CATV)进行高速数据接入的装置。它一般有两个接口:一个用来接室内墙上的有线电视端口;另一个与计算机相连。Cable Modem不仅包含调制解调部分,还包括电视接收调谐、加密解密和协议适配等部分,它还可能是一个桥接器、路由器、网络控制器或集线器。一个Cable Modem要在两个不同的方向上接收和发送数据,把上、下行数字信号用不同的调制方式调制在双向传输的某一个6 MHz(或8 MHz)带宽的电视频道上。它把上行的数字信号转换成模拟射频信号,类似电视信号,所以能在有线电视网上传送。接收下行信号时,Cable Modem将信号转化为符合以太网协议格式的数字信号,以便微机处理。在用户电脑中需要配置以太网卡和相应的网卡驱动程序。

Cable Modem的传输速率一般可达10 Mbit/s,从网上下载信息的速度比传统的拨号Modem快100多倍,传送距离可以达100 km甚至更远。

Cable Modem的传输模式分为对称式传输和非对称式传输。对称式传输的上/下行信号各占用一个普通频道8 Mbit/s带宽,上/下行信号可能采用不同的调制方法,但传输速率(2~10 Mbit/s)相同。非对称式传输与ADSL相类似,其下行数据通道比上行数据通道大,一般下行速率可达30 Mbit/s,上行速率为500 kbit/s~2.56 Mbit/s。

用户通过Cable Modem连接的闭路电视线接入Internet可靠性好,速度快,费用低廉,在许多地方(特别是各个住宅小区中)正被越来越多的人采用。

5)其他方式

(1)无线上网(WAP、3G等) 用户可以通过手机或其他一些无线设备上网,这种无线上网方式将Internet布满世界的每一个角落。与有线上网方式相比,这种上网方式的价格较高。

(2)电力线通信技术(PLC,Power Line Communication) 一个全新的使用电力猫(Power Line Modem,电力调制解调器)接入互联网的方式。在一个小区中,将引入的Internet干线接到电力路由器,之后电力路由器将数据信号转到电线上,在小区范围内的电网就全部拥有了Internet数据信号,这时采用一个电力猫插到插座上就可以从电线中将信号分离出来,实现“通过电线上网”,同时电力猫还可以用来组成电力局域网。目前这种上网方式还处在试运行阶段,技术也不很成熟。

7.2.3 Internet 提供的主要服务

Internet 提供的主要服务包括:网上浏览、电子邮件、网络新闻、电子公告板、远程登录、文件传输、信息查询等。

1)网上浏览(万维网服务 WWW)

网上浏览服务通常是指 WWW(World Wide Web)服务,它是 Internet 信息服务的核心,也是目前 Internet 网上使用最广泛的信息服务。WWW 是一种基于超文本文件的交互式多媒体信息检索工具。使用 WWW,只需单击就可在 Internet 上浏览世界各地计算机上的各种信息资源。在 Windows XP 中自带的 Internet Explorer 就可以实现 WWW 浏览。

WWW 服务采用客户机/服务器工作模式,由 WWW 客户端软件(浏览器)、Web 服务器和 WWW 协议组成。WWW 的信息资源以页面(也称网页、Web 页)的形式存贮在 Web 服务器中,用户通过客户端的浏览器,向 Web 服务器(通常也称为 WWW 站点或 Web 站点)发出请求,服务器将用户请求的网页返回给客户端,浏览器接收到网页后对其进行解释,最终将一个图、文、声并茂的画面呈现给用户。

Web 服务器中的网页是一种结构化的文档,它采用超文本描述语言(HTML,Hypertext Markup Language)进行编写。Web 页没有固定的模式,但它是由超文本格式组成的,超文本可以是文本、图片、声音、视频、动画等,而且它还提供了超链接。当点击带有超链接的超文本时就会跳转到它所链接的另外的页面或转向另一个网站,也可能是打开一个应用程序或发送邮件的窗口。通过超链接可以从当前 Web 页跳转到很多其他 Web 页中,从而使页面更加丰富多彩。当鼠标移动到 Web 页上的带有超链接的超文本上时,鼠标指针就会变成一只手,提醒你“这是一个可点击的超链接”。

2)电子邮件

电子邮件(E-mail)是 Internet 提供的最广泛、最受欢迎的服务之一,是网络用户之间进行快速、简便、可靠的通信手段。网络用户能够发送和接收文字、图像和语音等各种多媒体信息。Windows XP 中自带的电子邮件软件是 Outlook Express。

3)网络新闻

网络新闻(Usenet)是一种网络信息服务方式,其主要目的是在大范围内向用户快速地传递信息(文章或新闻)。它相当于一个大的电子公告板,实际上是一个论坛,用于发布公告、新闻或者发表文章。人们可以在这里讨论问题,发表个人见解。网络新闻按专题分类,每个专题组又可分为若干个子专题,用户可以了解各专题领域最新的消息或讨论感兴趣的问题。目前,网络新闻(论坛)多以 Web 网页的形式出现,使用浏览器进行访问。

4)电子公告板

电子公告板(BBS)是 Internet 上的一个信息资源服务系统。提供 BBS 服务的站点称为 BBS 站。登录 BBS 站成功后,根据它所提供的菜单,用户就可以浏览信息、发布信息、收发电子邮件、提出问题、发表意见、传送文件、网上交谈、游戏等服务。BBS 与 WWW 是信息服务中的两个分支,BBS 的应用比 WWW 早,由于它采用基于字符的界面,已经逐渐被 WWW、新闻组等其他信息服务形式所代替。

5)远程登录

远程登录是指在网络通信协议 Telnet 的支持下,用户计算机(终端或主机)暂时成为远程某一台主机的仿真终端。只要知道远程计算机上的域名或 IP 地址、账号和口令,用户就可以通过 Telnet 工具实现远程登录。登录成功后,用户可以使用远程计算机对外开放功能和资源。

6)文件传输

文件传输服务使用 TCP/IP 协议中的文件传输协议 FTP 进行工作,所以也常叫 FTP 服务,它是目前普遍使用的一种文件传输方式。用户在使用 FTP 传输文件时,先要登录到对方主机上(有些主机允许匿名登录,即用户名为 Anonymous,口令任意,通常采用该用户的 E-mail 地址),然后就可以在两者之间传输文件。与 FTP 服务器联机后,用户还可以远程执行 FTP 命令,浏览对方主机的文件目录,设置文件的传输方式(文本格式或二进制格式)等。FTP 软件有字符界面和图形界面两种,如 Windows XP 中命令提示符方式下的 FTP 命令为字符介面,工具软件 CuteFTP 为图形界面。目前 FTP 服务一般均支持"断点续传"功能,即可以在线路中断再次恢复连接后接着上次中断的地方继续传输文件,这对于在网络上传输大型文件非常有用。

7)信息查询

信息查询也称为信息搜索,它是指用户利用某些搜索工具在 Internet 上查找自已所需要的资料。在 WWW 出现以前,常见的信息查询工具有 Archie,WAIS,Gopher 等。随着 WWW 的发展,Archie,WAIS 和 Gopher 的功能在 WWW 中都已实现,而且性能更好,因而已被 WWW 所取代。在 Windows XP 中,使用 Internet Explorer 即可在 WWW 上进行各种信息的查询。

除了上述的服务外,Internet 上还有一些新兴的服务以其丰富多彩的界面吸引着越来越多的用户使用它们,如网上聊天、网上寻呼、网络会议、网上购物、网上教学和娱乐等。这些功能很多都可以通过 Windows XP 中的应用软件来实现,例如 Microsoft Chat 可以实现网上聊天,Internet Explorer 可以实现网上购物,Microsoft NetMeeting 可以实现网络会议,Microsoft Netshow可以实现网上教学和娱乐功能。

7.3 浏览器的使用

在网上浏览 WWW 网页是上网过程中使用最多的一项 Internet 服务,俗称"网上冲浪"。

目前，广泛使用的浏览器主要是 Microsoft 公司的 Internet Explorer，简称 IE，使用最多的版本为 IE 6.0 版本，下面以它为例，介绍如何使用浏览器在网上"冲浪"。

启动 IE 浏览器非常简单，直接双击桌面上的蓝色图标就可以打开它。如果是首次使用 IE 浏览器，会弹出"Internet 连接向导"来进行一些必要的设置。

7.3.1 Internet 连接向导

现在上网方式多种多样，接入方法与步骤也各不相同。如果通过 Modem 采用拨号方式上网，则在使用之前要通过 Internet 连接向导进行一些必要的设置。如使用其他方式上网，则要进行的设置可能不同，请咨询为你提供上网服务的相关部门的有关技术人员。

启动 Internet 连接向导后，会出现图 7.6。

选择"手动设置 Internet 连接或通过局域网(LAN)连接"后，在出现的对话框中选择"通过电话线和调制解调器连接"，然后单击"下一步"按钮，根据出现提示填写相应信息。

完成设置后，打开 IE 浏览器，将出现如图 7.7 所示的对话框，输入"用户名"和"密码"后，单击"连接"按钮，系统将自动和 ISP 提供商服务器进行连接，连接成功后，即可使用 IE 浏览器进行"网上冲浪"了。

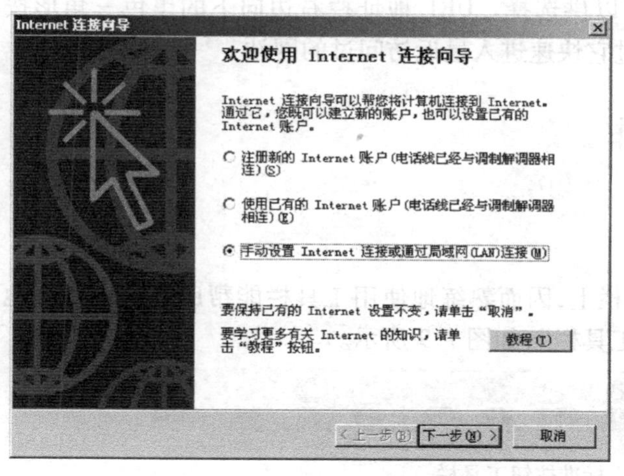

图 7.6 Internet 连接向导

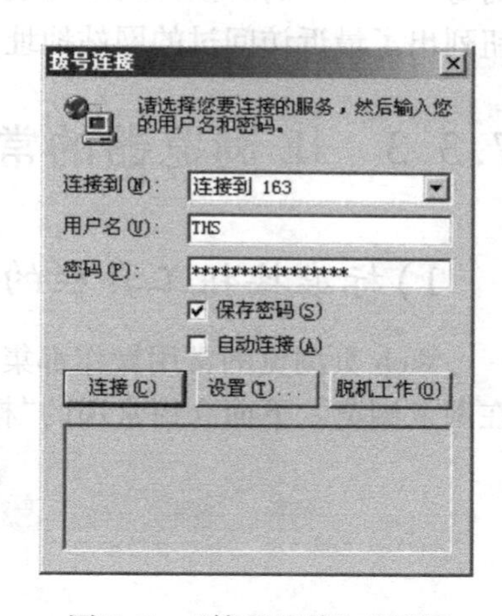

图 7.7 "拨号连接"对话框

7.3.2 使用 IE 浏览器访问网站

上网设置完毕后，就可以开始上网冲浪旅程了。IE 浏览器首次启动时默认打开的是微软公司的中国网站，可以通过修改"Internet 选项"将 IE 浏览器的主页改为自己喜欢的网站。

IE 浏览器的窗口(如图 7.8 所示)同其他的 Windows 应用程序一样，也由标题栏、菜单栏、工具栏、浏览区、状态栏、滚动条等组成。

与其他窗口相比，其主要不同在于，它比一般的窗口多了 URL 地址栏、链接工具栏、访问指示器等部件。当要访问某个网站时，先将网站地址输入到地址栏中，然后单击地址栏右边的"转到"按钮或直接按回车键，就可以看到状态栏里面出现"正在打开网页"等信息，而且访问指示器也开始不停地转动,稍等一会儿所访问的 Web 页面就会出现在眼前。

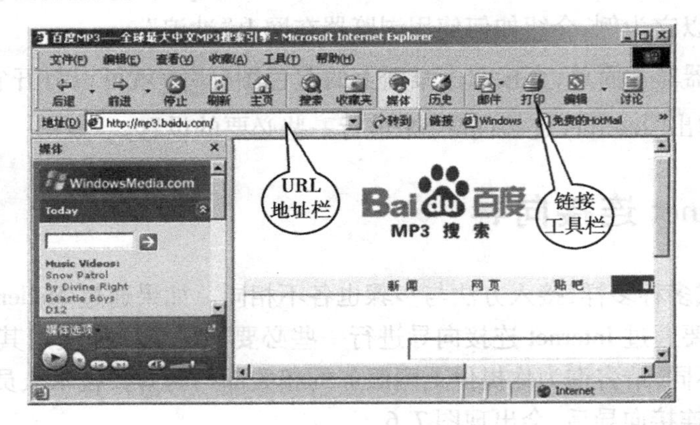

图 7.8　IE 浏览器窗口

上网前通常要收集一些网址,以便在地址栏里面输入。IE 浏览器对地址的输入有自动完成功能,http://是默认加上的协议,所以只需输入后面部分。比如要访问新浪网站,那么在只输入新浪网的特定注册名称 sina 后,按一下 Ctrl + Enter 键,它就会自动将"www"和".com"或".com.cn"加上。如果这个网站曾经被访问过,那么 IE 浏览器的自动完成功能会在输入网站的每一个字母的时候都列出可能的匹配值以供选择。URL 地址栏右边向下的黑色三角形按钮列出了最近访问过的网站地址,可以通过它快速进入最近访问过的网站。

7.3.3　IE 浏览器的常用操作

1)标准按钮工具栏的使用

Web 页浏览的常用操作都集中在工具栏上,因而熟练地使用工具栏能帮助我们更快捷地在网上浏览。下面介绍常用的"标准按钮工具栏",如图 7.9 所示。

图 7.9　标准按钮工具栏

- 后退:显示当前页的上一页。
- 前进:显示当前页的下一页。
- 停止:中止正在进行的 Web 下载或信息传递操作。
- 刷新:将当前页重新调入一次。
- 主页:打开 IE 设置的默认主页。
- 搜索:打开 IE 默认的搜索引擎页面。
- 收藏夹:可显示、添加、整理收藏夹里所保存的网页/网站地址。
- 媒体:打开媒体窗口,访问默认媒体网站。
- 历史:显示在设定时间里曾经访问过的所有网页/网站地址。
- 邮件:快速调用 IE 设定的电子邮件程序。
- 打印:打印当前显示的网页。

● 编辑：调用 IE 设置的编辑程序对当前网页进行编辑。

● 讨论：启用"Web 文件夹"功能。

当某个工具按钮可以使用的时候，它会以彩色显示；而以灰色显示则表示此按钮当前不能使用。按钮旁边的黑色三角形被点击时会显示一个下拉菜单，出现更详细选项，可通过点击进行二次选择。

2)链接工具栏的使用

链接工具栏一般位于地址栏旁边，主要用于添加一些访问最频繁的 Web 页(或软件)的链接，以便很方便地通过单击链接进入站点。如果链接工具栏没有出现，那么可能直接用鼠标右击菜单或工具栏，在出现的快捷菜单中选择"链接"。也可使用"查看"菜单下的"工具栏"菜单项进行选择。

将 Web 页添加到链接工具栏(如图 7.10 所示)有以下方法：

图 7.10　链接工具栏

①将 Web 页的图标从地址栏直接拖到链接工具栏。

②将当前 Web 页上的各种链接直接拖到链接工具栏。

③将历史文件夹或收藏夹中的网址直接拖到链接工具栏。

3)添加、整理收藏夹

由于各种 Web 地址实在难于记忆，所以只要遇见好的站点，一般都会将它放到收藏夹里面，以便以后可以很方便地通过单击收藏的网址来对它进行重新访问。收藏夹也可以很方便地对网址进行分门别类的管理。在单击了工具栏上的收藏夹按钮后会出现收藏夹的管理窗口。在这里可以很方便地通过添加按钮来添加网页，单击整理按钮来进行网页的整理，单击所显示的网址就可以去访问它。当然也可以通过其他简便方法来添加、整理收藏夹。

(1)将 Web 页添加到收藏夹　将 Web 页添加到收藏夹(如图 7.11所示)可采用以下几种方法：

①转到要添加到收藏夹列表的 Web 页，单击"添加"按钮。

②用鼠标直接从地址栏拖动 Web 页图标到工具栏的收藏夹按钮上(拖动时会有一个创建快捷方式的图标出现)，这样就很方便地在收藏夹里面添加了当前的网站的网址。

③如果要将 Web 页添加到收藏夹的指定位置可单击"添加..."按钮，在出现的"添加到收藏夹"对话框中选择"创建到"按钮，再给 Web 页指定一个存放文件夹，然后单击"确定"按钮。如果需要也可以在"名称"栏里键入该页的新名称。

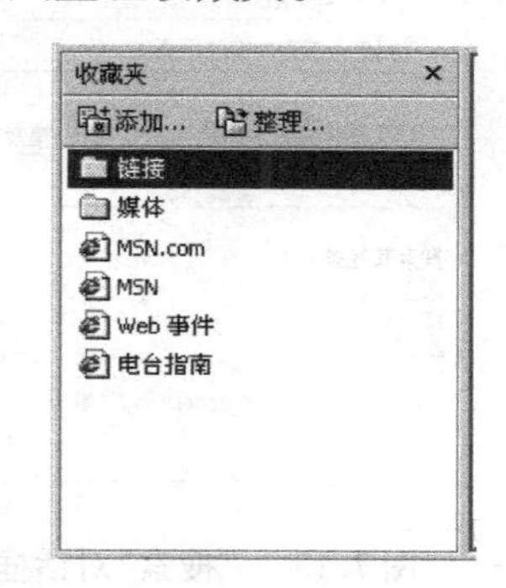

图 7.11　收藏夹

(2)为 Web 页创建新文件夹　Web 页较多时，也可以创建一个新的文件夹来存放。在图 7.12 中单击"新建文件夹"按钮，然后输入新建文件夹名称，再按"确定"按钮，就建立了一个新文件夹来存放网页。

(3)设置脱机查看　在线浏览的速度有时很慢，因此可以订阅某些站点的某些内容，让它按照指定的时间下载页面到本机上，以后在浏览时就可以断开 Internet 连接，直接在本机上浏览。在图 7.12 中选择“允许脱机使用”，然后点击“自定义”按钮，就可以创建新的计划来下载页面以脱机浏览。

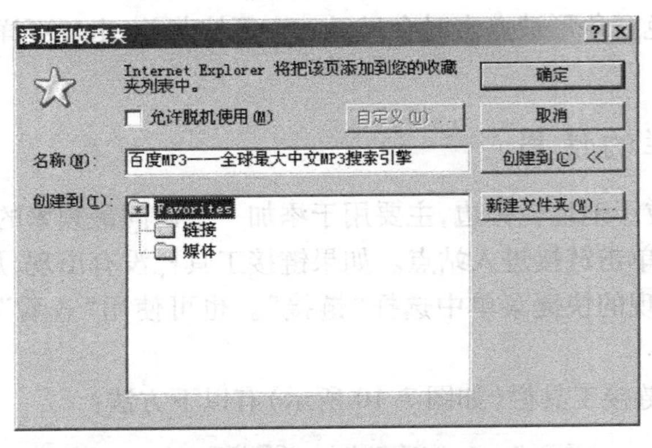

图 7.12 “添加到收藏夹”对话框

4)搜索所需信息

各种网站所包容的信息浩如烟海，应该学会用搜索工具在 Web 上搜索各种所需要的信息：Web 页、电子邮件、公司、地图等。搜索时应找准关键字，比如想查询高考方面的资料，那么可以输入关键字“高考”，然后单击“搜索”按钮。网站就会自动搜索，然后将搜索到的关于高考的信息一一列举出来供访问。不同的搜索网站，搜索出来的结果会不一样。如果想得到比较详尽的结果，可以在几个搜索网站里搜索相同的关键字。

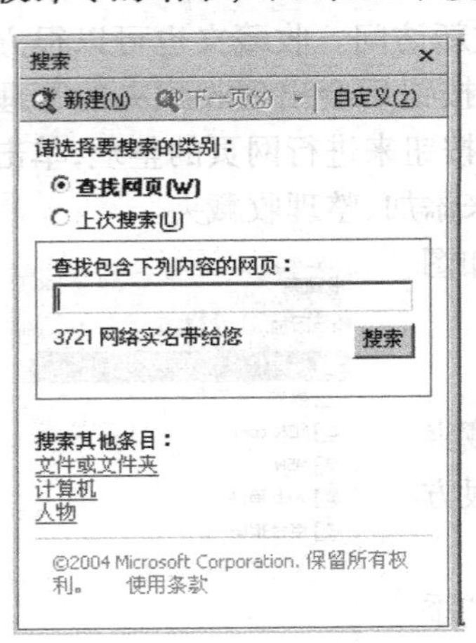

图 7.13 “搜索”对话框

(1)直接使用 IE 所提供的搜索工具　操作步骤如下：

①在标准按钮工具栏上单击“搜索”按钮，出现如图 7.13所示的“搜索”对话框；

②选择所需的搜索类型，如“查找网页”；

③在“查找包含下列内容的网页：”框中，键入要搜索的信息，如“高考”，然后单击“搜索”按钮，即开始进行搜索。

在搜索时，“搜索”对话框中所键入的关键字信息越多，则显示结果的时间越长，但准确性越好。搜索完毕后，搜索工具会将结果列出来供选择。

(2)用其他的搜索引擎搜索 Web 信息　目前各大网站一般都有搜索引擎。搜索引擎分为索引式和分类式两类，百度(www.baidu.com)、谷歌(www.google.com)等搜索引擎就是根据 Web 页的关键字索引来查找信息；hao123(www.hao123.com)、2345(www.2345.com)等搜索引擎主要是采用分类式查找。

(3)查找 Web 页中的文本信息　操作步骤如下：

①转到 Web 页中；

②单击“编辑”菜单，单击“查找(在当前页)”，出现如图 7.14 所示的“查找”对话框；

③在“查找内容”对话框里输入指定文本，单击“查找下一个”按钮即可。

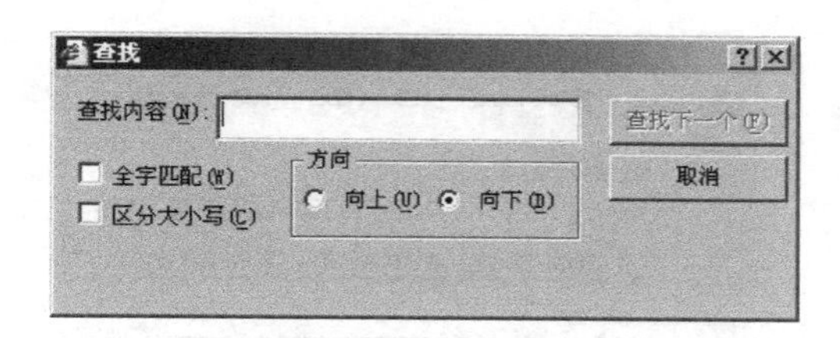

图 7.14 “查找”对话框

5)保存当前 Web 页

当看到自己需要的网页时,可以保存到软件或硬盘上供以后查看,操作步骤如下:

①在“文件”菜单中单击“另存为”,出现如图 7.15 所示的“保存网页”对话框;

②选择准备用于保存 Web 页的文件夹;

③在“文件名”中键入该页的名称后单击“保存”按钮。

保存时有 4 种选择(如图 7.16 所示),可以只保存为文本文件或是 html 文件(不包括图片等信息),如果要保存完整的 Web 页就选择第一项(包括图片、动画等信息)。

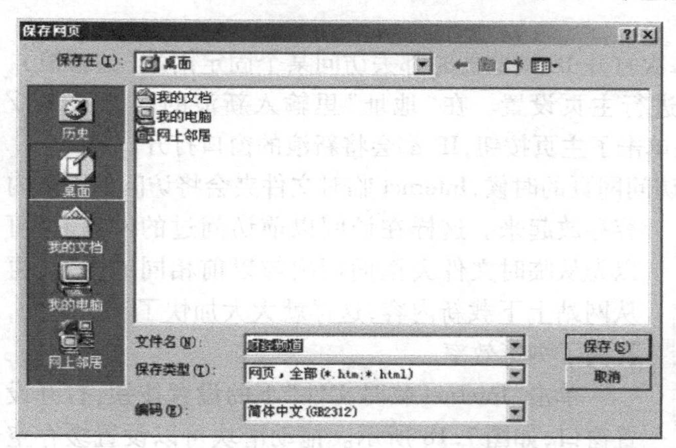

图 7.15 “保存网页”对话框

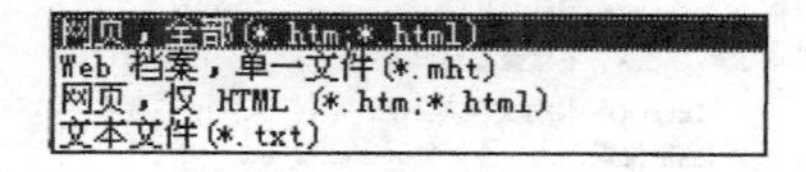

图 7.16 4 种保存类型

6)将 Web 页图片作为桌面墙纸

将 Web 页图片作为桌面墙纸的方法如下:用鼠标右键单击 Web 页中的图片,在出现的快捷菜单中选择“设置为背景”即可。

7.3.4 IE 浏览器的 Internet 选项设置

要进入 Internet 选项设置窗口,可直接单击“工具”栏下拉菜单中的“Internet 选项”,如图 7.17 所示。在此可以对 IE 浏览器的外观、浏览、安全等性能进行设置,共有常规、安全、隐私、内容、连接、程序和高级 7 项设置。

下面介绍一些常用的设置。

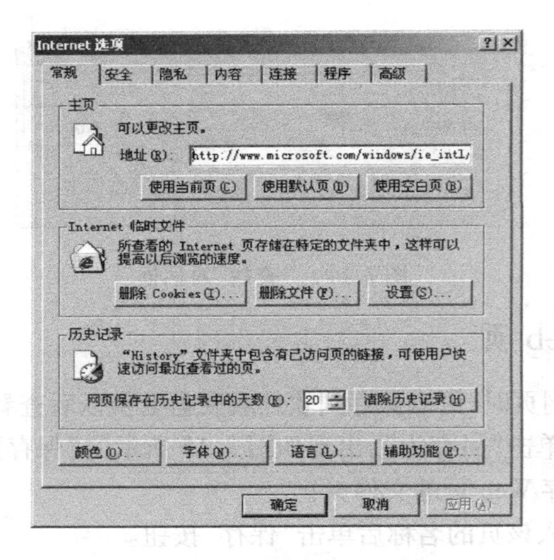

图 7.17 Internet 选项"常规"选项卡

1)常规设置

(1)设置浏览器的主页　如果想每次打开 IE 浏览器时都去访问某个固定网站(如新浪)，那么可以在 Internet 选项的"常规"下进行主页设置。在"地址"里输入新浪的网址 http://www.sina.com 以后，只要打开 IE，或是单击了主页按钮，IE 都会将新浪的窗口打开。

(2)设置 Internet 临时文件夹　在访问网页的时候，Internet 临时文件夹会将访问的网页内容存放起来。这样在访问以前访问过的网站时，可以先从临时文件夹里面调出与以前相同的内容，再从网站上下载新内容，这样就大大加快了浏览速度，提高了浏览效率。

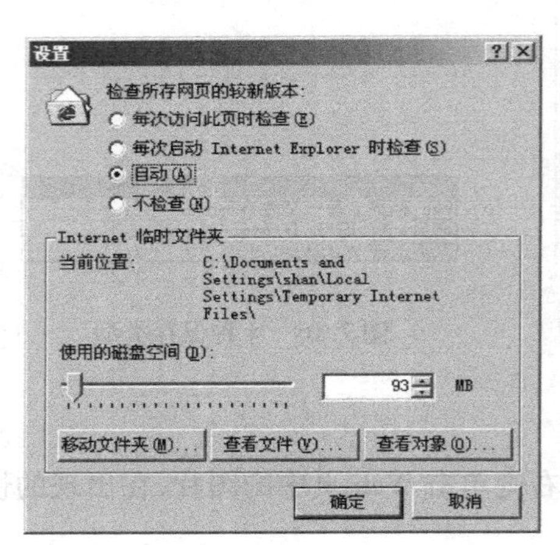

图 7.18 Internet 临时文件夹

单击"Internet 临时文件"下的设置按钮，打开设置窗口，如图 7.18 所示。拖动滑块可以设置缓存空间大小，单击"移动文件夹"按钮可设置临时网页存放位置，单击"查看文件"按钮可查看临时文件夹下的内容，单击"查看对象"按钮可以查看从 Internet 下载文件夹的内容。

(3)历史记录设置　在"历史记录"框中可以设定自动清除历史记录的周期，也可以单击"清除历史记录"按钮强制清除记录。

2)安全设置

可以根据不同的使用环境对 IE 的安全性能进行设置，从而最大程度地保护自己的利益。单击图 7.17 中的"安全"选项卡，出现如图 7.19 所示的安全设置。目前分为 4 类区域：Internet 区域、本地 Intranet 区域、受信任的站点区域和受限制的站点区域。

"Internet 区域"的默认安全级别为中级，该区域主要包含未分配到其他区域上的全部站点。如果想使自己在 Internet 上更安全,那么就将安全级别设为高级或者是单击“自定义级别”按钮来自行设置安全选项。你可以对 ActiveX 控件和插件、脚本、下载、用户验证等诸如此类的安全进行设置。

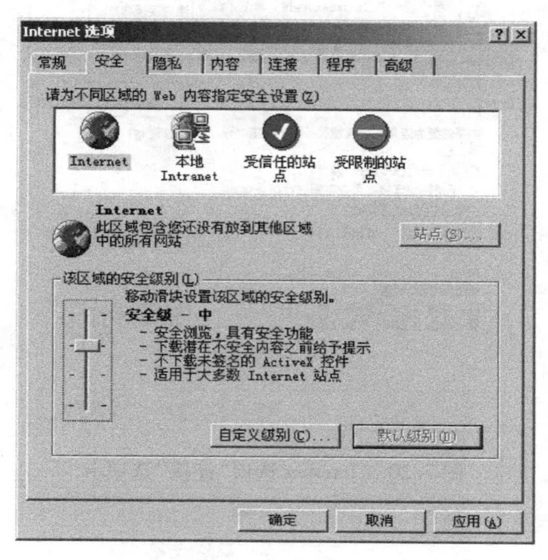

图 7.19 Internet 选项“安全”选项卡

对于“本地 Intranet”区域、“受信任的站点”区域和“受限制的站点”区域,单击这 3 个选项中的“站点”按钮,在出现的对话框里输入站点网址,再单击“添加”按钮,就可以分别将站点分配到这 3 个区域中,分别给予不同的安全级别。

3)隐私设置

Cookie 是 Internet 站点所创建的文件,用于存放有关信息,包括身份和访问站点时的首选项等,各站点可以通过它来分析兴趣爱好等。在这里可以禁止别人在您的计算机上使用 Cookie 或访问 Cookie 的级别。

4)内容设置

单击图中的“内容”按钮,可进行内容设置。内容设置里面包括分级审查、证书、个人信息 3 项设置。分级审查可以对浏览的 Internet 内容进行分类控制,有助于老师限制学生,家长限制儿童浏览一些不适宜的站点。

在“分级审查”区域,单击“启用”按钮可以开启分级审查功能。在分级审查对话框里有级别、许可站点、常规、高级等几项选择,在这里可以分别设定哪些站点可以浏览,哪些站点不可以浏览。设置完毕后,系统会弹出监护人的密码设置窗口,提醒你输入管理密码。

5)连接设置

如果你同时可以连接多个 ISP,则在这里你可以对连接 Internet 的方式进行选择。针对拨号上网和专线上网两种常用方式,IE 分别给出了两个设置界面。如使用拨号上网,可选择“始终拨默认连接”;如使用专线上网,可先选择“从不进行拨号连接”,再根据具体情况进行“局域网设置”,如图7.20所示。

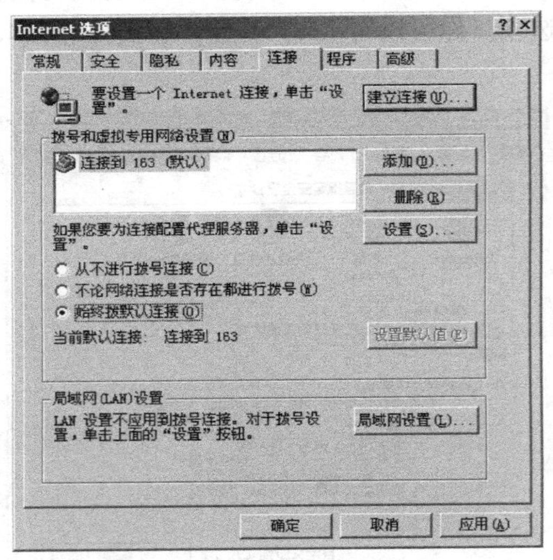

图7.20 Internet 选项“连接”选项卡

6)程序设置

当用IE调用邮件、新闻或其他Internet服务时,IE会根据此处的设置调用相应的程序。设置时要根据本机上所装的相应应用程序来指定,可选用程序会自动出现在相应服务左边的下拉列表框中。如果对某一类服务安装了多种软件,那么在下拉列表框中就会有多个程序供选择。

7)高级设置

这里有很多关于浏览器浏览性质的高级设置。比如要加快网页的浏览速度,那么可以在多媒体设置里将动画、视频、声音等选项上的钩去掉,这样在浏览的时候就不会出现这些信息,速度就会快很多。当图片选项也去掉就更快了,浏览时也可以随时通过鼠标右键的快捷菜单将图片显示出来。高级设置里面的选项很多,可以通过右上角的 ? 按钮来了解它们的功能。

7.4 电子邮件

电子邮件亦称为E-mail,是Internet提供的最广泛、最受欢迎的服务之一。使用电子邮件,可以在几秒之内将信件发送到全球任何拥有电子邮件地址的人那里。

实际上,电子邮件就是传统邮件的电子化,用户可以通过Internet将电子邮件传送给网络中的其他用户,并且允许用户自由阅读、答复与转发收到的电子邮件,还允许一个用户同时向网络中的多个用户发送电子邮件。电子邮件可以是一封普通的由文字组成的信件,也可以含有声音、图像等多媒体信息。

与传统的邮件一样,要发信给某个人,用户必须知道这个人的地址。当然,为了让对方也

能回信,用户也应该有自己的地址。Internet 电子邮件(E-mail)地址的格式通常是:

用户名@ 主机域名

主机域名指提供电子邮件服务的网站的域名,用户名代表收件人在邮件服务器上的账号名。

用户要通过 Internet 收发电子邮件,目前主要有两种方式。一种是通过 POP3 协议使用专用电子邮件客户端应用程序将邮件接收到本地计算机上查看,发送时则先在本机上写好邮件,再通过 SMTP 协议将邮件直接发送到邮件服务器上。目前,这类电子邮件客户端应用程序种类很多,如 Windows XP 自带的 Outlook Express 软件、中国人自己编写的 Foxmail 软件。另一种方式是使用浏览器访问提供电子邮件服务的网站,在其网页上直接收发电子邮件。这两种方式各有优缺点,可根据自己需要进行选择。

下面简要介绍 Outlook Express 的使用。

1)Outlook Express 的主要功能

(1)管理多个邮件和新闻账号　如果用户拥有不同服务商(ISP)提供的多个邮件账号,可以在同一个窗口使用。

(2)快捷地浏览邮件　邮件列表和预览窗允许用户在查看邮件的同时阅读邮件。文件夹列表包括邮件文件夹、新闻服务器和新闻组,可以很方便地相互切换。

(3)可以在服务器上保存邮件以便从多台计算机上查看　如果 ISP 使用 IMAP 邮件服务器接收邮件,那么就可以在服务器的文件夹中阅读、存储和组织邮件,而不需要将邮件下载到计算机上。

(4)使用通讯簿存贮和检索电子邮件地址。

(5)在邮件中添加个人签名或信纸。

(6)发送和接收安全邮件　可使用数字标识对邮件进行数字签名和加密。

(7)查找感兴趣的新闻组　可以搜索包含某些关键字的新闻组或浏览 Usenet 提供商提供的所有有效新闻组。

(8)查看新闻组线索　不必翻阅整个邮件列表就可以查看新闻组邮件及其所有回复内容。

(9)下载新闻组脱机阅读　为了有效地利用联机时间,可以下载邮件或整个新闻组,不必连接到 ISP 就可以阅读邮件,还可以脱机撰写邮件,等到再次连接时发送出去。

2)启动 Outlook Express

启动 Outlook Express 的方法很多,一般可从"开始/程序"中选择 Outlook Express 命令,也可单击 Outlook Express 图标。第一次使用 Outlook Express 时,会自动启动 Internet 连接向导对 Outlook Express 进行设置,如图 7.21 所示。

根据屏幕提示输入相应信息完成设置后,出现 Outlook Express 主界面,如图 7.22 所示。

Outlook Express 用户界面和一般的 Windows 程序基本相同。从上到下,窗口组成依次是:标题栏、菜单栏、工具栏、主窗口、状态栏。Outlook Express 主窗口分成左右两部分:左边是文件夹窗格和联系人窗格,右边是内容窗格。内容窗格用来显示左边所选择窗格中的内容。

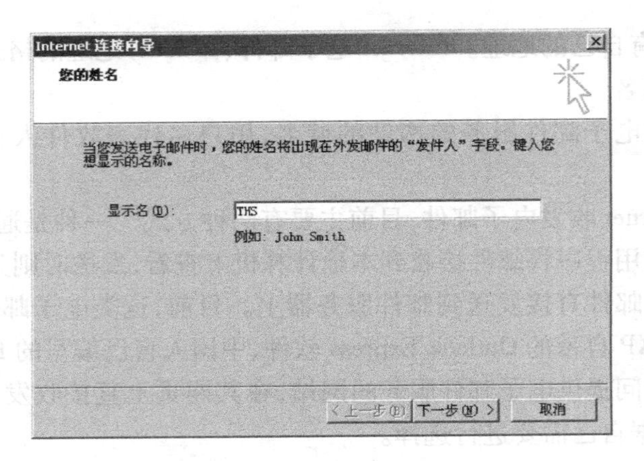

图 7.21 Outlook Express 设置

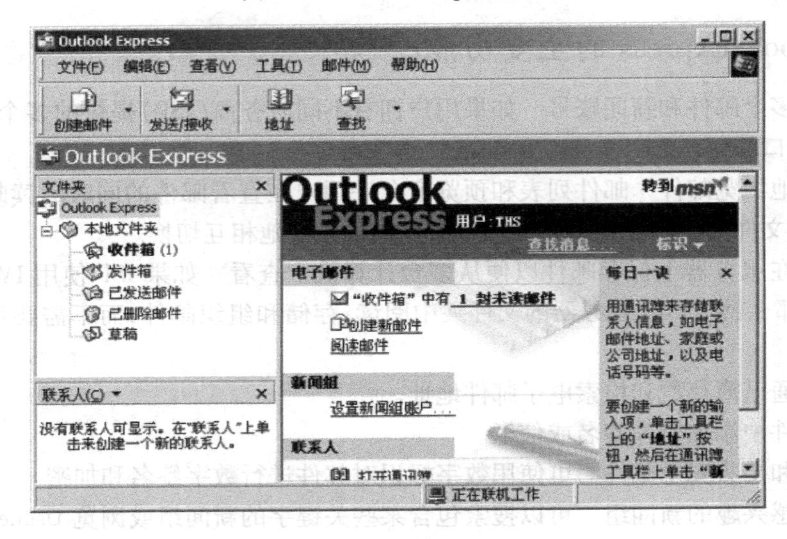

图 7.22 Outlook Express 主界面

3)接收电子邮件

当用户单击"收件箱"文件夹后，窗口的右边窗格变成上下两个子窗口：邮件列表窗格和邮件预览窗格，如图 7.23 所示。

"邮件列表窗格"在上边，用于显示已收到的电子邮件标题、发件人、接收时间等信息。在每行的邮件"发件人"前面有一个信封模样的图标，打开的信封表示此邮件已经阅读过，没有打开的信封表示还没有阅读过。状态栏上会显示有几封邮件，几封未读。

"邮件预览窗格"在下边，用于显示当前在邮件列表窗格中被选中的电子邮件的正文。若用户双击邮件列表窗格中需要阅读的电子邮件，则打开另一个 Outlook Express 窗口来阅读该邮件。

Outlook Express 可以使用自动和手动两种方式检查和接收邮件，通过"工具"菜单下的"选项"可以进行设置，如图 7.24 所示。

在自动方式下，Outlook Express 每隔一定时间将自动检查是否有新邮件。如有，则自动下载到用户计算机中，存放在"收件箱"里，用户可以从"收件箱"调用阅读。

用户也可手动接收新邮件。单击"工具栏"中的"发送/接收"按钮，就开始检查和接收新

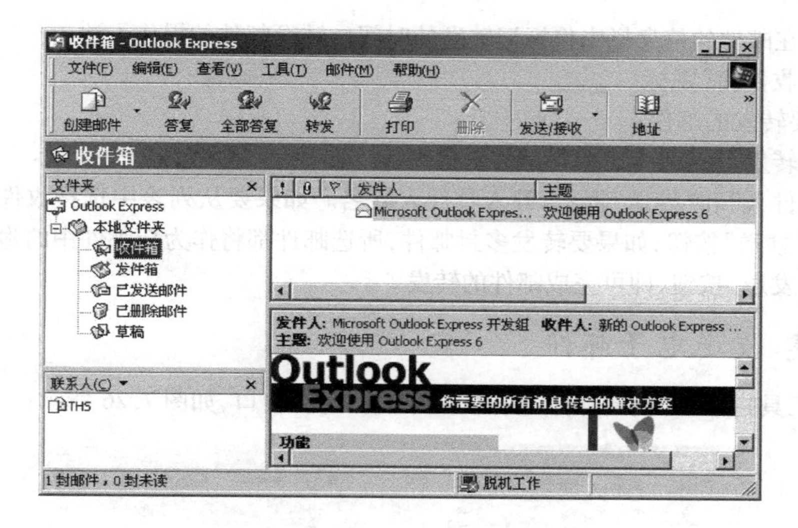

图 7.23　收件箱

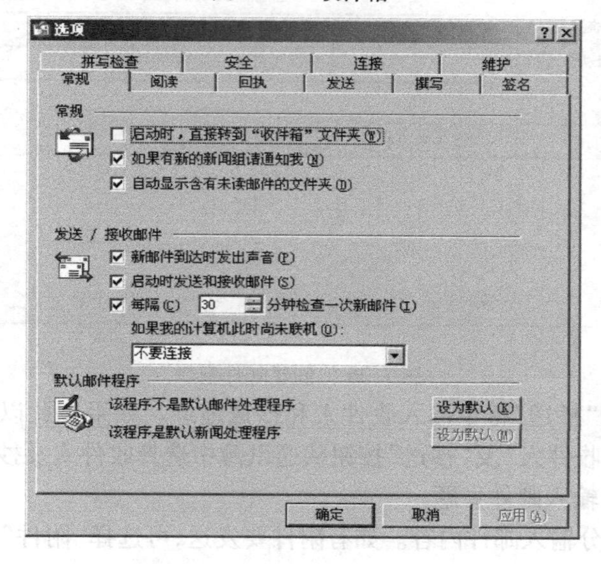

图 7.24　Outlook Express 选项设置

邮件。这种方法在检查和接收新邮件的同时，也将"发件箱"中的邮件发送出去。如果只需要检查和接收新邮件而不发送邮件，可单击"发送/接收"按钮右边的向下三角形，在弹出的下拉菜单中选择"接收全部邮件"，如图7.25所示。

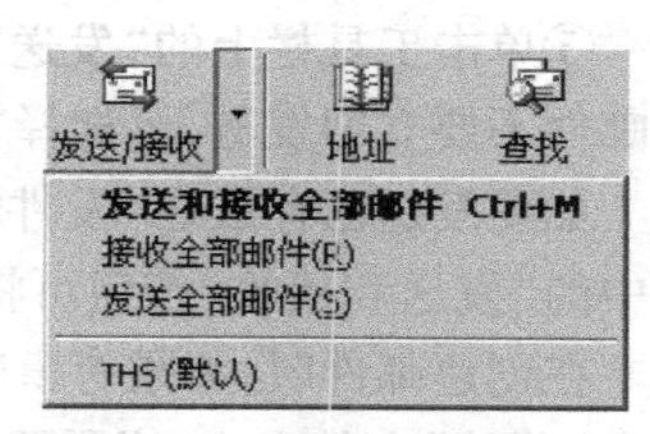

图 7.25　发送/接收邮件

4)邮件的复制、删除、移动和转发

对于收件箱中接收到的邮件，用户可以执行复制、删除、移动等操作。如果要复制(移动)邮件，请选中要复制(移动)的邮件，然后选择"编辑"菜单中的"复制"("剪切")命令，单击要放入邮件的文件夹，再选择"编辑"菜单中的"粘贴"命令。如果要删除邮件，只需选定要删除的邮件，再单击"删除"按钮即可。

用户在收到一份邮件后，如果认为有必要将其中的内容通知其他人，则可以将邮件转发出去。转发后，在邮件的信息栏中将标记转发的时间。转发邮件的操作方法：

①单击“收件箱”图标；

②选择要转发的邮件；

③单击“转发”按钮，弹出撰写邮件对话框；

④在“收件人”和“抄送”框中，键入收件人姓名。如果要从列表中选择收件人姓名，单击“收件人”或“抄送”按钮；如果要转发多封邮件，所选邮件都将作为新邮件中的附件；

⑤单击“发送”按钮，即可完成邮件的转发。

5)创建、发送电子邮件

①单击工具栏中的“创建邮件”按钮，打开“新邮件”窗口，如图 7.26 所示；

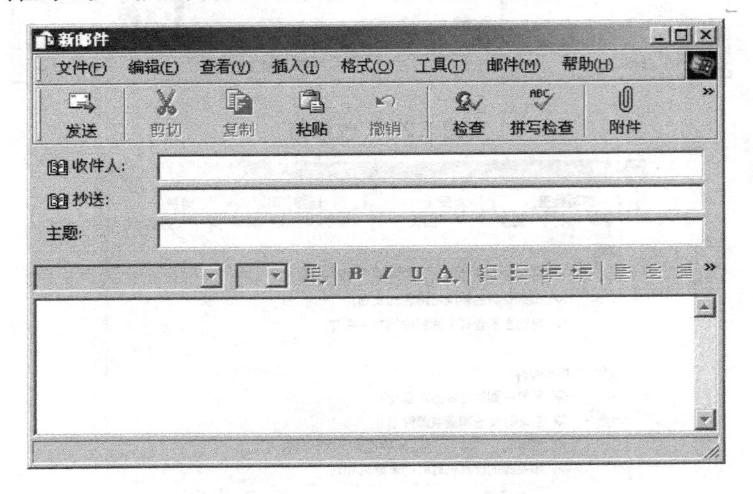

图 7.26 创建邮件窗口

②在“收件人”和“抄送”框中输入收件人和抄送地址。如果在此以前已经将他们加入通讯簿，则可分别单击“收件人”及“抄送”按钮从通讯簿中选择收件人及抄送人；

③在“主题”框中输入邮件主题；

④在邮件正文部分输入邮件内容。如有附件要发送，可选择“附件”按钮，则出现“插入附件”对话框，选择要插入的附件；

⑤单击工具栏上的“发送”按钮，将邮件发送至“发件箱”中，并立即发送电子邮件。如希望邮件不要立即发送，可选择“文件”菜单中的“以后发送”选项，将邮件保存到“发件箱”中。

如要发送已存放在“发件箱”中的邮件，单击工具栏中“发送和接收”按钮即可。单击工具栏中的“发送和接收”按钮可将发件箱中的所有邮件一次性发出。

在创建邮件时，如果有事临时走开，可选择“文件”菜单中的“保存”将没有完成的邮件保存在“草稿”文件夹中，当需要继续输入时，再将它打开，写完全部内容后再发送出去。

6)管理通讯簿

每个人都可能有许多联系对象，要记住每个联系人的电子邮件地址是非常困难的事情。Outlook Express 中的通讯簿功能可以很好地管理联系人的信息，它不但可以记录联系人的电子邮件地址，而且还可以记录联系人和电话号码、家庭住址、业务和主页地址等信息。

可以用几种方式将联系人的信息输入到通讯簿中。

(1)直接输入联系人信息　这是最直接的方式,但容易输错信息。其步骤是:选择“工具”菜单中的“通讯簿”功能,则出现“通讯簿”对话框,如图7.27所示。单击“新建”按钮,在弹出的对话框中键入联系人姓名、电子邮件地址等信息。如该联系人有多个电子邮件地址,可依次添加到地址列表中,并选择其一设置为默认电子邮件地址。

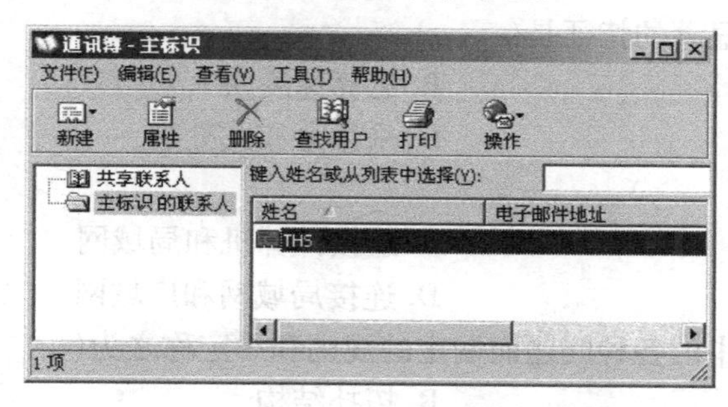

图7.27　通讯簿窗口

(2)从收到的电子邮件中添加联系人　选中联系人所发来的电子邮件,打开“工具”菜单,选择“将发件人添加到通讯簿”菜单项,则系统就自动将电子邮件中的发件人信息添加到通讯簿中。

(3)从其他程序导入联系人　选择“文件”菜单中的“导入”功能下的“其他通讯簿”选项,出现“通讯簿导入工具”对话框,单击要导入的通讯簿或文件类型,然后单击“导入”按钮。

习题7

1. 单项选择题

(1)接入Internet中的两台计算机之间要相互通信,则它们必须同时装有(　　)协议。

A. TCP/IP　　B. IPX

C. NETBEUI　　D. SMTP

(2)信息传输速率常常采用(　　)来描述。

A. bit/s　　B. Byte/s

C. bps　　D. Mbps

(3)某学校实验室所有机器连接成一个网络,这个网络的类别是(　　)。

A. 局域网　　B. 广域网

C. 环球网　　D. INTERNET

(4)接收电子邮件采用(　　)协议。

A. POP3　　B. SMTP

C. IPX　　D. TCP/IP

(5)从域名www.cq.gov.cn来看,该网址属于(　　)。

A. 教育部门　　B. 非赢利性组织
C. 公司　　D. 政府部门

(6)将一个局域网与广域网互连应使用(　　)设备。
A. 路由器　　B. 中继器
C. 网关　　D. 网桥

(7)计算机网络最显著的特征是(　　)。
A. 资源共享　　B. 运算速度快
C. 存储容量大　　D. 采用分布式处理

(8)网卡的作用是(　　)。
A. 调制/解调　　B. 连接计算机和局域网
C. 数据计算　　D. 连接局域网和广域网

(9)针对通信过程中的各种问题而制定的规则和约定称之为(　　)。
A. 网络协议　　B. 拓扑结构
C. 网络模型　　D. 体系结构

(10)以太总线(Ethernet)网采用的拓扑结构是(　　)。
A. 总线型　　B. 星型
C. 树型　　D. 网状型

(11)准确地说,HTML 是一种(　　)。
A. 应用软件　　B. 计算机高级语言
C. 图像声音处理软件　　D. 超文本描述语言

(12)在 Internet 网中,用来进行数据传输控制的协议是(　　)。
A. IP　　B. TCP
C. HTTP　　D. FTP

(13)我国的域名注册由(　　)管理。
A. 中国科学技术网络信息中心　B. 中国教育和科研计算机网络信息中心
C. 中国互联网络信息中心　　D. 中国金桥信息网络信息中心

(14)在 Internet 中传送文件用(　　)。
A. Usenet　　B. telnet
C. Gopher　　D. FTP

(15)TCP/IP 服务是一个完整的协议集,它的全称是(　　)。
A. 传输控制协议　　B. 传输控制/网际协议
C. 远程登录协议　　D. 应用协议

(16)下列各项中,非法的 IP 地址是(　　)。
A. 126.96.2.6　　B. 190.256.38.8
C. 203.113.7.15　　D. 203.226.1.68

(17)调制解调器(Modem)的作用是(　　)。
A. 将计算机的数字信号转换成模拟信号,以便发送
B. 将模拟信号转换成计算机的数字信号,以便接收
C. 将计算机数字信号与模拟信号互相转换,以便传输

D. 为了上网与接电话两不误

(18)Internet 的出现，催生了一种新的通信方式(　　)。

A. CDMA　　B. 手机短信

C. 移动电话　　D. IP 电话

2. 多项选择题

(1)计算机网络的基本拓扑结构是(　　)。

A. 总线型　　B. 星型

C. 分布式型　　D. 环型

(2)计算机网络的主要功能是(　　)。

A. 资源共享　　B. 数据通信

C. 信息处理　　D. 科学计算

(3)IP 地址与域名的关系是(　　)。

A. 一个域名只能对应一个 IP 地址　　B. 一个 IP 地址只能对应一个域名

C. 一个域名可以对应多个 IP 地址　　D. 一个 IP 地址可以对应多个域名

(4)常用计算机网络的传输介质主要分为(　　)大类。

A. 同轴电缆　　B. 有线介质

C. 无线介质　　D. 光纤

(5)目前，Internet 上主要提供的服务有(　　)。

A. WWW 服务　　B. E-mail 服务

C. 网络新闻服务　　D. Gopher 服务

(6)Internet 的顶级域名划分采用了(　　)几种模式。

A. 组织模式　　B. 所在洲模式

C. 地理模式　　D. 地区模式

(7)用户上 Internet 网时，应输入其 IP 地址，IP 地址的表示可使用(　　)几种形式。

A. 二进制表示法　　B. 点分十进制表示法

C. 十六进制表示法　　D. 符号代表的域名表示法

(8)下列操作系统中，属于网络操作系统的有(　　)。

A. Netware　　B. Windows 98

C. Windows-NT　　D. UNIX

(9)常用的浏览工具有(　　)。

A. Navigator　　B. Internet Explorer

C. Hotjava　　D. Eudora

(10)Internet 上网方式有(　　)。

A. 拨号方式　　B. ADSL

C. 专线连接方式　　D. WAP

3. 填空题

(1)在 Internet 网中，一个 IP 地址由________位二进制数值组成。

(2)http://www.cta.cq.cn 中,http 代表________________。

(3)若需连接多个同类型的网络,一般使用________________作为网络连接器。

(4)利用双绞线连接两台计算机,它们之间的最大距离是________________。

(5)电子邮件地址的格式为________________。

(6)DNS 的作用是________________。

(7)ISO 模型中最底层和最高层分别是________________。

(8)可以把要经常访问的网址放入 IE 的________________中。

4.判断题(正确的打"√",错误的打"×")

(1)星型拓扑结构以一台设备为中心节点,该中心结点称为 HUB。 ( )

(2)某电子邮件地址为 cqths@163.com,则 cqths 代表主机域名。 ( )

(3)在计算机网络中,为网络提供共享资源的基本设备是工作站。 ( )

(4)计算机联网的主要目的是资源共享和数据通信。 ( )

(5)文件传输往往采用 HTTP 方式。 ( )

(6)如果一台计算机安装的是 IPX 协议,另一台计算机安装的是 TCP/IP 协议,则它们之间无法进行通信。 ( )

(7)通过 IE 进行网页访问,这种访问方式采用的是浏览器/服务器(B/S)模式。 ( )

(8)向要收费的电子邮箱发送电子邮件要付费,向免费的电子邮箱发送电子邮件不需付费。 ( )

(9)使用电话线、电缆、通信卫星等传输介质将多台计算机连接起来就组成了一个计算机网络。 ( )

(10)在计算机网络中,WAN 是指局域网,Internet 是指互联网。 ( )

(11)计算机网络的树型结构是将多级星型网络按层次结构排列而成,其优点是结构坚固、负载能力强且均衡、无信号冲突、传输时间的确定性。 ( )

(12)从用户操作使用的角度来说,WAN,LAN,Internet 并没有本质的区别。 ( )

(13)Internet 就是信息高速公路。 ( )

(14)使用网络完毕,必须进行"注销"。 ( )

(15)使用动态 IP 地址和静态 IP 地址都能访问 Internet。 ( )

(16)客户/服务模式(C/S 模式)是 Internet 的一种工作方式。 ( )

(17)只有使用调制解调器才能访问 Internet。 ( )

(18)WWW 是目前使用 Internet 最方便、最直观的形式。 ( )

(19)建立计算机网络的基本目的之一是资源共享。 ( )

(20)通信协议是计算机网络能正常运作的重要环节。 ( )

第 8 章

网页设计 FrontPage 2003

8.1　认识 FrontPage 2003

8.1.1　FrontPage 2003 简介

FrontPage 2003 是 Microsoft 公司发布的用来创建和管理网站的一个软件，是 Microsoft Office 2003家族的一员。它是一个 WWW 开发环境，集网页编辑、网站管理、网站发布于一身。FrontPage 2003 采用“所见即所得”（What you see is what you get）工作方式，并提供了丰富的向导和模板，使得操作简单、人机交互能力强，即便是新手也能在网页里添加高级特性，不懂复杂的 HTML 语言或程序也能创作出非常专业的网页。

FrontPage 2003 在设计上力求与 Office 2003 家族其他成员紧密结合。首先，在外观上，FrontPage 2003 的菜单和工具栏与 Office 2003 其他成员的非常相似；其次，FrontPage 2003 和 Office 2003 的其他成员共用主题、工具栏、菜单、快捷方式、HTML 帮助和拼写检查等组件或功能。所以，如果你已经掌握了 Word 2003，Excel 2003 等其他 Office 2003 成员的使用，则学习、使用 FrontPage 2003 将是一件非常轻松的事情。

8.1.2　FrontPage 2003 的启动与关闭

FrontPage 2003 的启动与关闭与大多数 Windows 程序的操作步骤基本相同，而且由于它与 Office 2003 的完全融合，启动和关闭也有 Office 系列的特点。

1)FrontPage 2003 的启动

要启动 FrontPage 2003 一般有以下方法：

(1)单击 Windows 任务栏上的“开始”按钮，然后指向“程序”文件夹，再单击 Microsoft FrontPage 2003 程序的图标即可。

(2)在桌面上创建 FrontPage 2003 的快捷方式图标。要启动时，双击快捷图标 Microsoft FrontPage 2003(Windows 标准状态下)，或单击图标(Web 风格下)即可。

2)FrontPage 2003 的关闭

关闭 FrontPage 2003 的方法有：

(1)单击 FrontPage 2003 窗口右上角的“关闭”按钮。

(2)执行文件菜单的“退出”命令。

(3)同时按住 Alt + F4 键。

(4)利用标题栏中控制菜单的“关闭”命令。

在退出时，如果 FrontPage 2003 的窗口中有正在编辑的网页，则会弹出一个对话框，提示保存最近的修改，以防所做的工作白白丢失。

8.1.3 FrontPage 2003 的用户界面

FrontPage 2003 的用户界面与 Office 2003 系列其他产品的用户界面极其相似，都由标题栏、菜单栏、工具栏、工作区、状态栏等部分组成。首次启动 FrontPage 2003 时，在工作区的右边有一任务窗格，其中列出了各种常用操作的快捷面板，单击任务窗格的标题栏可以在不同面板中进行切换。任务窗格可以根据需要通过选择“视图”菜单中的“任务窗格”菜单项打开或关闭，如图 8.1 所示。

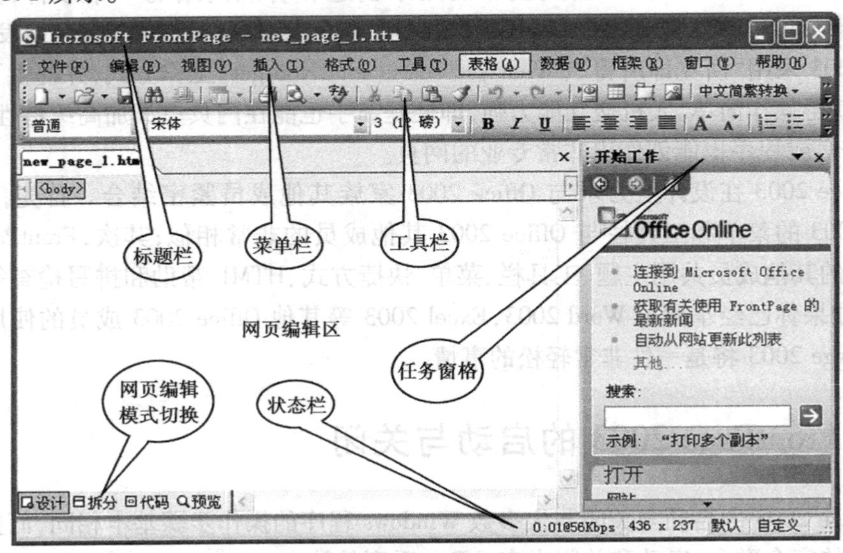

图 8.1 FrontPage 2003 主界面

在 FrontPage 2003 中,网站管理功能与网页设计界面合二为一,使用时只需单击工具栏上的“新建”下拉按钮,或者在任务窗格中选择“新建”面板,就可选择新建网页或建立网站,如图8.2(a),(b)所示。

FrontPage 2003 窗口各个部分功能如下:

• 标题栏:表示当前处于 FrontPage 2003 的编辑状态下。

• 菜单栏:集合了 FrontPage 2003 的所有功能,可通过单击菜单进行选择。

• 工具栏:提供了一些如保存、打印、剪切、粘贴等编辑操作和插入表格等标准化操作。

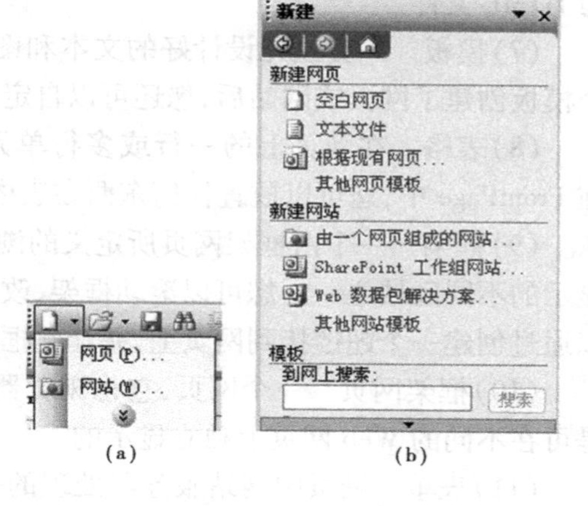

图 8.2 新建操作

• 任务窗格:单击任务窗格的标题栏,可以选择任务窗格中的不同面板,以满足不同时刻特定任务的要求。

• 网页编辑区:在窗口中进行网页编辑。

• 网页编辑模式切换选项卡:单击窗口左下角的4个不同按钮,选择页面分别以设计模式、代码模式、拆分模式、预览模式显示。

• 状态栏:提示当前的操作状态,显示提示信息。

FrontPage 2003 菜单栏和工具栏的使用与 Word 2003,Excel 2003 等其他 Office 2003 软件类似,只是增加了网页制作所需的相应功能,在后面将逐步介绍。

8.1.4 网页制作基本概念

(1)网站 在 FrontPage 中所创建的一个主页及与它相关联的网页、图形、文档、多媒体和其他文件,并且保存在网站服务器或其他计算机的硬盘中。一个网站也包含支持 FrontPage 特定功能的文件并允许网站在 FrontPage 中被打开、复制、编辑和管理。

(2)站点 同网站。

(3)网页 Web 网站中使用 HTML 编写而成的单位文档。你不需要了解 HTML 就可以使用 FrontPage 来创建和修改网页。在网页制作中可以使用各种媒体,如图形/图像(GIF,JPEG,BMP)、声音/音乐(WAV,MIDI,MP3)、动画/影片(SWF,AVI,MPEG)。

(4)主页 是在 Internet 上进入 Web 网站中一组网页和其他文件的一个初始网页。当访问者利用 Web 浏览器浏览至网站时,主页便会通过默认被显示。主页的名称取决于用来建置 Web 网站的 Web 服务器类型。某些 Web 服务器会将 index. htm 保留为主页的名称,而其他的 Web 服务器则会将主页的名称命名为 Default. htm。

(5)首页 同主页。

(6)HTML 超文本标记语言为一种用于 Internet 上文档中的标准标记语言。HTML 的发展是通过 Internet 协会实现的。HTML 语言使用“标记”来指示 Web 浏览器应该如何显示网页元素,例如文本和图形,以及 Web 浏览器应该如何回复使用者的操作,例如超链接的启用是通过单击键盘按键或单击鼠标来完成。使用 FrontPage 可以不需具备 HTML 语言的知识就能读写 HTML 文件。

(7)模板　一套预先设计好的文本和图形,让新网页和新网站可以依此架构。在使用一个模板创建了网页或网站后,您还可以自定义网页或网站。

(8)表格　在网页上的一行或多行单元格,用来组织网页的布局或有系统地布置数据。在 FrontPage 中,您可以放置任何东西在表格的单元格中,包括文本、图形和表单。

(9)框架　一个由框架网页所定义的浏览器视窗区域。浏览器上所显示的框架就是网页显示的不同区域之一。您可以滚动框架、改变框架的尺寸,同时也可以为它设一个框线。您可以通过创建一个超链接到网页上,并让此框架成为超链接的一部分,来显示框架中的网页。

(10)框架网页　一个网页,它将浏览器上的视窗分成叫做框架的不同区域,而这些框架是可在不同的 Web 网页上独立显示的。

(11)表单　网页中网站服务器处理的一组数据输入域。当访问者单击按钮或图形来提交表单后,数据就会传送到服务器上。

(12)表单域　网页上的一个数据输入域。

(13)超链接　从文本、图片、图形或图像映射到 Internet 上网页或文件的指针。在 Internet 上,超链接是网页之间和 Web 网站之中主要的导航方法。

(14)网站的发布　当您准备好要在 Internet 或者您所属机构的 Intranet 上展示您的网站时,您必须发布它。发布一个网站是将您网站上的文件复制到一个目的地,例如,一个他人可以浏览其网站的网站服务器。如果您正在向已安装 Microsoft FrontPage 2003 服务器扩展的网站服务器上发布网站,则可以使用 HTTP(超文本传输协议)来发布;否则,您就必须使用 FTP(文件传输协议)。

8.2 视　图

视图是 FrontPage 2003 中管理网络网站的有力工具,共分为“网页”“文件夹”“远程网站”“报表”“导航”“超连接”“任务”7 种视图。要使用视图,首先需要建立网站(建立网站的操作见后面章节)。建立网站后界面如图 8.3 所示。

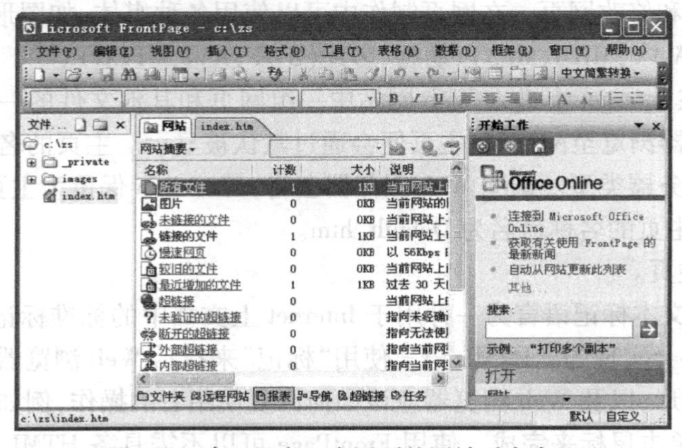

图 8.3　建立只有一个网页的网站后主窗口

如果要切换到“网页”视图，可以选择“视图”菜单，也可以双击文件夹中的网页名称，或者单击工具栏下面的网页名称标签。要切换到其他 6 种视图，可以选择“视图”菜单，也可以先选择“网站”标签，再选择视图栏中的相应视图按钮。

8.2.1 “网页”视图

“网页”视图是用户打交道最多的地方。“网页”视图在许多方面类似于一个字处理软件，用户可以同时打开几个网页，并在它们之间进行切换，可以剪切、复制和粘贴网页元素，执行拼写检查，格式化字符的外观和尺寸，或直接在网页上画表格。你在 Word 2003 中学习的技巧几乎都可以在这里使用。

FrontPage 2003 的 Web 页编辑器是一个非常强大的、全功能的 Web 页编辑器，甚至可以在编辑网页的时候从一个网页到另一个网页跟踪链接，在效果上使 FrontPage 2003 变成了一个小型的浏览器。而且，可以在 FrontPage 2003 中载入他人的甚至是 Internet 上的网页，并研究这些网页的 HTML 代码。

8.2.2 “文件夹”视图

“文件夹”视图用于管理当前网站中的文件和文件夹。如果你使用过 Windows XP 就会发现“文件夹”视图的面孔并不陌生。的确，“文件夹”视图与 Windows 资源管理器十分相似，不光在它们的外表上，它们的使用方法也大同小异。而且，不管在什么驱动器或什么服务器上，都能显示出网站的文件夹结构。此外，它还能显示所选择文件夹的内容，而不必去关心网站文件的路径。“文件夹”视图是用户进行网站文件管理的视图，在这里可以方便地管理自己网站中的文件。

8.2.3 “报表”视图

“报表”视图是指用表格的形式对网站进行分析并管理其中的内容。它可以报告网站中文件的超链接的数目和状态等一系列信息。可以用“视图”菜单中的“报表”命令或用鼠标单击视图栏中的“报表”按钮的方法来打开“报表”视图。

8.2.4 “导航”视图

“导航”视图实际是有关 Web 的一个树状的层次结构图。它与报表给出网站各方面信息不同，它是将 Web 的整体框架显示出来。不仅如此，它还允许直接在其视图上进行网页的新建、移动、删除等操作，从而使这些操作更直观。

如果要得到当前 Web 的“导航”视图，选择“查看”菜单中的“导航”命令，或直接单击视图栏的“导航”按钮即可。

8.2.5 “超链接”视图

“超链接”视图是用来显示用户网站中超链接的状态的视图。它把 Web 网站显示为一个网络,这个网络由众多网页构成,并用超链接连接起来,并且以图形的方式来指示超链接是否已经被检查或中断。超链接分为内部超链接和外部超链接两种。

8.2.6 “任务”视图

创建一个 Web 网站通常需要一个工作组共同开发,各有分工,这就需要某种辅助手段来跟踪记录由谁负责哪项工作、进度如何、其工作优先级如何等一系列管理性信息。另外,一个好的 Web 网站之所以吸引人,在于其能够不断更新。FrontPage 2003 的“任务”视图就提供了解决上述问题的一种功能,它可以使我们能细致地管理要完成的任务,使管理工作井然有序。

8.2.7 “远程网站”视图

“远程网站”视图用于配置当前网站的远程服务器信息。一般在设计、制作网站初期,其调试主要在本地计算机上进行。当网站初具规模后,就需要将网站内容传送到远程服务器上供用户访问。在试运行期间,根据情况要进行不断修改,再重新上传。远程网站视图就是用来管理需要上传哪些文件,以及如何上传等操作的。

8.3 Web 网站创建与管理

一般来说,创建一个 Web 网站是每个用户首先要做的事,就像盖房子首先要打地基一样。那么如何利用 FrontPage 2003 建立自己的 Web 网站呢?最快捷、高效的方法就是使用 FrontPage 2003 提供的各种建立网站的模板和向导。

FrontPage 2003 不仅是创建、编辑网页的工具,更主要的,它还是创建和管理网站的工具。使用 FrontPage 2003,可以轻松地创建一个新的网站,或者打开一个已有的网站,在网站中添加、删除或修改网页,以及改变网站的结构等。

在 FrontPage 2003 中,即使计算机没有安装任何的 Web 服务器,FrontPage 2003 也可以启动。所有在计算机上创建的 Web 网站在默认情况下都会存放在“My Documents\My Webs\”目录中。由于 FrontPage 2003 以文件的方式提供网页的预览,因此,不需要安装 Web 服务器,也可以预览网页效果。

FrontPage 2003 可以通过网络指定 Web 文件夹的位置,所以,局域网上的用户可以直接将网页保存在 Web 文件夹中,而不需要在自己的计算机上安装 Web 服务器。

如果用户要将个人计算机作为 WWW 网站测试平台或者 Internet 上的信息中心,那么还是需要安装 Windows XP 内附的“Internet 信息服务(IIS)”或其他 Web 服务器软件。当安装完成后，用户的计算机本身就是一个 Web 网站了。

8.3.1　创建新网站

在 FrontPage 2003 中提供了许多由专家设计的模板和向导，基于这些模板进行具体的结构和内容的编辑，用户可以更加清晰地了解 FrontPage 2003 的各项强大功能，并能轻松地创建出各种用途和风格的 Web 网站。

利用模板和向导创建网站的具体步骤如下：

①在 FrontPage 2003 界面中，选择工具栏中“新建”按钮中的“网站”命令，或者选择任务窗格中“新建”面板中的“新建网站”，会弹出如图 8.4 所示的对话框；

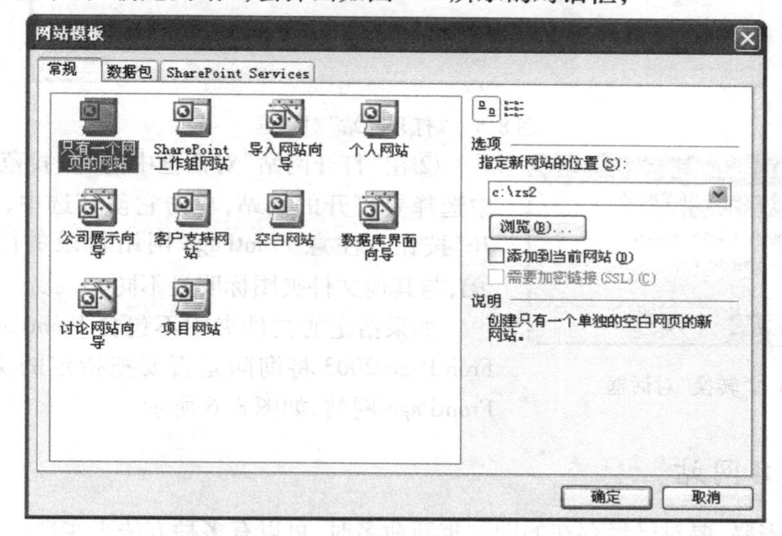

图 8.4　“新建”对话框

②在网站模板对话框中选择想要应用的模板；

③单击“确定”按钮，然后按照各个模板或不同的向导来创建不同用途和风格的网站。

8.3.2　管理 Web 网站

在 Web 网站创建好以后，需要对它进行管理与设置，以便使它能按照开发者的意愿进行工作。只有将网站管理得井井有条，设计和开发工作才能高效地进行，这是一个网站设计和制作人员所必须掌握的重要技巧。

1）打开网站

要对一个网站进行管理和设置，首先必须将其打开，即必须使它成为当前的活动网站。可以在 FrontPage 2003 中打开任何网站，即使要打开的网站不是用 FrontPage 2003 创建的。

需要注意的是，打开网站与打开网页是不同的，操作步骤如下：

①用鼠标单击“文件”菜单中的“打开网站”命令，或在工具栏中单击“打开”按钮旁的小三角按钮，在弹出的下拉菜单中选择“打开网站”命令。这时会弹出如图 8.5 所示的“打开网

站"对话框；

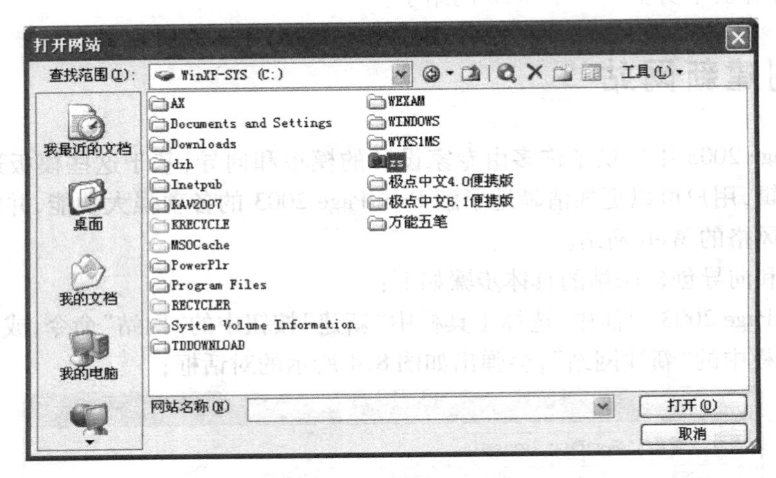

图 8.5 "打开网站"对话框

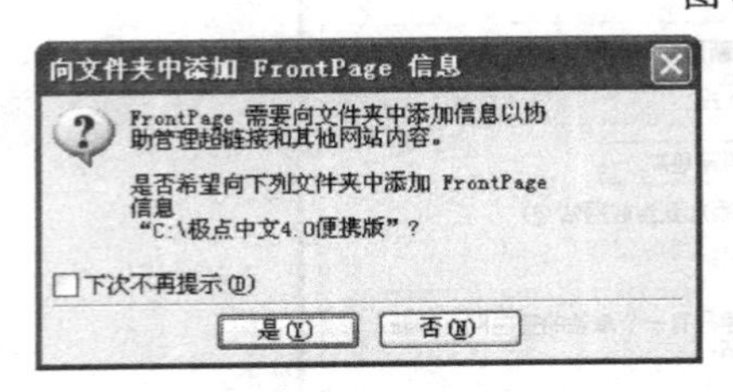

图 8.6 "转换"对话框

②在"打开网站"对话框中的"查找范围"下拉列表中选择要打开的网站，单击它使其选中，然后单击"打开"按钮。注意 FrontPage 网站目录的图标是这样的 ，与其他文件夹图标明显不同。

如果指定的文件夹中不包含 FrontPage 网站，那么 FrontPage 2003 将询问是否要把指定的文件夹转换为 FrontPage 网站，如图 8.6 所示。

2)重命名网站

出于某种需要，要对已经存在的网站重新命名时，可以有多种方法来实现：

(1)在 FrontPage 2003 之外，可以使用 Windows 操作系统对文件进行重命名的方法，对网站文件夹进行重命名。然后再进入 FrontPage 2003 之后，就可以看到原来的网站被重新命名。但要注意的是，采用这种重命名的方法，FrontPage 不会自动更新与网站有关的超链接。

(2)在上面提到的"打开网站"对话框中，可以像在 Windows 操作系统中对文件进行重命名一样对网站进行重命名。两次单击网站，或用鼠标右键单击网站，在弹出的菜单中选择"重命名"命令，或先选中网站然后选择"工具"中的"重命名"命令，待网站名高亮显示、插入点出现后输入新的名字。

3)删除网站

删除网站时，一定要谨慎，因为一旦删除了这个网站，它将永久性消失，不能再恢复。如果通过将计算机上的文件夹转换为一个网站的方法来创建一个网站，那么删除该网站后，那个文件夹和其中的所有文件都将从计算机上永久消失。为了将一个网站作为一个文件夹保存在计算机上，在执行删除命令前，可以预先将其中的子网站转换为文件夹。

如果要删除的网站为当前网站(即正在编辑的网站)，可以在文件夹列表里用鼠标右键单击它，在弹出的快捷菜单中选择"删除"命令，或可以先用鼠标左键选中它后，在"编辑"菜单中选择"删除"命令。

单击删除后,会弹出一个删除确认对话框,可以选择是删除整个网站还是只删除 FrontPage 2003 信息。如选择"删除整个网站",则所有内容全部删除,并且不可恢复(不会送入回收站)。

4)网站与文件夹的相互转换

可以将任何网站或子网站转换为文件夹。由于各子网站可以各自拥有一套权限规则,规定谁能制作、浏览或管理,所以可以使子网站在供任何有权限访问父网站的人使用时,将子网站转换为文件夹。具体的操作方法是:在"文件夹列表"区域中,在要转换为文件夹的网站上单击鼠标右键,然后单击快捷菜单上的"转换为文件夹"命令。

当然也可以将文件夹转换为网站。操作方法与网站转换为文件夹类似:在"文件夹列表"区域中,在要转换为网站的文件夹上单击鼠标右键,然后单击快捷菜单上的"转换为网站"命令。

需要注意的是,当将网站或子网站转换为文件夹时,许多网站设置,如导航栏上的超链接以及任务等,可能会丢失;网页上的主题可能会更改,以与父网站上的应用的主题相符;只有具备访问父网站权限的用户才能访问新文件夹的内容;网站的内容量越大,将网站转换为文件夹所需的时间就越长,一个大型网站转换的过程可能需要花好几分钟。

5)创建文件夹

在网站中,文件夹是用来组织用户的网页和文件的。例如,我们可以创建一个名为 Photo 的文件夹来保存我们的相片文件。如果想在网站的根目录下或一个已经存在的文件夹里创建一个新的文件夹,可以通过以下操作来实现:选择这个已经存在的文件夹或根目录,单击鼠标右键,在弹出的快捷菜单上选择"新建文件夹"选项,或者在"文件"菜单中选择"新建"子菜单中的"文件夹"命令。

创建文件夹时,如果文件夹名的开始有一个下划线(如_MyPic),则这个文件夹将从 FrontPage 2003 视图里被隐藏,但文件夹的内容可以被浏览网站的访问者看到。如果想让一个隐藏文件夹在 FrontPage 2003 的文件夹视图里显示出来,可以在"工具"菜单下的"网站设置"对话框里的"高级"选项卡里选择"显示隐藏文件或文件夹"。

当创建一个新的网站时,FrontPage 2003 总会自动创建一个名为_private 的隐藏文件夹来储存表单结果。这个由 FrontPage 2003 创建的隐藏文件夹浏览该网站的访问者无法看到。如果还有不想被网站访问者看到的另外的文件夹,则可在_private 文件夹下创建子文件夹,或者可以和网站管理员联系,来获得对如何创建一个隐藏文件夹的指导。

6)导入文件或文件夹

在设计网站的过程中,也许会发现一些好的图片、音乐等文件可以为我所用,这些文件可能在本地磁盘、局域网或万维网上,这时可以用导入文件或文件夹的方法将它们导入网站。可以导入自己操作系统所支持的任何类型的文件。

向当前网站导入文件或文件夹的具体操作步骤是:

①在"文件夹列表"中选择导入文件或文件夹要存放的位置;

②在“文件”菜单上，单击“导入”命令，弹出“导入”对话框；

③在导入对话框中选择“添加文件”或“添加文件夹”，选择要导入的文件或文件夹，可以重复执行多次添加；

④单击“确定”按钮。

8.3.3 网站的安全管理

FrontPage 2003 为用户提供了一套非常实用的管理工具，它们可以用来设置网站用户的权限并限制对 FrontPage 2003 网站的访问。FrontPage 2003 安全性是以网站服务器及其操作系统使用的安全机制为基础的。

对于每一个网站，可以对用户设置下列 3 种类型的权限：

• 浏览权限：具有浏览权限的用户、用户组和指定的计算机能够在 WWW 或 Internet 上浏览这个网站。

• 创作权限：具有创作权限的用户、用户组和指定的计算机可以对网站进行浏览和修改，可以对网站里的网页进行创建和编辑。

• 管理权限：具有管理权限的用户、用户组和指定的计算机可以管理当前的网站，根网站的管理者能够创建新的网站，并设置其他用户和计算机的权限。可以在网站里浏览和改变文件，也能通过添加和删除用户来进行管理。

这些权限都设置在根网站上，根网站是网站服务器上顶级的网站，在默认情况下，它下面的所有子网站自动继承了这些权限，这意味着拥有创作权限的用户能访问所有的网站。

网站访问者能浏览所有的网站。如果用户想通过不同的通道访问不同的子网站，则可以分别针对每一个子网站设置不同的权限。这个特征将使用户在不同组的管理者、创作者和网站访问者中控制和划分网站内容。

FrontPage 2003 网站的权限是等级制的，也就是说，具有管理权限的用户同时具有创作权限和浏览权限，而具有创作权限的用户同时也具有浏览权限。当设置了一个 FrontPage 2003 网站的管理、创作和浏览权限之后，对于每一个任务，网站服务器都要求提供名字和密码，但是对于某些网站服务器，FrontPage 2003 把当前用户登录的名字和密码传送出去，从而就不出现这个提示。

如果网站服务器是运行 IIS(Internet Information Server)的 Windows 2000/2003/2008/XP 服务器，用户和组将在 Windows 2000/2003/2008/XP 内设置和维护，而无法在 FrontPage 2003 中创建，同时还可从这些 Windows 2000/2003/2008/XP 账号中选择网站的用户和组。网站的访问是由用户的登录账号(用户名称和密码)来决定，当用户执行需要权限的操作时，Web 服务器将要求用户名称和密码，然后 FrontPage 2003 会传送用户登录时使用的名称和密码。

8.4 网页的创建与管理

Web 网站的内容，或者说信息，是通过其中的网页来表达和传递的。网页是 WWW 中最基本的文档，也是Web网站中最重要的组成部分。早期的Web网页是直接采用HTML语言编写的，因此网页设计者必须花大量的时间和精力来熟悉HTML语言的语法格式。

由于FrontPage 2003具有所见即所得的特性，并且能够自动创建HTML编码，所以即使在不很了解HTML语言的情况下，使用FrontPage 2003也能创建出多种格式具有专业水准的网页。

1)创建新网页

在当前的FrontPage Web网站中创建新网页的操作最好在FrontPage 2003的网页视图中进行。因为在网页视图中可以使用FrontPage 2003提供的众多网页模板和向导，网页制作者可以根据自己将要创建的网页类型来选择合适的模板或向导，然后在模板中填入适当的内容，或者根据向导的指示来完成创建工作，这样将大大简化新网页的创建工作。

当然，在FrontPage 2003中创建空白网页的最简单的方法就是选择常用工具栏的"新建"按钮，此时在FrontPage 2003窗口中会出现一个空白网页。

如果希望在FrontPage 2003网页编辑器中利用模板或向导创建一个新的网页，可以在任务窗格中选择"新建"面板，再选择"其他网页模板"，即可打开"网页模板"对话框，如图8.7所示。

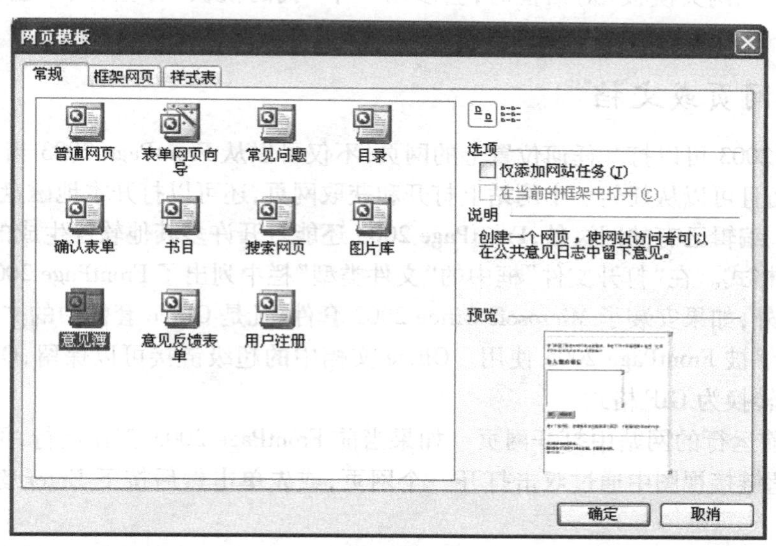

图8.7　"创建网页"对话框

"网页模板"对话框中显示了用来创建新网页的模板和向导，其中有3个选项卡。如果要创建框架网页，可以使用"框架网页"选项卡；若要创建非框架的普通网页，可以使用"常规"选项卡；当选择"样式表"选项卡时，可以使用FrontPage 2003提供的一些样式来创建自己的网页。默认的情况下使用常规方式创建网页。

当我们选择一个网页模板时，在对话框的"说明"区域和"预览"区域会显示出有关的说明信息和预览图片。另外，在"选项"区域中有两个选项。如果选择"在当前的框架中打开"选项，则所创建的新网页将加入到当前在FrontPage 2003中打开的框架网页的框架中。如果当前在FrontPage 2003中没有打开一个框架网页，则这个选项是不可用的。另一个选项是"仅添加网站任务”,选中它意味着创建一个新网页,并在任务列表中加入链接到这个新网页的任务。新的网页不会立即在 FrontPage 2003 编辑器中打开,但是它仍然被加入到当前的 FrontPage 网站中,而且在任务视图中会增加一个链接到这个网页上的任务。

在对话框的右上角有两个按钮,分别为“大图标”和“列表”,它们是用来控制对话框中模板和向导的显示方式的。当选中“大图标”按钮时,向导和模板以大图标的方式显示,当选中“列表”按钮时,模板和向导以列表的方式显示。

2)创建自己的模板

为了避免制作出来的网页千篇一律,使自己的网站在众多的网站中脱颖而出,网站的建设过程中可以使用带有个人设计思想的模板和向导,来展现自己的个性。

要创建自己的网页模板,可以在网页视图中打开一个网页,并对该网页进行包括文字、图像、多媒体等内容方面的编辑和修改。当完成了网页的编辑修改以后,单击“文件”菜单中的“另存为”命令,会弹出“另存为”对话框。在“另存为”对话框中,将保存类型选为“FrontPage 模板(*.tem)”,然后单击“保存”按钮。这时会弹出“另存为模板”对话框,分别输入模板的标题、名称和说明后,单击“确定”按钮。

当再次打开“网页模板”对话框时,会多出一个“我的模板”标签,其中包含刚才创建的模板。

3)打开网页或文档

FrontPage 2003 可以打开任何位置上的网页,不仅可以从 FrontPage 2003 当前运行的网站中打开网页,而且可以从任何一个网站上打开和获取网页,还可以打开本地磁盘上的网页。

除了打开、编辑已有的网页外,FrontPage 2003 还能打开许多其他软件生成的文档,并自动转换为 HTML 格式。在“打开文件”框中的“文件类型”栏中列出了 FrontPage 2003 能够打开的文件类型。此外,如果安装了 Microsoft Office 2003 套件,凡是 Office 套件中的文档转换器能识别的文档都能够被 FrontPage 2003 使用。Office 文档中的超级链接可以保留,Office 文档中的图像将一律被转换为 GIF 格式。

(1)从当前运行的网站中打开网页　如果当前 FrontPage 2003 正在运行,可以在文件夹、网页、导航或超链接视图中通过双击打开一个网页,或先单击然后按下 Enter 键,打开选择的网页。

(2)从本地磁盘或网络驱动器中打开文档　如果用户不想从当前打开的网站打开或获取文档,而是想从本地磁盘或网络驱动器(如果建立了网络驱动器映射)中打开网页,可以单击“打开”按钮,或选择“文件”菜单中的“打开”菜单项,FrontPage 2003 将打开“打开文件”对话框,让用户从本地磁盘或网络驱动器中打开一个文档。

(3)从 Web 网站中打开网页　使用 FrontPage 2003 可以打开任何可以访问到的 Web 网站中的网页。可使用“文件”菜单上的“打开”命令,FrontPage 2003 将显示“打开文件”对话框,然后在“打开文件”对话框的“文件名”文本框中输入要打开的网页的统一资源定位器(URL,俗称网页地址),例如 http://www.cqnu.edu.cn,然后单击“打开”按钮,网页就会出现在 FrontPage 2003 的窗口中。

4)保存网页

在制作网页的过程中,随时有可能发生断电或机器故障等意外情况。由于 FrontPage 2003 没有自动保存功能,因此,建议用户自己经常地保存网页。FrontPage 2003 可以把网页直接保存到当前的网站中,也可以保存在本地磁盘,另外,正像前面提到的那样,FrontPage 2003 还可以把网页保存为模板文件。

要保存网页,可用鼠标单击"文件"菜单上的"保存"命令,或直接单击"常用"工具栏上的"保存"按钮。如果要保存的网页是新创建还没有保存过的,FrontPage 2003 将打开"另存为"对话框。

5)关闭网页

要关闭 FrontPage 2003 中当前活动的网页,可以使用"文件"菜单上的"关闭"命令,或者直接单击网页视图框右上角的"关闭"按钮,这两种方法的效果是一样的。如果此时网页还没有保存,FrontPage 2003 将提醒用户先保存网页。

需要注意的是,关闭网页与关闭网站是不同的操作。

6)设置网页属性

网页的属性包括网页的标题、位置、背景、页边距、语言及工作组等重要信息。要设置网页属性,先打开网页,插入点定位在网页中,然后使用"文件"菜单上的"属性"命令,或者在已打开网页的任意地方单击鼠标右键,在弹出的菜单中选择"网页属性"命令,如图 8.8 所示。

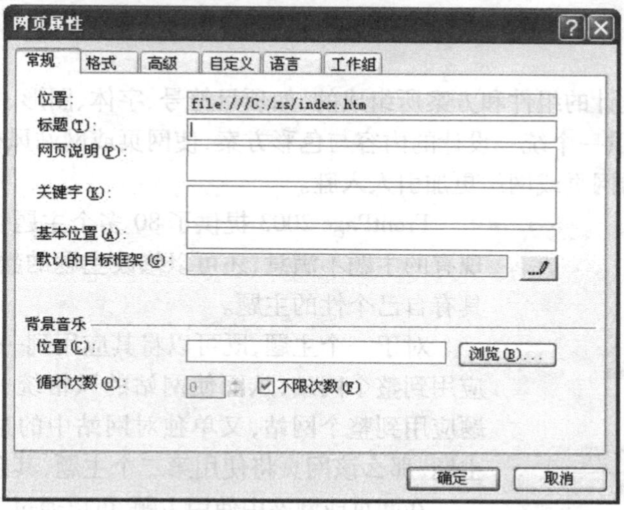

网页属性
常规 格式 高级 自定义 语言 工作组
位置: file:///C:/zs/index.htm
标题(T):
网页说明(P):
关键字(K):
基本位置(A):
默认的目标框架(G):
背景音乐
位置(C): 浏览(B)...
循环次数(O): 0 不限次数(F)
确定 取消

图 8.8 "网页属性"对话框

对于初学者而言,这些设置保留默认值比较好。不过对于"背景音乐"设置,可以随意试一下。FrontPage 2003 支持的背景音乐类型很多,有 WAV,MID,RAM,RA,AIF,AIFF,AU,MP3 等文件类型。

7)设置文件的属性

可以通过给文件添加详细的属性来更有效地管理网站和网页。例如,修改文件的主题,添加一个注释用来说明需要做的工作,将文件加以分类等。要设置文件属性,在除了任务视图外的其余视图中,用鼠标右键单击文件,然后单击快捷菜单的“属性”命令,即可打开文件“属性”对话框。

8.5 网页设计

在 Web 页中介绍信息的方法有很多,可以在其中加入多媒体、声音、动画等新的手段,但是由于 Web 页本身的特性和网络传输速率等限制,实际上应用得最多、最主要的手段就是使用大量的文字、文本。在具体的设计工作中,要使文本与整个 Web 页的风格保持一致,要使文字的颜色、大小与整个 Web 页的其他内容(例如页面背景颜色、图像颜色等)保持一致,就需要在设计的过程中不断调整搭配,不断尝试页面结构安排。

由于 FrontPage 2003 是 Office 2003 中的一员,所以它的文本操作(包括文本的输入、编辑、排版等)与其他 Office 成员的文本操作完全一样,具体操作参见本书前面几章,这里不再重复。下面介绍几种 FrontPage 2003 所特有的网页设计操作。

8.5.1 主题

主题是由相似设计的组件和方案所组成的,如项目符号、字体、图形、导航栏和其他网页元素,它为整个网站提供一个统一设计的内容与色彩方案,使网页或网站风格统一。一个好的主题让我们设计制作的网页或网站更加引人入胜。

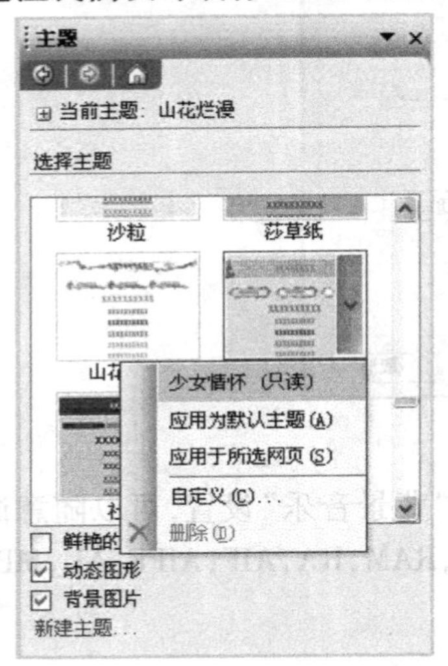

图 8.9 “主题”对话框

FrontPage 2003 提供了 80 多个主题供我们选择。如果对现有的主题不满意,还可以修改主题的颜色、图形、文本,制作具有自己个性的主题。

对于一个主题,既可以将其应用到一个网页,也可以将其应用到整个网站,从而使网站的风格统一。如果将某一个主题应用到整个网站,又单独对网站中的某个网页使用第二个主题,那么该网页将使用第二个主题,其余网页不变。

在网页或网站中使用主题,可以通过下面的步骤来实现:

①打开将要应用主题的网页或网站;

②选择“任务窗格”中的“主题”面板,如图 8.9 所示;

③在列表框中观看预览效果,单击选择相应主题;

④如果要对整个网站应用主题,选择其中的“应用为默认主题”;如果只是需要对当前网页应用主题,选择“应用于所选网页”。如果当前没有打开或新建网站,“应用为默认主题”

选项将显示为灰色,从而不可选。另外,选择“鲜艳的颜色”选项将在主题中使用明亮的颜色图案;选择“动态图形”选项将使主题中的横幅、按钮以及其他元素更加生动活泼;选择“背景图片”选项将在网页中使用背景图案;

⑤如果要修改主题,可以单击“自定义”,在“自定义主题”对话框中分别单击“颜色”“图形”和“文本”按钮,修改相应的主题格式。修改后,单击“保存”或“另存为”按钮保存修改后的主题,单击“删除”将删除选中的主题。

8.5.2　层

层是网页中容纳网页元素(如文本和图形)的容器。层可以在网页中任意移动位置,也可以在网页上重叠、嵌套、显示或隐藏。可以使用“行为”将脚本添加到网页的任何标记中,使层具有动画效果。

要插入层,可以选择“插入”菜单中的“层”菜单项,也可以在“任务窗格”中选择“层”面板,然后选择“插入层”或“绘制层”按钮。

8.5.3　行为

行为的作用是为网页中的文本或其他元素添加交互性或增强功能的脚本选项。要为一个网页内容添加行为,需要先选中这个对象,然后选择“任务窗格”中的“行为”面板。单击“插入”按钮,选择一种行为,其后选择行为发生的事件。

8.5.4　超链接

超链接就是从一个网页指向另一个目的端的连接,这个目的端通常是另一个网页或网页中的某个位置,也可以是一张图片、一个电子邮件地址、其他文件(如多媒体文件、Microsoft Office文档等)或者一个程序。

网站访问者在Web浏览器中单击超链接时,目的端将显示在浏览器窗口中,并且根据目的端的类型来打开和运行它。例如,如果单击指向一个AVI类型的文件的超链接,该文件将在网页制作者指定的媒体播放器中打开;如果单击指向另一个网页的超链接,则另一个网页将显示在Web浏览器窗口中。正因为有了超链接,各种各样的网站或网页才紧密地联系在一起。因此在网页中,可以说超链接起着决定性的作用,它是整个网页的结构基础。

网页中元素都可以用于制作超链接,最常用的是文本和图片。文本超链接是文本(字符串或短语)被分配了一个目标URL地址。而图片超链接分配URL地址的方法有两种:一种是整个图片被分配给了一个默认的超链接,这种情况下,网站访问者可以单击图片上的任何一部分来到达它的目的端,按钮就是带有默认超链接的图片;另一种是使用热点,图片被分割成多个热点,每个热点对应一个超链接,包含热点的图片叫做图像映射,访问者可以单击图像映射的一个特定的区域来显示相应的超链接。

在创建超链接之前,必须首先选定需要建立超链接的对象(超链接的载体),这些超链接对象可以是文本、图片、表单的按钮等。

①如果用户创建的超链接对象是文本,那么先拖动光标,将该文本选中;如果用户创建的超链接对象是图片,请单击该图片,选中的图片被一个矩形边框所包围。选中超链接对象后,在"插入"菜单中选中"超链接"命令或者单击鼠标右键,在弹出的下拉式菜单中选中"超链接"命令,这时弹出如图8.10所示的"插入超链接"对话框。如果使用热点,选中图片后,选择图片工具栏中的"长方形热点""圆形热点"或"多边形热点"按钮,然后在图片上拖动鼠标,绘制一个矩形、圆形或任意多边形,松开按钮后同样弹出如图8.10所示的"插入超链接"对话框;

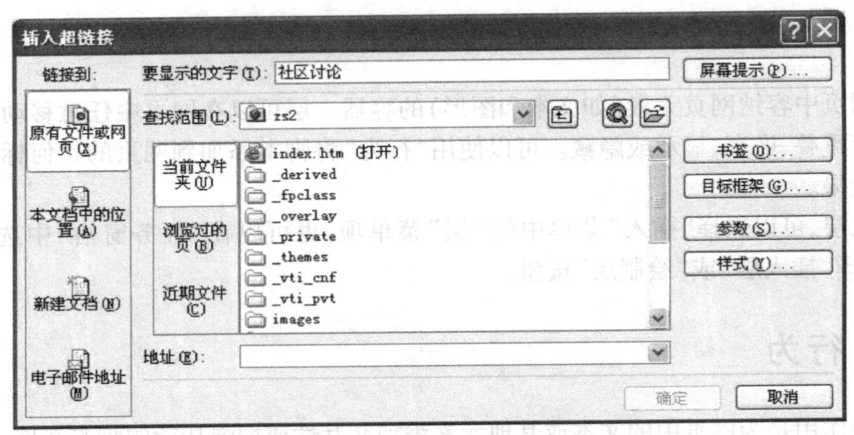

图8.10 "插入超链接"对话框

②在对话框中选择要进行链接的对象;

③单击"确定"按钮完成创建超链接操作。

在创建超链接过程中,可以创建超链接到当前网站中的网页,也可以创建一个超链接到用户的本地计算机系统中的文件,创建一个超链接到Internet上的其他网页(直接在"地址"框中输入Internet上其他网页的地址),创建一个超链接到自己的电子信箱,以及创建一个超链接到新建的空白网页等。另外,还可以创建一些超链接到某些书签、图片、多媒体中。

8.5.5 书签

书签是Web网页上某个取了名字的位置,通常作为超链接的目的地。书签允许链接到目标网页的指定部分,能更加严密地控制访问者在其单击了超链接之后转移到的位置。当一个访问者单击一个超链接时,如果该超链接指向某一页面的某一书签,那么该访问者将直接跳到这个书签所在的位置。实际上,书签的作用主要是实现页面内的跳转,方便访问者。典型的包含书签的页面顶部有一个目录,目录中每一条目均由一个超链接链接到目录下的正文中的某个位置,在页面底部用另一个超链接把访问者带回本网页的顶部或者中间的任何位置,同样也可以实现相反的过程。

一个书签可以是当前光标所在的位置,或者任何选中的一些文本、一张图片等。被定义成书签的文本、图片看上去(和其作用)与常规文本没有什么不同,只是被简单地做了标识,可以将该标识作为一个超链接的目标。

如果是选中文本创建书签,一条虚线就出现在书签文本的下方。如果用户创建一个书签时没有先选择一些文本或图片，那么一个小的旗子图标将出现在书签所在的位置。实际上，书签是不可见的，在 Web 上访问该页面的访问者是不能把书签与常规文本、图片区别开的。

1)创建一个书签

创建一个书签可以按照下述步骤进行：

①打开一个网页，选中需要创建书签的文本或图片，也可以将光标放置在需要创建书签的地方；

②选中“插入”菜单中的“书签”命令，这时弹出如图8.11所示的“书签”对话框；

③如果选择了文本，则该文本将显示在该对话框的“书签名称”区域的文本框中，否则，该文本框是空的；

④在对话框的“书签名称”区域的文本框中输入书签名字；

⑤单击“确定”按钮即可完成操作。

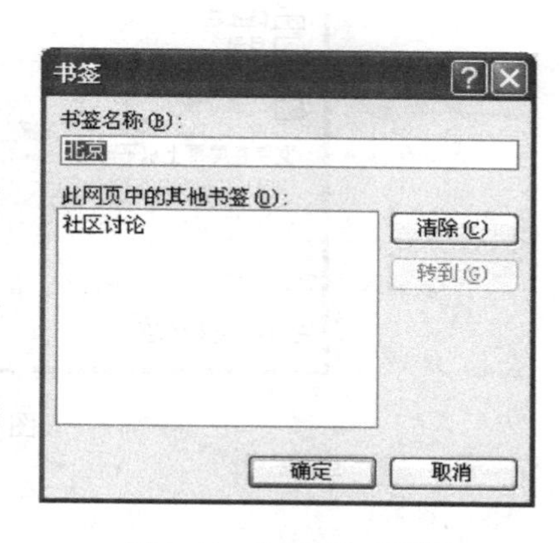

图8.11　“书签”对话框

2)创建指向书签的超链接

创建了书签后，就可以在使用超链接时指向书签了，具体方法如下：

①打开网页，选择需要创建超链接的文本；

②单击工具栏中的“超链接”按钮，或者右击鼠标，在弹出的下拉式菜单中选中“超链接”命令，这时弹出“插入超链接”对话框；

③选择含有书签的目标网页，然后单击“书签”按钮，在弹出的对话框中选择书签的名字；

④单击“确定”按钮。

8.5.6　Web 组件

Web 组件是 FrontPage 2003 里内置的对象。当制作者保存网页或是当访问者浏览此网页时，它就会开始执行相应的功能。FrontPage 2003 提供了很多 Web 组件，利用这些 Web 组件无需编程就能在自己的网页上实现一些特殊的功能。例如，在网页中插入字幕、交互式按钮、站点计数器等。这极大地方便了网页的制作，也体现了 FrontPage 2003 的“所见即所得”的工作方式。

要插入 Web 组件，可以选择“插入”菜单，然后选择“Web 组件”菜单项。Web 组件包括动态效果、Web 搜索、电子表格和图表、计数器、包含内容、目录、链接栏等 Web 组件，如图8.12所示。

选择插入 Web 组件之后，会弹出相应的设置对话框，按提示进行设置后即完成 Web 组件的插入。由于设置方法非常简单，这里不再一一叙述。

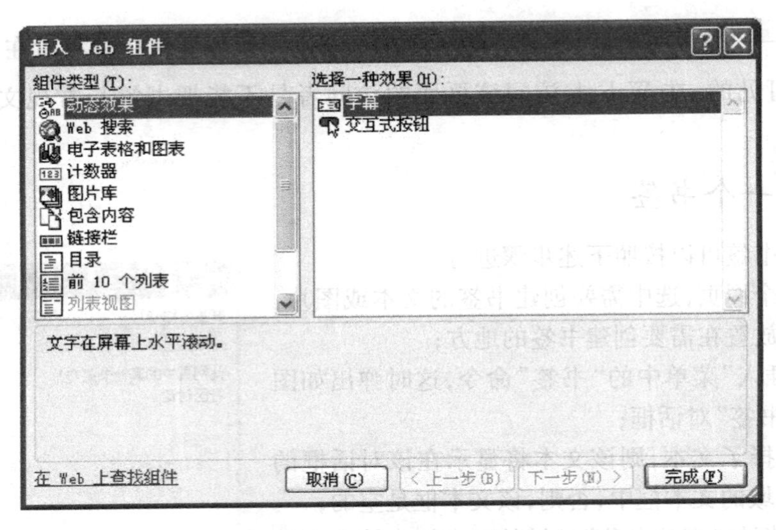

图 8.12 “Web 组件”对话框

8.6 网站的发布

网站的创建以及网站中网页的创建都是为了将其发布到 Web 服务器中，供网上的访问者浏览，从而进行信息的发布、收集和交互，实现网站创建者或拥有者的目的。通过发布网站，FrontPage 2003 会保存所有超链接以及原来网站的主题信息、共享边框等。如果将网站发布到另外一个网站上，FrontPage 2003 会将原来的网站创建为发布后网站的子网站。如果准备将网站发布到 WWW 上，用户需要一个 Internet 服务提供者(ISP)，它最好是拥有安装了 FrontPage 2003 服务器扩展的网站服务器的提供者，用户还必须知道要发布网站的 ISP 网站服务器的位置，必要时还需要知道相关的用户名和密码。

要发布在 FrontPage 2003 中创建的网站，可以按照下述步骤进行：

①在 FrontPage 2003 中打开需要发布的网站；

②选择“文件”菜单中的“发布网站”命令，或者单击“常用”工具栏中的“发布网站”按钮，打开“发布网站”对话框，如图 8.13 所示；

③根据远程 Web 服务器的类型选择相应选项，设置相关参数；

④可以选择“优化 HTML”标签优化要发布的网站；

⑤可以选择“发布”标签，对要发布的网页进行设置。选择“只发布更改过的网页”，FrontPage 将比较用户计算机上的文件与网站服务器上的文件，只有比网站服务器上更新的文件才会被发布，但已标记为“不发布”的文件将不会被发布。选择“发布所有网页并覆盖目标网站上已有网页”，指定除标记为“不发布”的文件外，本地网站上的文件将改写所有在目的网站服务器上的文件，即使网站服务器上的文件是较新版本也会被本地文件覆盖。如果当前网站包含子网站，发布网站时需要发布其中的子网站，可以选中“包含子网站”复选框；

⑥单击“确定”按钮，发布网站。

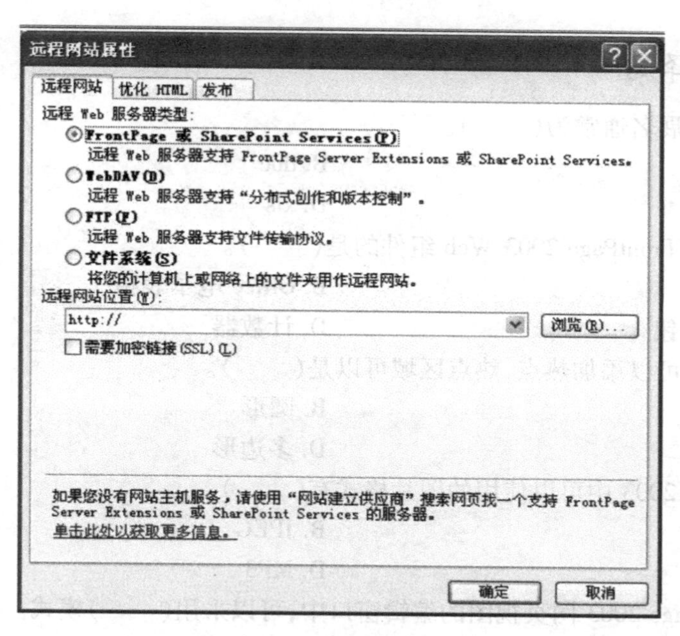

图 8.13　"发布网站"对话框

习题 8

1.单项选择题

(1)网页是 WWW 服务器上的基本文档,是用(　　)书写的纯文本文件。

A. HTML　　B. HTTP

C. XML　　D. Visual Basic

(2)电子邮件超链接是在电子邮件地址前加上(　　)。

A. mailhttp:　　B. mail:

C. mailfrom:　　D. mailto:

(3)超链接文字与普通文字有明显区别,它们(　　)。

A. 文字下面有下划线　　B. 文字颜色为红色

C. 指向超链接文字指针变为手形　　D. 文字加有外边框

(4)不能设置超链接的是(　　)。

A. 文本　　B. 图片

C. 按钮　　D. 艺术字

(5)下面哪个不是 FrontPage 2003 中的视图?(　　)

A. 网页　　B. 任务

C. 导航　　D. 框架

2. 多项选择题

(1)网页的扩展名通常为(　　)。

A. htm　　B. doc

C. html　　D. xls

(2)以下属于 FrontPage 2003 Web 组件的是(　　)。

A. 表单　　B. Office 电子表格

C. 悬停按钮　　D. 计数器

(3)在图片上可以添加热点,热点区域可以是(　　)。

A. 矩形　　B. 圆形

C. 椭圆形　　D. 多边形

(4)FrontPage 2003 中可以使用的图片格式有(　　)。

A. GIF　　B. JPEG

C. BMP　　D. MP3

(5)在 FrontPage 2003 网页视图的编辑窗口中,可以采用(　　)模式。

A. 设计　　B. 代码

C. 预览　　D. 拆分

3. 填空题

(1)________视图实际是有关 Web 的一个树状的层次结构图,它是将 Web 的整体框架显示出来。

(2)网页可以设置背景音乐,音乐类型有________。

(3)________的作用是为整个网站提供一个统一设计的内容与色彩方案,使网页或网站风格统一。

(4)在 FrontPage 2003 中,利用任务窗格中的________面板可以为选定的对象添加动态效果。

(5)在 FrontPage 2003 中,可以在表格的单元格中放置________。

4. 判断题(正确的打"√",错误的打"×")

(1)FrontPage 2003 采用"所见即所得"的工作方式制作网页。(　　)

(2)一张图片上只能建立一个超链接。(　　)

(3)网页制作好之后需要发布到 Web 服务器上,Web 服务器必须安装 FrontPage 服务器扩展。(　　)

(4)书签是在 Web 网页上所指名的位置,其为超链接的目的地。书签只能在当前网页中使用。(　　)

(5)主页是在 Internet 上进入 Web 网站中一组网页和其他文件的一个初始网页,而首页是主页上的第一个下级页面。(　　)

第 9 章

计算机信息系统安全

9.1 计算机信息系统安全基础知识

9.1.1 计算机信息系统的概念

1)信息与数据

计算机是对信息进行处理的工具。什么是信息呢?信息至今尚未有一个统一确切的定义,人们在研究信息定义时往往与各自的工作领域相联系,在不同领域中对信息的内涵有不同的理解,形成不同的定义和描述。

一般认为,信息是对事物运动状态和特征的描述。信息本身是看不见、摸不着的,我们可用具体的计算机能够识别的物理符号将信息表示出来,这种符号取名为“数据”。信息和数据是不可分离而又有一定区别的概念,但实际生活中人们往往不加以区分。

2)计算机信息系统

由计算机及相关配套设备、设施(含网络)构成,按照一定的应用目标和规则对信息进行采集、加工、存储、传输、检索等处理的人机系统,称为计算机信息系统。

其中,信息系统的硬件包括各种外设及形成网络时需要的通信设备、线路和信道,称为计算机系统实体。

9.1.2 计算机信息系统安全的范畴

《中华人民共和国计算机信息系统安全保护条例》明确提出,计算机信息系统的安全保护,应当保障计算机及其相关的和配套的设备、设施(含网络)的安全,保障运行环境的安全,保障信息的安全,保障计算机功能的正常发挥,从而维护计算机信息系统的安全运行。

由此可见,计算机信息系统的安全范畴应包括计算机信息系统的实体安全、信息安全、运行安全、网络安全。

1)实体安全

计算机信息系统的实体安全是整个计算机信息系统安全的前提。因此,保证实体的安全是十分重要的。计算机信息系统的实体安全是指计算机信息系统设备及相关设施的安全与正常运行。

(1)环境安全　环境安全是指计算机和信息系统的设备及相关设施所放置的机房的地理环境、气候条件、污染状况及电磁干扰等对实体安全的影响。我国在《电子计算机机房设计规范》《计算机站场地安全要求》等文件中对计算机安装、运行的有关环境条件做了明确的规定。根据这些规定,在选择计算机信息系统的场地时应遵守以下原则:

①远离滑坡、危岩、砾石流等地质灾害高发地区;

②远离易燃、易爆物品的生产工厂及存储库房;

③远离环境污染严重的地区。例如:不要将场地选择在水泥厂、火电厂及其他有毒气体、腐蚀性气体生产工厂的附近;

④远离低洼、潮湿及雷击区;

⑤远离强烈振动设备、强电场设备及强磁场设备所在地;

⑥远离飓风、台风及洪涝灾害高发地区。

根据不同计算机信息系统本身的价值和作用不同,场地的选择有不同的控制标准。总的说来,越重要的系统,场地的选择标准越高,相应费用开支也越大。对于具体情况要进行具体分析,不能一味追求高标准,造成不必要的浪费。但也不能为了节约经费而随意安置,最终造成不可挽回的损失。

(2)设备安全　设备安全保护是指计算机信息系统的设备及相关设施的防盗、防毁以及抗电磁干扰、静电保护、电源保护等几个方面。

防盗、防毁主要是防止犯罪分子偷盗和破坏计算机信息系统的设备、设施及重要的信息和数据。这方面的安全保护主要通过安装防盗设备和建立严格的规章制度来实现。普通的防盗设备有防盗铁门、铁窗,主要作用是阻止非法人员进入计算机信息系统机房。对于重要的计算机信息系统应安装技术先进的报警系统、闭路电视监视系统,甚至安排专门的保安人员昼夜值班。在规章制度的建设方面:一是严格控制进入计算机信息系统机房人员的身份;二是严格控制机房钥匙的管理;三是严格控制系统口令和密码。

计算机信息系统的设备在受到电磁场的干扰后,其设备电路的噪声会加大,导致设备的工作可靠性降低,严重时会致使设备不能工作。在场地选择时,前面已经强调应远离强电磁场设备,实在无法避免时,可以通过接地和屏蔽来抑制电磁场干扰的影响。

静电主要是由物体间相互摩擦、接触和分离产生的,但也可以由其他原因产生。静电会引起计算机的误操作,严重时会损坏计算机器件,静电放电时产生的火花还可能产生火灾。静电的防止与消除应根据静电来源和条件采取一些措施。一是采用一套合理的接地和屏蔽系统;二是采用防静电地板作为地面材料;三是工作人员的工作服装要采用不易产生静电的衣料制作,鞋底用低阻值的材料制作;四是控制室内温度、湿度在规定范围之内。

为计算机提供能源的供电及其电源质量直接影响到计算机运行的可靠性。特别是在引进的国外设备安装时,由于不同国家供电系统电力参数不一样,因此必须弄清进口设备对供电系统的要求,当与我国的供电系统电力参数不同时应采取相应的措施。电源的保护一般采用下列措施:一是采用专线供电,以避免同一线路上其他用电设备产生的干扰;二是保证电源的质量满足要求;三是采用电源保护装置。电源保护装置有两类:一类是稳压器,主要作用是防止电压波动;另一类是 UPS,即不间断供电电源,这类设备既可降低电气干扰,也可在供电中断时给计算机及其设备提供电源。

(3)媒体安全　媒体安全是指对存储有数据的媒体进行安全保护。在计算机信息系统中,存储信息的媒体主要有:纸介质、磁介质(硬盘、软盘、磁带)、半导体介质的存储器以及光盘。媒体是信息和数据的载体,媒体损坏、被盗或丢失,损失最大的不是媒体本身,而是媒体中存储的数据和信息。

媒体的安全保护一是控制媒体存放的环境要满足要求,对磁介质媒体库房温度应控制在 15 ~25 ℃,相对温度应控制在45% ~65%,否则易发生霉变,造成数据无法读出;二是完善相应管理制度,存储有数据和信息的媒体应有专人管理,使用和借出应有十分严格的控制,对于需要长期保存的应定期翻录,避免因介质老化而造成损失。

2)信息安全

信息安全指保护计算机中存放的信息,以防止不合法的使用所造成的信息泄漏、更改或破坏,从而使信息的可用性、完整性和保密性免遭破坏。它涉及计算机的硬件系统、软件系统、网络系统等安全性问题。因此信息安全问题是整个计算机系统的安全性问题。

信息的可用性是指用户的应用程序能够利用相应的信息进行正确的处理。信息的完整性指信息的数据量、有序性及正确性等不容破坏。人为因素、设备因素、自然因素及计算机病毒等均可能破坏信息的完整性。

对保密性的破坏一般包括非法访问、信息泄漏、非法拷贝、盗窃以及非法监视、监听等方面。非法访问指盗用别人的口令或密码等对超出自己权限的信息进行访问、查询、浏览。信息泄漏包含人为泄漏和设备、通信线路的泄漏。设备及通信线路的泄漏主要包括电磁辐射泄漏(利用专用接收设备接收辐射信息以窃取有用信息)、搭线侦听(在线路上搭线或无线接收机侦听获取机密信息)及废物利用(从对方抛弃的废物中获取有用信息)等形式。

信息安全体现在操作系统安全、数据库安全、网络安全、病毒防护、访问控制、加密与鉴别等各个方面。

3)运行安全

运行安全的保护是指计算机信息系统在运行过程中的安全必须得到保证,使之能对信息和数据进行正确的处理,正常发挥系统的各项功能。

(1)工作人员的误操作　工作人员的业务技术水平、工作态度及操作流程的不合理都会造成误操作,误操作带来的损失可能是难以估量的。常见的误操作有:误删除程序和数据、误移动程序和数据的存储位置、误切断电源以及误修改系统的参数等。

(2)硬件故障　造成硬件故障的原因很多,如电路中的设计错误或漏洞、元器件的质量、印刷电路板的生产工艺、焊结工艺、供电系统的质量、静电影响及电磁场干扰等均会导致在运行过程中硬件发生故障。硬件故障轻则使计算机信息系统运行不正常、数据处理出错,重则导致系统完全不能工作,造成不可估量的巨大损失。

(3)软件故障　软件故障通常是由于程序编制错误而引起。随着程序的加大,出现错误的地方就会越多。这些错误对于很大的程序来说是不可能完全排除的,因为在对程序进行调试时,不可能测试所有的硬件环境及数据。这些错误只有当满足它的条件出现时才会表现出来,平时我们是不能发现的。

(4)计算机病毒　计算机病毒是破坏计算机信息系统运行安全的最重要因素之一,Internet在为人们提供信息传输和浏览方便的同时,也为计算机病毒的传播提供了方便。

现在计算机病毒主要以 Internet 为传播途径,传播速度快,波及面广,造成的损失特别巨大。计算机病毒一旦发作,轻则造成计算机运行效率降低,重则使整个系统瘫痪,既破坏硬件,也破坏软件和数据。

(5)“黑客”攻击　黑客一词是英文 HACKER 的音译,原意是指有造诣的计算机程序设计者,现在专指那些利用所学计算机知识偷阅、篡改或偷窃他人的机密资料,甚至破坏、控制或影响他人计算机系统运行的人。“黑客”具有高超的技术,对计算机硬、软件系统的安全漏洞非常了解。他们的攻击目的具有多样性,有炫耀自己能力的、有恶意犯罪的、有玩笑型的等。

(6)恶意破坏　恶意破坏是一种犯罪行为,它包括对计算机信息系统的物理破坏和逻辑破坏两个方面。物理破坏只要犯罪分子能足够地接近计算机便可实施,通过暴力对实体进行毁坏。逻辑破坏是利用冒充身份、窃取口令等方式进入计算机信息系统,改变系统参数,修改有用数据,修改程序等,造成系统不能正常运行。物理破坏容易发现,而逻辑破坏具有较强的隐蔽性,常常不能及时发现。

4)网络安全

计算机网络,就是利用通信设备和通信线路将分散而独立的计算机连接在一起,在相应软件的支持下实现相互通信的系统。网络从覆盖的地域范围大小可分为局域网、广域网。从完成的功能上看,网络由资源子网和通信子网组成。对于计算机网络的安全来说,它包括两个部分:一是资源子网中各计算机系统的安全性;二是通信子网中的通信设备和通信线路的安全性。

网络越大,其安全问题就越突出,安全保障的困难就越大。随着计算机网络技术的飞速发展和应用的普及,国际互联网的用户大幅度增加,人们在享受互联网给工作、生活、学习带来各种便利的同时,也承受了因网络安全性不足而造成的诸多损失。近年来,互联网上黑客横行、病毒猖獗、有害数据泛滥、犯罪事件不断发生,暴露了众多的安全问题,引起了各国政府的高度重视。

9.1.3 计算机信息系统的脆弱性

计算机信息系统面临着来自人为的和自然的种种威胁，而计算机信息系统本身也存在着一些脆弱性，抵御攻击的能力很弱，自身的一些弱点或缺陷一旦被黑客及犯罪分子利用，攻击计算机信息系统就变得十分容易，并且攻击之后不留下任何痕迹，使得侦破的难度加大。

1）硬件系统的脆弱性

①计算机信息系统的硬件均需要提供满足要求的电源才能正常工作，一旦切断电源，哪怕是极其短暂的一刻，计算机信息系统的工作也会被间断；

②计算机是利用电信号对数据进行运算和处理。因此，环境中的电磁干扰能引起处理错误，得出错误的结论，并且所产生的电磁辐射会产生信息泄露；

③电路板焊点过分密集，极易产生短路而烧毁器件。接插部件多，接触不良的故障时有发生；

④体积小、质量轻、物理强度差，极易被偷盗或毁坏；

⑤电路高度复杂，设计缺陷在所难免，加上有些不怀好意的制造商还故意留有“后门”。

2）软件系统的脆弱性

（1）操作系统的脆弱性

①任何应用软件均是在操作系统的支持下执行的，操作系统的不安全是计算机信息系统不安全的重要原因；

②操作系统的程序可以动态链接。这种方式虽然为软件开发商进行版本升级时提供了方便，但“黑客”也可以利用此法攻击系统或链接计算机病毒程序；

③操作系统支持网上远程加载程序，这为实施远程攻击提供了技术支持；

④操作系统通常提供各种工具软件，这虽然为系统管理员提供了方便，但也给非法使用者提供了后门；

⑤操作系统的设计缺陷。“黑客”正是利用这些缺陷对操作系统进行致命攻击。

（2）数据库管理系统的脆弱性

数据库管理系统中核心是数据。存储数据的媒体决定了它易于修改、删除和替代。开发数据库管理系统的基本出发点是为了共享数据，而这又带来了访问控制中的不安全因素，在对数据进行访问时，一般采用的是密码或身份验证机制，这些很容易被盗窃、破译或冒充。

3）计算机网络的脆弱性

最初网络协议形成时，基本上没有顾及到安全的问题，只是后来才增加了各种安全服务和安全机制。国际互联网中的TCP/IP同样存在类似的问题：IP协议对来自物理层的数据包没有进行发送顺序和内容正确与否的确认；TCP通常总是默认数据包的源地址是有效的，这给冒名顶替带来了机会；与TCP位于同一层的UDP对数据包顺序的错误也不做修改，对丢失数据包也不重视，因此极易受到欺骗。

4)存储系统的脆弱性

①存储系统分为内存和外存,内存分为 RAM 和 ROM,外存有硬盘、软盘、磁带和光盘等;

②RAM 中存放的信息一旦掉电即刻丢失,并且易于在内嵌入病毒代码;

③硬盘构成复杂。既有动力装置,也有电子电路及磁介质,任何一部分出现故障均导致硬盘不能使用,丢失其内大量软件和数据;

④软盘及磁带易损坏。它们的长期保存对环境要求高,保存不妥,便会发生霉变现象,导致数据不能读出。此外,盘片极易遭到物理损伤(折叠、划痕、破碎等),从而丢失其内程序和数据;

⑤光盘盘片没有附在一起的保护封套,在进行数据读取和取放的过程中容易因摩擦而产生划痕,引起读取数据失败。此外,盘片在物理上脆性较大,易破碎而损坏,导致全盘上的数据丢失;

⑥各种信息存储媒体的存储密度高,体积小,且质量轻,一旦被盗窃或损坏,损失巨大;

⑦存储在各媒体中的数据均具有可访问性,数据信息很容易被拷贝而不留任何痕迹。一台远程终端上的用户,可以通过计算机网络连接到你的计算机上,利用一些技术手段,访问到你系统中的所有数据,并按其目的进行拷贝、删除和破坏。

5)信息传输中的脆弱性

①信息传输所用的通信线路易遭破坏。通信线路从铺设方式上分为架空明线和地埋线缆两种,其中架空明线更易遭到破坏。一些不法分子,为了贪图钱财,割掉通信线缆作为废金属卖掉,造成信息传输中断。自然灾害也易造成架空线缆的损坏,如大风、雷电、地震等。地埋线缆的损坏,主要来自人为的因素,各种工程在进行地基处理、深挖沟池、地质钻探等施工时,易损坏其下埋设的通信线缆。当然,发生塌方、砾石流等地质灾害时,其间的地埋线缆也定会遭到破坏;

②线路电磁辐射引起信息泄漏。市话线路、长途架空明线以及短波、超短波、微波和卫星等无线通信设备都具有相当强的电磁辐射,可通过接收这些电磁辐射来截获信息;

③架空明线易于直接搭线侦听;

④无线信道易遭到电子干扰。无线通信是以电磁波为信息传输媒体,发射信息时,将信号调制到规定的频率上。当另有一发射机发射相同或相近频率的电磁波时,两个信号将进行叠加,这样接收方无法正确接收信息。

9.1.4 计算机信息系统面临的威胁

(1)计算机犯罪行为 计算机犯罪行为包括故意破坏网络中计算机系统的硬软件系统、网络通信设施及通信线路;非法窃听或获取通信信道中传输的信息;假冒合法用户非法访问或占用网络中的各种资源;故意修改或删除网络中的有用数据等。

(2)自然因素的影响 自然因素的影响包括自然环境和自然灾害的影响。自然环境的影响包括地理环境、气候状况、环境污染状况及电磁干扰等多个方面。自然灾害有地震、水灾、大风、雷电等,它们可能给计算机网络带来致命的危害。

(3)计算机病毒的影响　计算机网络中的计算机病毒会造成重大的损失,轻则造成系统的处理速度下降,重则导致整个网络系统瘫痪,既破坏软件系统和数据文件,也破坏硬件设备。

(4)人为失误和事故的影响　人为失误是非故意的,但它仍会给计算机网络安全带来巨大的威胁。例如,某网络管理人员违章带电拔插网络服务器中的板卡,导致服务器不能工作,整个网络瘫痪,这期间可能丢失了许多重要的信息,延误了信息的交换和处理,其损失可能是难以弥补的。

9.1.5 计算机信息系统受到的攻击

对信息的人为故意威胁称为攻击。计算机系统被攻击的主要方式和方法有:

1)按被威胁和攻击的对象划分

(1)对实体的攻击指对网络硬件环境的破坏。

(2)对信息的攻击包括信息泄漏和信息破坏。其中信息破坏通常包括利用系统本身的脆弱性、滥用特权身份,不合法地使用、修改或非法复制系统中的数据。

2)按攻击方式划分

(1)被动攻击　被动攻击指一切窃密的攻击。攻击方法有直接侦收、截获信息,非法窃取、破译、分析信息,以及从遗弃的媒体分析获取信息等。

(2)主动攻击　主动攻击指篡改信息的攻击。攻击方法有窃取并干扰通信线中的信息、返回渗透、线间插入、非法冒充、系统人员的窃密和破坏系统数据、信息的活动。

9.1.6 计算机信息系统的保护措施

计算机安全包括两个方面的内容:一是国家实施的安全监督管理;二是计算机信息系统使用单位自身的保护措施。安全措施主要包括:安全法规、安全管理、安全技术。

1)计算机安全法规

安全法规是保护计算机信息系统安全的重要手段。国外计算机安全方面的法规主要有:《软件版权法》《计算机犯罪法》《数据保护法》及《保密法》等。我国有:《著作权法》《中华人民共和国计算机信息网络国际联网管理暂行规定》《计算机信息网络国际联网安全保密管理办法》《中华人民共和国计算机信息系统保护条例》《计算机软件保护条例》等。现在,经过1997年第八届全国人民代表大会的修订,在《刑法》中也增加了计算机犯罪的惩治条款。

通过法规教育及安全知识培训加强计算机使用人员的安全意识、法律意识,对我国社会主义建设具有非常重要的意义。时代要求大学生要正确认识和理解与信息技术相关的文化、理论和社会问题,培养高尚的信息道德和良好的信息意识,要真正做到负责任地使用信息技术,真正成为国家未来的栋梁,肩负起建设祖国的重任。

2)计算机安全管理

《中华人民共和国计算机信息系统安全保护条例》第十三条明确规定:“计算机信息系统的使用单位应当建立健全安全管理制度,负责本单位计算机信息系统的安全保护工作。”这说明计算机信息系统的安全保护责任落到了使用单位的肩上,各单位应根据本单位计算机信息系统的安全级别,做好组织建设和制度建设。

(1)组织建设　计算机信息系统安全保护的组织建设是安全管理的根本保证,单位最高领导必须主管计算机信息系统的安全保护工作,成立专门的安全保护机构,根据本单位系统的安全级别设置多个专职、兼职岗位,做好工作的分工和责任落实,绝不能只由计算机信息系统的具体使用部门一家来独立管理。在安全管理机构的人员构成上应做到“三结合”,即领导、保卫人员和计算机技术人员。在技术人员方面还应考虑各个专业的适当搭配,如系统分析人员、硬件技术人员、软件技术人员、网络技术人员及通信技术人员等。安全管理机构应该定期组织人员对本单位计算机信息的安全情况进行检查,发现问题应及时解决;组织建立健全各项安全管理制度,并经常监督其执行情况;对各种安全设施设备定期检查其有效性,保证其功能的正常发挥。除此以外,还应对当前易遭到的攻击进行分析和预测,并采取适当措施加以防备。

(2)制度建设

①保密制度　有保密要求的计算机信息系统应建立此项制度。各种资料和数据应按有关规定划分为绝密、机密、秘密3个保密等级,制定出相应的访问、查询及修改的限制条款,并对用户设置相应的权限。对于违反保密制度规定的应做出相应处罚,直到追究刑事责任,移送公安机关;

②人事管理制度　人事管理制度是指对计算机信息管理系统和使用人员调出和调入做出相应管理规定。主要包括政治审查、技术审查及上网安全培训、调离条件及保密责任等内容;

③环境安全制度　环境安全制度应包括机房建筑环境、消防设备、供电线路、危险物品以及室内温度等建立相应的管理规定;

④出入管理制度　出入管理制度包括登记制度、验证制度、着装制度以及钥匙管理制度;

⑤操作与维护制度　操作规程的制定是计算机信息系统正确使用的纲领,在制定它时应科学化、规范化。系统的维护是正常运行的保证,通过维护及早发现问题,避免很多安全事故的发生;

⑥器材管理制度　器材,尤其是应急器材是解决安全事故的物质保证,应对器材存储的位置、环境条件、数量多少、进货渠道等方面做出详细的规定;

⑦病毒防治制度　计算机病毒已经成为影响计算机信息系统安全的大敌。该制度中应该对防止病毒的硬、软件做出具体规定,对于防毒软件一般要求两种以上,并应定期进行病毒检查和清除。对病毒的来源应严格加以封锁,不允许外来磁盘上机,不运行来源不明的软件,更不允许编制病毒程序。

3)计算机安全保护技术

计算机信息系统安全保护技术是通过技术手段对实体安全、运行安全、信息安全和网络安全实施保护,是一种主动的保护措施,增强计算机信息系统防御攻击和破坏的能力。

(1)实体安全技术

①接地技术

接地技术分为避雷接地(接地电阻应小于10 Ω)、交流电源接地(交流供电线路采用三芯线,地线接地电阻值小于4 Ω)和直流电源接地(位于各种信号和交流电源交汇处,接地电阻小于4 Ω)。

②防火安全技术

建筑防火:隔墙采用耐火性能好的建筑材料,隔断采用符合防火等级要求的装饰材料,设置两个以上出入口,有排烟孔,设置有快速切断电源的应急开关;

装设报警装置:在屋顶或地板之下安放烟感装置,以尽早发现火灾;

设置灭火设备:对安全级别要求不高的小型计算机信息系统,可采用人工操作的灭火器;对于重要的、大型的计算机信息系统,应采用自动消防系统。特别注意不能采用水去灭火,水有很好的导电性能,会使计算机设备因短路而烧坏。

③防盗技术

阻拦设施:防止盗窃犯从门窗等薄弱环节进入计算机房进行偷盗活动。常用的做法是安装防盗门窗,有光电系统、微波系统、红外线系统几大类;

监视系统:利用闭路电视对计算机房的各部位进行监视保护,造价较高,适合于重要的计算机信息系统;

设备标记:为了设备被盗后查找赃物准确、方便,采用先进的技术为设备制作标记,使其便于辨认,且不能清除;

报警装置:当发现有人入侵时,能及时自动通知有关人员。

(2)运行安全技术　运行安全技术是为了保障计算机信息系统安全运行而采取的技术措施和手段,主要有:

①风险分析　风险分析是对系统可能遭到攻击的部位及其防御能力、攻击发生的可能性等进行评估和预测,并根据风险分析结果确定安全保护级别。

②审计跟踪　审计跟踪是对信息系统的运行状况及用户使用情况进行跟踪记录。主要功能:记录用户活动,监视系统运行,安全事故定位,保存跟踪日志。

③应急措施

系统应急准备:对关键设备整机备份,其他设备主要配件备份、电源备份、软件及数据备份,一旦事故发生,应立即启用备份,使计算机信息系统尽快恢复工作;

灾害应急准备:制定人员及设备的快速撤离方案,规划好撤离线路,并落实到具体工作岗位。灾害发生时,按平时准备快速实施应急措施,尽快使系统恢复正常运行。

④容错技术　容错技术是使系统能够发现和确认错误,给用户以错误提示信息,并试图自动恢复,主要的容错技术有对数据进行冗余编码(奇偶校码、循环冗余码、分组码及卷积)、软件设计时对有关信息给出限制提示、多磁盘方式(磁盘冗余阵列、磁盘镜像、磁盘双工)。

⑤硬盘保护卡　信息技术的飞速发展,计算机的应用领域日益普及,操作系统和应用软件变得复杂而庞大,对用户来说稍有不慎,计算机就会出现数据被破坏或死机现象,而且病毒的种类繁多,给系统的维护构成极大的威胁。为了保护硬盘及CMOS数据,人们发明了各种方法,硬盘保护卡就是其中一种。硬盘保护卡有两种类型:硬件还原卡和软件还原卡。

硬件还原卡是一种经济性、可即插即用、不占硬盘空间、能快速保护硬盘和CMOS数据的产品,如小哨兵硬盘还原卡。

软件还原卡是使用软件方式来实现对存储系统的保护,如电脑安全卫士。

(3)网络安全技术　目前在 Internet/Intranet(企业内部互联网)中常采用的安全策略有:防火墙技术、密码技术、鉴别机制、实时入侵检测、网络操作系统等。

①防火墙技术　防火墙(Firewall)技术是 Internet 上的一种传统的安全保护措施,其核心思想是在不安全的网间环境中构造一个相对安全的子网环境。

它在 Internet 与 Intranet 之间形成了一道安全保护屏障,能防止 Intranet 外部对 Intranet 的数据库服务器、Web 服务器、电子邮件服务器、FTP 服务器等的入侵和攻击。

防火墙可通过软件和硬件相结合的方式来实现。目前,其主要实现手段有:过滤器和网关两种类型。过滤器是包过滤路由器的简称,用于对流经它的 IP 信息包按源地址、目标地址、封装协议、服务端口等进行检查;根据事先所制定的访问控制策略进行筛选、过滤和屏蔽,以决定丢弃该信息包还是将其转发到 Intranet,即允许或禁止某些外部服务对 Intranet 的访问;允许授权用户通过远程访问 Intranet(比如出差在外的企业管理人员需要访问 Intranet)。网关有链路级网关和应用级网关。其中应用级网关比较有代表性的是代理服务器(Proxy server),在 Intranet 中也使用较多。代理服务器能阻止它两边的任何两段网络的通信实体建立直接连接,任何通信连接都被分成两段,由它进行检查,然后转发出去,从而可防止 Intranet 外部对它的入侵和攻击,同时也可通过它来管理企业内部人员对 Internet 的访问。在使用时,有时又将代理服务器和过滤器结合在一起,安装在称为“堡垒主机”的机器上,负责代理服务。实现防火墙技术通常有:双宿主机结构、主机过滤结构和子网过滤结构 3 种方式。虽然防火墙具有防御 Intranet 外部对其入侵和攻击的特点,但对公共信道传输的数据信息被窃听、盗用、伪造和篡改几乎少有作为,甚至对不经过该防火墙的报文无法进行过滤,很难实现其隔离入侵的作用。

②密码技术　密码技术能保证数据在通信信道上不被截取和篡改,在金融系统和商界普遍使用。它通常由加密算法、密钥、解密算法 3 部分构成。数据加密是将原始数据信息 m(称为明文),利用密钥 k 和特定的加密算法 Ek,将其变换成与明文完全不同的数据信息 c(称为密文,c = Ek(m)),接收方则通过密钥 k 和相应的解密算法 Dk,将收到的密文 c 还原成原始信息 m(m = Dk(c))。即使攻击者在信道上采取某种手段截取了密文 c,但没有密钥 k,也无法获得明文 m,从而保护了信道上传输的数据信息的安全。Internet/Intranet 中的加密技术主要有链路加密、节点加密和端对端加密 3 种方式。

在数据加密过程中,除了要选择好加密算法和密钥之外,更重要的是对密钥的分配和安全管理。在传统的密码技术中,常采用对称密码方式(加密、解密双方采用私下约定的一致的密钥),其运行速度快,但需要存储和管理的密钥个数非常多(若有 n 个用户需进行通信,则需要 $n(n-1)/2$ 个密钥),管理起来非常复杂,如 IBM 公司提供的非机要部门使用的数据加密标准 DES(Data Encryption Standard)、国际数据加密算法 IDEA(International Data Encryption Algorithm)等。而在近代密码学上则以公钥密码方式(加解密双方采用不同的加密和解密密钥,并以公钥文件的方式将加密密钥发给对方,收方只需保存对应的解密密钥)居多,其密钥数量比对称密码少得多,管理也比对称密码轻松、简单得多,如 RSA 公钥密码、背包公钥系统等。密码技术的致命弱点就是一旦被破译,将会带来巨大的经济损失甚至是网络的崩溃。

③鉴别机制　鉴别是以密码技术为基础,为每一个通信方查明另一个实体身份和特权的过程。在对等实体间交换认证信息,以检验和确认对等实体的合法性,它是访问控制的先决条

件。常见的鉴别机制有数字签名、凭据和身份验证。

数字签名：是一个密文收发双方签字和确认的过程，可为实体认证、源点鉴别、制止否认和伪造提供技术支持，也是保证数据完整、公证和认证机制的基础。在数字签名中所用的签名信息是签名者专用、秘密和唯一的，接收方在检验该签名信息的合法性、真实性时，所用的信息和程序则是公用的。当出现纠纷时，公证方则利用公用程序来证明签名者的真实性和唯一性。数字签名在电子商务活动中用得较多。

凭据和身份验证：当用户进行登录时，由身份验证服务器验证其身份，认为合法，则发给其相应的凭据（含有用户身份的一个加密包），以后用户可以利用该凭据来代表其身份进行网络资源的访问。事实上，很多用户传送的信息内容本身并不需要加密，但为了防止被伪造或篡改，于是在明文之后附上一身份认证标记。身份验证有内部验证和外部验证之分，凭据便属于内部验证，而外部验证常有口令、指纹、磁卡条等。凭据和身份验证可以限制非授权用户进入Intranet，也可限制Intranet内部用户的访问权限，防止他们对网络的破坏，对Intranet的各种资源进行安全保护。

④实时入侵检测　实时入侵检测系统IDS在网络安全中不仅可以对用户活动进行跟踪，对外来入侵行为进行检测，而且还可以防止内部人员对Intranet的破坏。当检测到无论是网外还是网内有违规操作时，该系统将立即通知管理员，管理员于是根据相应的检测结果和记录的信息追踪入侵者，判断是否危及系统的安全，及时采取有效防范措施，保证系统重要数据和重要文件不被破坏。

⑤网络平台的安全机制　Intranet内部主要由局域网络构成，而网络平台（局域网络操作系统）本身又提供了内部管理系统资源、保证网络系统安全运行的措施。比如Netware提供的多级容错措施，可防止客观原因造成数据的丢失和系统的瘫痪；入网口令是一种身份验证机制，可防止非法用户的闯入；非法者检测与锁定则可将非法用户所用账号封锁起来，禁止其访问系统的任何资源；用户托管权限和资源属性则可防止非法用户和合法用户蓄意对网络数据和文件的破坏。Windows XP提供了可扩展的灵活的用户管理，具有非常细微的访问控制和委托管理功能，采用了Kerberos版本5身份验证协议，为身份验证的互操作性提供基础，使用基于SSL（Secure Socket Layer）技术的公钥身份验证机制，保证了公共信道上传输数据的完整性和保密性。

⑥TCP/IP的安全机制　由于Intranet的实现通常依赖于TCP/IP协议，协议的安全机制也为Intranet的安全提供了保障。IPv4基本上未提供安全机制，而新一代的IP协议标准IPv6不仅能提供128位的地址资源以支持快速发展的计算机互联网络，而且还增加了安全机制，为网络的安全提供了简单、易行的手段，通过对IP报文头部进行修改，使得其头部的处理过程大大简化，并在头部提供了更为丰富的可选项，通过身份验证头AH（Authentication Header）、封装安全有效载荷ESP（Encapsulating Security Payload）的形式实现身份验证、数据完整性、真实性及可靠性等安全功能，可以有效防止信息包窥探、IP电子欺骗、连接截获等攻击。

9.1.7 计算机的正确使用与维护

①开机顺序为先外设后主机，关机顺序与开机相反；

②运行时，严禁拔插电源及信号电缆，光盘、U盘等存储设备在读写时严禁拔出，严禁晃动机器；

③外来存储设备,先杀毒后使用;

④重要数据经常备份;

⑤击键轻快,不要频繁开关计算机;

⑥使用 Windows 的关闭系统命令正确退出系统后,方可关机;

⑦计算机的软件、硬件要定期进行维护。

9.2 计算机病毒及防治

9.2.1 计算机病毒基础知识

1)计算机病毒的定义

计算机病毒,是指编制或者在计算机程序中插入的破坏计算机功能或者毁坏数据,影响计算机使用,并能自我复制的一组计算机指令或者程序代码。就像生物病毒一样,计算机病毒有独特的复制能力。计算机病毒可以很快地蔓延,又常常难以根除。它们能把自身附着在各种类型的文件上。当文件被复制或从一个用户传送到另一个用户时,它们就随同文件一起蔓延开来。

2)计算机病毒的特点

计算机病毒的特点有很多,主要特点有传染性、隐蔽性、破坏性、潜伏性等。

(1)传染性　传染性是病毒的基本特征。在生物界,病毒通过传染从一个生物体扩散到另一个生物体,在适当的条件下,它可得到大量繁殖。同样,计算机病毒也会通过各种渠道从已被感染的计算机扩散到未被感染的计算机。与生物病毒不同的是,计算机病毒是一段人为编制的计算机程序代码,它通过修改磁盘扇区信息或文件内容并把自身嵌入到其中的方法达到病毒的传染和扩散。被嵌入的程序叫做宿主程序。

正常的计算机程序一般是不会将自身的代码强行连接到其他程序之上的,而病毒却能使自身的代码强行传染到一切符合其传染条件的未受到传染的程序之上。是否具有传染性是判别一个程序是否为计算机病毒的最重要条件。

(2)隐蔽性　病毒一般是具有很高编程技巧、短小精悍的程序。通常附在正常程序中或磁盘较隐蔽的地方,也有个别的以隐含文件形式出现,目的是不让用户发现它的存在。如果不经过代码分析,病毒程序与正常程序是不容易区别开来的。而且受到传染后,计算机系统通常仍能正常运行,使用户不会感到任何异常,好像不曾在计算机内发生过什么。正是由于隐蔽性,计算机病毒得以在用户没有察觉的情况下扩散并游荡于世界上众多计算机中。

计算机病毒的隐蔽性表现在两个方面:一是传染的隐蔽性,大多数病毒在进行传染时速度是极快的,一般不具有外部表现,不易被人发现;二是病毒程序存在的隐蔽性,一般的病毒程序都夹在正常程序之中,很难被发现,而一旦病毒发作出来,往往已经给计算机系统造成了不同程度的破坏。

(3)破坏性 所有的计算机病毒都是一种可执行程序,而这一可执行程序又必然要运行,所以对系统来讲,所有的计算机病毒都存在一个共同的危害,即降低计算机系统的工作效率,占用系统资源,其具体情况取决于入侵系统的病毒程序。

同时计算机病毒的破坏性主要取决于计算机病毒设计者的目的,如果病毒设计者的目的在于彻底破坏系统的正常运行,那么这种病毒对于计算机系统进行攻击造成的后果是难以设想的,它可以毁掉系统的部分数据,也可以破坏全部数据并使之无法恢复。

并非所有的病毒都对系统产生极其恶劣的破坏作用。但有时几种本没有多大破坏作用的病毒交叉感染,也会导致系统崩溃等重大恶果。

(4)潜伏性 一个编制精巧的计算机病毒程序,进入系统之后一般不会马上发作,可以在几周或者几个月内甚至几年内隐藏在合法文件中,对其他系统进行传染,而不被人发现。潜伏性越好,其在系统中的存在时间就会越长,病毒的传染范围就会越大。

潜伏性的第一种表现是指,病毒程序不用专用检测程序是检查不出来的,因此病毒可以静静地躲在磁盘或磁带里呆上几天,甚至几年,一旦时机成熟,得到运行机会,就又要四处繁殖、扩散,继续为害。潜伏性的第二种表现是指,计算机病毒的内部往往有一种触发机制,不满足触发条件时,计算机病毒除了传染外不做什么破坏。触发条件一旦得到满足,有的在屏幕上显示信息、图形或特殊标识,有的则执行破坏系统的操作,如格式化磁盘、删除磁盘文件、对数据文件做加密、封锁键盘以及使系统死锁等。

3)计算机病毒的分类

按照计算机病毒的特点及特性,计算机病毒的分类方法有许多种。因此,按不同的分类方法,同一种病毒可能属于不同的类别。

(1)按照计算机病毒攻击的系统分类

①攻击 DOS 系统的病毒 这类病毒出现最早、最多,变种也最多,但随着 DOS 系统逐渐被淘汰,这类病毒构成的威胁已大大减小。

②攻击 Windows 系统的病毒 由于 Windows 操作系统深受用户的欢迎,使用人数越来越多,它也成为病毒攻击的主要对象。如首例破坏计算机硬件的 CIH 病毒就是一个 Windows 病毒。

③攻击 UNIX 系统的病毒 当前,UNIX 系统应用非常广泛,并且许多大型的操作系统均采用 UNIX 作为其主要的操作系统,所以 UNIX 病毒的出现,对人类的信息处理也是一个严重的威胁。

④攻击 OS/2 系统的病毒 世界上已经发现第一个攻击 OS/2 系统的病毒,它虽然简单,但也是一个不祥之兆。

(2)按照病毒的攻击机型分类

①攻击微型计算机的病毒 这是世界上传染最为广泛的一种病毒。

②攻击小型机的计算机病毒 小型机的应用范围是极为广泛的,它既可以作为网络的一个节点机,也可以作为小的计算机网络的主机。起初,人们认为计算机病毒只有在微型计算机上才能发生而小型机则不会受到病毒的侵扰,但自 1988 年 11 月份 Internet 受到 worm 程序的攻击后,使得人们认识到小型机也同样不能免遭计算机病毒的攻击。

③攻击工作站的计算机病毒。

(3)按照计算机病毒的链接方式分类　计算机病毒本身必须有一个攻击对象以实现对计算机系统的攻击,计算机病毒所攻击的对象是计算机系统可执行的部分。

①源码型病毒　该病毒攻击高级语言编写的程序,该病毒在高级语言所编写的程序编译前插入到原程序中,经编译成为合法程序的一部分。

②嵌入型病毒　这种病毒是将自身嵌入到现有程序中,把计算机病毒的主体程序与其攻击的对象以插入的方式链接。这种计算机病毒较难编写,一旦侵入程序体后也较难消除。

③外壳型病毒　外壳型病毒将其自身包围在主程序的四周,对原来的程序不做修改。这种病毒最为常见,易于编写,也易于发现,一般测试文件的大小即可知。

④操作系统型病毒　这种病毒用它自己的程序意图加入或取代部分操作系统进行工作,具有很强的破坏力,可以导致整个系统的瘫痪。

(4)按照计算机病毒的破坏情况分类

①良性计算机病毒　良性病毒是指其不包含有立即对计算机系统产生直接破坏作用的代码。这类病毒为了表现其存在,只是不停地进行扩散,从一台计算机传染到另一台,并不破坏计算机内的数据。有些人对这类计算机病毒的传染不以为然,认为这只是恶作剧,没什么关系。

其实良性、恶性都是相对而言的。良性病毒取得系统控制权后,会导致整个系统运行效率降低,系统可用内存总数减少,使某些应用程序不能运行。它还与操作系统和应用程序争抢CPU的控制权,时时导致整个系统死锁,给正常操作带来麻烦。因此也不能轻视所谓良性病毒对计算机系统造成的损害。

②恶性计算机病毒　恶性病毒就是指在其代码中包含有损伤和破坏计算机系统的操作,在其传染或发作时会对系统产生直接的破坏作用。这类恶性病毒是很危险的,应当注意防范。

(5)按照计算机病毒的传染对象分类　传染性是计算机病毒的本质属性,根据寄生部位或传染对象分类,也即根据计算机病毒传染方式进行分类,有以下几种:

①引导型　磁盘引导区传染的病毒主要是用病毒的全部或部分逻辑取代正常的引导记录,而将正常的引导记录隐藏在磁盘的其他地方。由于引导区是磁盘能正常使用的先决条件,因此,这种病毒在运行的一开始(如系统启动)就能获得控制权,其传染性较大。

②文件型　可执行程序传染的病毒通常寄生在可执行程序中,一旦程序被执行,病毒也就被激活,病毒程序首先被执行,并将自身驻留内存,然后设置触发条件,进行传染。

③混合型　这类病毒兼有引导型与文件型的共同特征,既传染引导区,也传染可执行文件。

(6)按照计算机病毒激活的时间分类　按照计算机病毒激活的时间可分为定时的和随机的。定时病毒仅在某一特定时间才发作,而随机病毒一般不是由时钟来激活的。

(7)按照传播媒介分类　按照计算机病毒的传播媒介来分类,可分为单机病毒和网络病毒。

①单机病毒　单机病毒的载体是磁盘,常见的是病毒从软盘或U盘等移动存储设备传入硬盘,感染系统,然后再传染其他磁盘,磁盘又传染其他系统。

②网络病毒　网络病毒的传播媒介不再是移动式载体,而是网络通道,这种病毒的传染能力更强,破坏力更大。

随着微软公司 Word 字处理软件的广泛使用和计算机网络尤其是 Internet 的推广普及,病毒家族又出现一种新成员,这就是宏病毒。宏病毒是一种寄存于文档或模板的宏中(这与普通的文件型病毒不同)的计算机病毒。一旦打开这样的文档,宏病毒就会被激活,转移到计算机上,并驻留在 Normal 模板上。从此以后,所有自动保存的文档都会"感染"上这种宏病毒,而且如果其他用户打开了感染病毒的文档,宏病毒又会转移到他的计算机上。

4)计算机病毒的传播途径

(1)通过不可移动的计算机硬件设备进行传播。这些设备通常有计算机的专用 ASIC 芯片和硬盘等。这种病毒虽然极少,但破坏力却极强,目前尚没有较好的检测手段对付。

(2)通过移动存储设备来传播。这些设备包括软盘、磁带、U 盘等。在移动存储设备中,U 盘是使用最广泛移动最频繁的存储介质,因此也成了计算机病毒寄生的"温床"。

(3)通过计算机网络进行传播。随着计算机网络的不断发展,人们接触网络的时间也越来越多,同时由于网络自身的安全问题,当前,网络正成为计算机病毒传播的主要渠道。

(4)通过点对点通信系统和无线通道传播。目前,这种传播途径还不是十分广泛,但预计在未来的信息时代,这种途径很可能与网络传播途径成为病毒扩散的两大主要通道。

5)计算机病毒的危害

在计算机病毒出现的初期,说到计算机病毒的危害,往往注重于病毒对信息系统的直接破坏作用,比如格式化硬盘、删除文件数据等,并以此来区分恶性病毒和良性病毒。其实这些只是病毒劣迹的一部分,随着计算机应用的发展,人们深刻地认识到凡是病毒都可能对计算机信息系统造成严重的破坏。

(1)病毒激发对计算机数据信息的直接破坏作用　大部分病毒在激发的时候直接破坏计算机的重要信息数据,所利用的手段有格式化磁盘、改写文件分配表和目录区、删除重要文件或者用无意义的"垃圾"数据改写文件、破坏 CMOS 设置等。

(2)占用磁盘空间和对信息的破坏　寄生在磁盘上的病毒总要非法占用一部分磁盘空间。引导型病毒的一般侵占方式是由病毒本身占据磁盘引导扇区,而把原来的引导区转移到其他扇区,也就是引导型病毒要覆盖一个磁盘扇区。被覆盖的扇区数据永久性丢失,无法恢复。

文件型病毒利用一些操作系统功能进行传染,这些操作系统功能能够检测出磁盘的未用空间,把病毒的传染部分写到磁盘的未用部位去。所以在传染过程中一般不破坏磁盘上的原有数据,但非法侵占了磁盘空间。一些文件型病毒传染速度很快,在短时间内感染大量文件,每个文件都不同程度地加长了,就造成磁盘空间的严重浪费。

(3)抢占系统资源　大多数病毒在动态下都是常驻内存的,这就必然抢占一部分系统资源。病毒所占用的基本内存长度大致与病毒本身长度相当。病毒抢占内存,导致内存减少,一部分软件不能运行。除占用内存外,病毒还抢占中断,干扰系统运行。

(4)影响计算机运行速度　病毒进驻内存后不但干扰系统运行,还影响计算机速度,主要表现在:病毒为了判断传染激发条件,总要对计算机的工作状态进行监视,这相对于计算机的正常运行状态既多余又有害;有些病毒为了保护自己,对自己不断进行加密、解密操作,使 CPU 额外执行许多指令;病毒在进行传染时同样要插入非法的额外操作,特别是传染 U 盘等设备时计算机速度明显变慢。

(5)计算机病毒错误与不可预见的危害　计算机病毒与其他计算机软件的一大差别是病毒的无责任性。编制一个完善的计算机软件需要耗费大量的人力、物力,经过长时间调试完善,软件才能推出。但在病毒编制者看来,既没有必要这样做,也不可能这样做。很多计算机病毒都是个别人在一台计算机上匆匆编制调试后就向外抛出。大量含有未知错误的病毒扩散传播,其后果是难以预料的。

(6)计算机病毒的兼容性对系统运行的影响　兼容性是计算机软件的一项重要指标,兼容性好的软件可以在各种计算机环境下运行;反之,兼容性差的软件则对运行条件"挑肥拣瘦",要求机型和操作系统版本等。病毒的编制者一般不会在各种计算机环境下对病毒进行测试,因此病毒的兼容性较差,常常导致死机。

(7)计算机病毒给用户造成严重的心理压力　当经常出现诸如计算机死机、软件运行异常等现象时,一位普通用户很难准确判断是否是病毒所为。大多数用户对病毒采取宁可信其有的态度,这对于保护计算机安全无疑是十分必要的,然而往往要付出时间、金钱等方面的代价。仅仅怀疑病毒而贸然格式化磁盘所带来的损失更是难以弥补。不仅是个人单机用户,在一些大型网络系统中也难免为甄别病毒而停机。总之计算机病毒像"幽灵"一样笼罩在广大计算机用户心中,给人们造成巨大的心理压力,极大地影响了现代计算机的使用效率,由此带来的无形损失是难以估量的。

9.2.2 计算机病毒防治

搞好计算机病毒的防治是减少其危害的有力措施。防治的办法一是从管理入手;二是采取一些技术手段,如定期利用杀毒软件检查和清除病毒或安装病毒防火墙等。

1)管理措施

①不要随意使用外来的磁盘,必须使用时务必先用杀毒软件扫描,确信无毒后方可使用;

②不要使用来源不明的程序,尤其是游戏程序,这些程序中很可能带有病毒;

③不要到网上随意下载程序或资料,对来源不明的邮件不要随意打开;

④不要使用盗版光盘上的软件,甚至不将盗版光盘放人光驱内,因为自启动程序便可能使病毒传染到你的计算机上;

⑤对重要的数据和程序应做独立备份,以防万一;

⑥对特定日期发作的病毒应作提示公告。

2)技术措施

(1)杀毒软件　杀毒软件的种类很多,目前国内比较流行的有瑞星、江民公司的 KV 系列、金山毒霸等。杀毒软件分为单机版和网络版,单机版只能检查和消除单个机器上的病毒;网络版可以检查和消除整个网络中各个计算机上的病毒。值得提醒的是:任何一个杀毒软件都不可能检查出所有病毒,当然更不能清除所有的病毒,因为软件公司不可能搜集到所有的病毒,且新的病毒在不断产生,因此用户要注意及时更新杀毒软件。

目前,杀毒软件大多具有实时监控、检查及清除病毒 3 个功能,国产的杀毒软件大部分对个人用户免费使用。

(2)病毒防火墙　病毒防火墙是指始终作用于计算机系统之中，实时监控访问系统资源的一切操作，并能够清除其中可能含有的病毒代码的实时反病毒技术。

与传统防杀毒模式相比，“病毒防火墙”有着明显的优越性。首先，它对病毒的过滤有着良好的实时性，也就是说病毒一旦入侵系统或从系统向其他资源感染时，它就会自动将其检测到并加以清除，这就最大可能地避免了病毒对资源的破坏。其次，“病毒防火墙”能及时、有效地阻止病毒从网络向本地计算机系统的入侵。而这一点恰恰是传统杀毒工具难以实现的。“病毒防火墙”还具有操作简便、透明的好处，它自动、实时地保护计算机系统不受病毒感染，无须用户停下正常工作而去费时费力地查毒、杀毒。由于病毒，防火墙随计算机启动而启动，随时运行着，因而需要消耗一些系统资源。对用户而言，计算机的运行速度要稍微慢一些。

3)“金山毒霸”使用简介

金山毒霸是金山公司开发的一款集查毒、杀毒、防毒于一体的新型反病毒软件。随着网络迅速发展，金山毒霸的重点已由“杀毒”转向“防毒”，通过安全中心集中管理，全面拦截网页浏览、电子邮件、下载、聊天、局域网、光盘、U 盘等各种病毒入侵通道，实现真正的“防毒一体化”。

安装完金山毒霸后，金山毒霸的病毒防火墙会在系统启动时自动启动，在后台随时监控有无病毒入侵，参见图 9.1 左起第三个图标。

双击防火墙图标立即显示金山毒霸杀毒软件主界面，参见图 9.2。

22:12

图 9.1　金山毒霸防火墙图标

图 9.2　金山毒霸杀毒软件主界面

用户可根据不同需要选择不同的方式进行操作。

9.3　计算机软件的知识产权和保护

为了保护计算机软件著作权人的权益，在软件开发、传播的过程中，调整与所有权人的利益关系，鼓励、促进计算机软件应用的发展，推进国民经济、促进社会信息化的发展，我国于

1991年6月4日颁布了《计算机软件保护条例》,并于2002年1月1日颁布了其修改稿。该条例分为总则、计算机软件著作权、软件著作权的许可使用和转让、法律责任和附则5章,对计算机软件保护涉及的各方面进行了规定,对有关术语做出了明确的定义。

为规范和约束人的行为,维护信息系统的安全,我国在1994年由国务院颁布了《中华人民共和国计算机信息系统安全保护条例》,1997年第八届全国人民代表大会对《刑法》进行了修订,增加了计算机犯罪的惩治条款。

软件研制部门采用设计病毒的方式惩罚非法拷贝软件行为的做法是不妥的,也是法律不允许的。非正版软件不得用于生产和商业目的。

习题9

1. 单项选择题

(1)防止软盘感染病毒的有效办法是(　　)。

A. 不要把软盘和有毒软盘放在一起　　B. 让写保护口处于写保护

C. 保持机房清洁　　D. 定期对磁盘格式化

(2)发现计算机病毒后,下列方法中清除病毒最彻底的方法是(　　)。

A. 用消毒液清洗磁盘　　B. 删除有病毒文件

C. 用杀毒软件处理　　D. 格式化磁盘

(3)计算机病毒对于操作计算机的人(　　)。

A. 感染但不致病　　B. 会感染致病

C. 不会感染　　D. 会有厄运

(4)计算机病毒是可以造成机器故障的一种(　　)。

A. 计算机设备　　B. 计算机芯片

C. 计算机部件　　D. 计算机程序

(5)防止计算机传染病毒的方法是(　　)。

A. 不用带毒盘片　　B. 不让有传染病的人操作计算机

C. 提高电源稳定性　　D. 进行联机操作

(6)文件感染病毒后的基本特征是(　　)。

A. 不能执行　　B. 长度增加

C. 长度变短　　D. 没有变化

2. 多项选择题

(1)文件型病毒传染的主要对象是(　　)。

A. DOC　　B. EXE

C. WPS　　D. COM

(2)金山毒霸软件可以用于计算机的(　　)。

A. 检查病毒　　B. 分析和统计病毒
C. 清除病毒　　D. 病毒示范

(3)按链接方式分类,计算机病毒种类有(　　)。
A. 引导型　　B. 文件型
C. 嵌入型　　D. 外壳型

(4)以下关于病毒叙述正确的是(　　)。
A. 病毒是一段程序　　B. 病毒能够扩散
C. 病毒是由计算机系统运行混乱造成的　　D. 病毒可预防和消除

(5)计算机病毒能够感染的存储介质有(　　)。
A. 软盘　　B. 硬盘
C. 优盘　　D. CD-ROM

(6)计算机病毒的特点有(　　)。
A. 传染性　　B. 隐蔽性
C. 破坏性　　D. 稳定性

3. 填空题

(1)计算机信息系统的安全包括 ________、________、________、________。

(2)为了保护计算机知识产权和预防、惩治计算机犯罪,我国先后制定和颁布了________、________、________等法律法规。

(3)用 ________、________、________、________、________等手段窃取信息均属于主动攻击。

(4)病毒传播的主要途径有________、________、________、________。

(5)信息安全指保护计算机中存放的信息,以防止不合法的使用所造成的信息泄漏、更改或破坏,从而使信息的 ________、________和 ________免遭破坏。

4. 判断题(正确的打"√",错误的打"×")

(1)黑客是对维护计算机安全的人员的总称。(　　)

(2)目前计算机病毒种主要通过网络进行传播。(　　)

(3)在网络安全中一般采用防火墙技术、密码技术等来保障网络安全。(　　)

(4)保持计算机机房清洁有利于防止计算机病毒。(　　)

(5)计算机病毒程序不感染文本型文件。(　　)

(6)计算机运行速度明显变慢,磁盘访问时间变长,可能是病毒所致。(　　)

(7)可采用软、硬件技术来检测与消除计算机病毒。(　　)

(8)使用计算机时,正确的开机顺序:先开主机后开外设。(　　)

(9)非正版软件不得用于生产和商业目的。(　　)

(10)软件研制部门采用设计病毒的方式惩罚非法拷贝软件行为的做法是不妥的,也是法律不允许的。(　　)